航天任务自主性需求工程

Autonomy Requirements Engineering for Space Missions

[爱尔兰] Emil Vassev　Mike Hinchey 著
崔晓峰　译

国防工业出版社
·北京·

著作权合同登记　图字：军 - 2015 - 250 号

图书在版编目（CIP）数据

航天任务自主性需求工程 /（爱尔兰）埃米尔·瓦瑟夫（Emil Vassev），（爱尔兰）麦克·辛奇（Mike Hinchey）著；崔晓峰译．—北京：国防工业出版社，2017.12

书名原文：Autonomy Requirements Engineering for Space Missions

ISBN 978 - 7 - 118 - 11406 - 5

Ⅰ.①航… Ⅱ.①埃… ②麦… ③崔… Ⅲ.①航天系统工程 - 软件需求 Ⅳ.①V57②TP311.52

中国版本图书馆 CIP 数据核字（2017）第 312855 号

※

国防工业出版社出版发行

（北京市海淀区紫竹院南路 23 号　邮政编码 100048）

三河市众誉天成印务有限公司印刷

新华书店经售

*

开本 710 × 1000　1/16　**印张** 14½　**字数** 268 千字

2017 年 12 月第 1 版第 1 次印刷　**印数** 1—2000 册　**定价** 79.00 元

（本书如有印装错误，我社负责调换）

国防书店：（010）88540777　　发行邮购：（010）88540776

发行传真：（010）88540755　　发行业务：（010）88540717

译 者 序

2013年12月14日,国人瞩目的“嫦娥”三号月球探测器如期降落在月球虹湾。探测器从15km高度开始,在十几分钟时间里,完全依靠自主控制完成了中国航天器的首次地外天体软着陆,其中两次悬停避障的精彩表现,尤其令人印象深刻。由于38万km地月距离带来的信号延迟,这个紧张复杂的过程容不得探测器把拍摄到的着陆环境传回地球,再等待地面分析判断之后发来指令。一切依靠自我感知与决策的“嫦娥”三号不负众望,成功展示了独立适应环境和完成任务的高超“技艺”。

以“嫦娥”三号为例,我们其实已经越来越多地看到,在航天任务尤其是深空探测中,航天器的自主能力正成为任务的核心要素之一。这是因为相比地面控制,自主控制具有一系列重要优势:可以不受天地大时延的限制,实现实时反应、实时控制;可以不需要把大量的感知信息传回地面,节省宝贵的天地通信带宽;可以简化飞控决策实施程序,更高效地完成更复杂的探测活动;等等。但是进步就意味着挑战,自主控制的设计实现绝非易事,系统化的工程过程更是新的课题:一个航天器应当具备什么自主能力,怎样将这种能力从设想变为现实,怎样验证这种能力与预期完全相符,等等。

与其他任何工程问题一样,自主性工程的首要问题是需求问题。需求工程的研究关注需求的导出、表达、交流、确认等,目的是通过系统化的方法,便捷、高效、准确地建立工程的需求,从而为后续的设计与开发提供根本依据和有效驱动。自主性需求是航天器诸多功能和非功能需求中的一种,同时又是非常特殊的一种,如果能够有一种专门针对该类需求的系统化方法,必然能对自主航天器的研发起到巨大推动作用。

本书正是致力于这种专门针对航天器自主性需求的系统化工程方法,即“空间任务的自主性需求工程方法”。书中定义和描述了一种“自主性需求工程”(ARE)方法。ARE的目的是通过提供一个用于导出和表达自主性需求的机制和方法,在无人的航天任务中集成和提升自主性。ARE依赖于“面向目标的需求工程”(GORE)方法来导出和定义系统目标,并借助建立“一般自主性需求”(GAR)模型来导出和定义辅助性的以及最终可选性的目标,此外还使用一种知识表示语言(KnowLang)对自主性需求进行规约。书中详细讨论了一个基于欧洲航天局(ESA)的BepiColomo任务的概念证明实例,表明了ARE的处理自主性需求的能力。此外,本书还讨论了自主性需求工程的形式化验证等问题和方法。

本书作者埃米尔·瓦塞(Emil Vassev)博士,是一位计算机科学家,目前是爱尔兰软件工程研究中心(Lero)的高级研究学者。他长期从事自主性需求工程、自感知和自适应系统的知识表示等研究,领导了一系列与美国国家航空航天局(NASA)、ESA合作的研究项目,发表了一系列研究成果。本书就是其研究成果自主系统规约语言(ASSL)、自适应系统知识表示与推理框架(KnowLang)等的系统化阐述。

自主航天任务前景美好,但是道路还很漫长。自主计算的研究还处在起步阶段,这既是本书开创性的价值所在,也意味着还有更多的方法有待探索、发现、应用,直至成功推进这个领域更加成熟和进步。

由于译者的知识不足和时间仓促,翻译中难免有不当或谬误之处,敬请读者原谅和指正。

译者

2017年4月

前　言

近年来，欧洲航天局（ESA）和美国国家航空航天局（NASA）的航天任务都逐步在飞行器和地面系统中引入自主性，从而增加任务所能获得的科学数据、开展新的科学实验，以及降低任务成本。在新的空间探测任务中，真人和机器人的探测都得到重视。即使探测活动中可以有人参与，也必须在任务的定义和设计中，针对人工照料空间设施的收益、成本、风险以及可行性进行仔细评估。风险和可行性是驱动使用无人飞行器，以及在可能的地方使用自动化和机器人技术的主要因素。

无人空间探索任务的发展，与机器人飞行器中自主性的集成和普及密切相关。ESA 和 NASA 现在都在采用自主计算作为开发自主性飞行器系统的一个有益范型，但是在解决自主性问题的过程中，采用的还是传统的开发方法。经验已经表明，传统的软件开发方法不适用于这些任务，因为它对自主性本身关注的很少。因此，应当采用的是新的、针对自主性的软件开发方法。

目前，自主系统的需求工程呈现为一个宽阔的开放研究领域，确定的解决方案尚不存在。自主性需求的导出和表达，是自主飞行器工程师当前需要解决的最大挑战之一。本书给出自主性需求工程（ARE）方法，目的是帮助软件工程师正确导出、表达、验证和确认自主性需求。ARE 是爱尔兰软件工程研究中心（Lero）与 ESA 的欧洲空间研究与技术中心（ESTEC）的一个联合项目的成果。

埃米尔·瓦塞（Emil Vassev）
麦克·欣奇（Mike Hinchey）
爱尔兰利默里克（Limerick）

目 录

第1章　航空航天软件工程现状

摘要:本章讨论航空航天领域软件工程的前沿现状。应用于航空航天的软件工程要想取得成功,必须认识到航空航天系统需要满足众多标准和很高安全性需求的特点。因此,航空航天系统的开发强调验证、确认、审定和测试。本章讨论软件开发的复杂性,以及领先的航空航天组织——例如美国国家航空航天局(NASA)、欧洲航天局(ESA)、波音、洛克希德·马丁——当前使用的软件工程过程。这些组织中的软件开发项目使用了基于螺旋的方法,重点在于验证。本章还讨论方法、技术和体系结构。当前有一种新的自主航空航天系统(如无人机和机器人空间探索系统)正在出现,它们融合了诸如集成健康管理、自监视和器上决策等特征。对于自主航空航天系统,合适的、专门的软件工程方法的缺少,是产生许多与需求、建模和实现相关的内在问题的原因。用于自主系统的需求工程呈现为一个宽阔的开放研究领域,目前还只有很少量的方法提出。

1.1　引言:航空航天工业特点

航空航天工业可以说具有极其复杂的特点,其中诸如波音和空客这样的制造商,以及ESA和NASA,它们的航空航天项目产生出生命周期很长的产品(长达34年)。当前,航空航天工业的最终产品或服务来自于极大量企业的合作,飞行器的不同部件的设计和生产都是通过外包或合作的方式完成。例如,波音787“梦幻客机”的70%的设计和制造都被外包。因此,航空航天工业的特点要求不同大小的公司之间的紧密协作,导致了不同层次的依赖性。同时,产品的多样性经常带来计划之外的研发合作、变化的共识/冲突,以及设计和开发过程的大量迭代。因此,诸如波音或空客这样的制造商对其战略供应商的能力和效能具有很大的依赖性。

1.1.1　注重安全性

航空航天工业(如NASA和ESA)遵循“为风险的最小化而进行设计”的策

略，即强调安全性(safety)原则。这对于确保充分级别的安全性得到正确的规约①、设计和实现，是很有必要的。以下是在许多工业中常见的基本安全性原则和方法[49]，它们被用于使事故的可能性最小化，以及在一旦发生一个事故时减小其不良后果：

(1) 危险排除和限制；

(2) 屏障和互锁；

(3) 失效安全(fail-safe)设计；

(4) 失效风险最小化；

(5) 监视、恢复和逃逸。

这些原则和方法是一个综合的安全性设计中的基本要素，经常要将它们组合使用才能达到预期目的。

1.1.2 标准化

标准化对于航空航天业务的各个方面都是基础性的，它们是"互操作和互联的工具，保证可靠性、可重复性以及质量的公共需求，安全与审定的基础，以及传递变更的最有力机制之一"[76]。标准形成了在全球设计、建造以及支持航空产品时所使用的技术资料的一个最大来源。过于复杂、经常重复的航天标准体系，则又导致为了协调这些基于竞争的标准的规章性需求而增加的代价、由于多个标准而进行的多个符合性评估和质量管理而增加的代价、以及由于冗余和交叠的标准和标准设施而增加的成本和低效性。

航空航天工业协会(AIA)理事会给出了：

(1) 用于支持全球航空航天工业的标准体系的关键需求；

(2) 按照定义的需求，当前使用的主要标准开发模型和组织；

(3) 对于航空航天工业要求的最佳标准的一组建议。

NASA 和 ESA 都提供了自己的软件工程专门标准。例如，ESA 的软件工程部门(软件工程和标准化部[70])负责软件工程化，既包括 ESA 内部标准——通过共同主持软件标准化和控制委员会(BSSC)，也包括外部软件标准——主要是与欧洲空间标准化合作组织(ECSS)，以及有时与国际标准化组织(ISO)一起。

1.1.3 复杂性

为了满足标准和安全性的规章，航空航天系统的软件开发需要实施严格的

① 规约，也称"规格说明"，是指严格而详细的描述说明，兼有名词和动词的含义。在软件工程中，"规约(规格说明)"通常就是"需求规约(需求规格说明)"的简称。——译者

质量控制。例如,ESA 已经启动了许多举措来研究解决项目中的软件问题,主要是与时间进度和安全性相关的问题。其中的主要发现之一是:高复杂性使得航空电子系统及其软件十分脆弱[71]。由于持续增长的系统复杂性:

(1) 系统定义(需求和设计)的完成在项目中越来越靠后;

(2) 软件需求永远是不稳定的,软件工程师经常在软件已经处于组装、集成和测试(AIT)时还不得不实现仍然在变化中的需求;

(3) 软件开发的速度要求越来越快。

1.1.4 平台多样性

航空航天产品使用各种操作平台和运行环境。例如,ESA 的产品使用了不同的操作系统,包括 IRIX、Solaris、Linux、Windows 等。平台的多样性给开发过程带来了另一层复杂性。这里引用 ESA 建模与仿真组的一位仿真工程师 Peter van der Plas 的话:"当 ESA 的科学家要求一个新的功能时,我们就进行改造,发布一个新的版本,并在每一个平台上进行测试。我们拥有的平台越多,需要花的时间就越长。"

1.2 航空航天软件工程过程

通常,对于将要开发的任何软件系统,为该项目选择适当的开发生命周期过程(软件过程)是非常重要的事情,因为所有其他活动都是从该过程导出的。软件过程的概念意味着一组活动,其目标是软件的开发或演化。在所有的软件过程中,最通常的活动是:

(1) 规约——确定系统的功能和它的开发约束;

(2) 开发——生成软件系统;

(3) 确认——检查软件是否是客户想要的;

(4) 演化——改变软件以响应变化的要求。

一个航空航天软件的开发过程使我们必须谨记:航空航天系统需要满足各种标准,并且还要有高的安全性需求。为此,航空航天系统的开发强调验证、确认、审定以及测试。软件开发过程在技术上必须是充分的和高效费比的,能够控制航空航天系统设计的复杂性和满足安全性需求,并对其中包含的软件进行审定。将项目的生命周期拆分成若干个阶段,可以使得整个开发过程被组织成更加易于管理的片段。"软件开发过程应当在适合管理和预算环境的时间点上,提供给管理者对于取得的进展的递增的可视性。"①在 NASA、ESA、波音和洛克希德·马丁开展的大多数最新的航空航天软件开发项目中,使用了某种基于螺旋的方法取代瀑布过程模型,其重点在于验证[56]。瀑布模型[61]是一个经典的软件生命周期,其中软件经历从一个阶段到下一个阶段的有序的转换过程。该模型类似于软件演化的一个有限状态机描述。在复杂的组织设置(如 NASA 和 ESA)中,瀑布模型及其衍生版本对于帮助结构化、分配人力以及管理大型软件开发项目可能是最有帮助的,这也是它的主要目的之一[8, 61]。

如图 1.1 所示,一个通常的航空航天软件开发过程包含密集的验证、确认和审定步骤,从而能够生成足够安全和可靠的控制系统[68]。

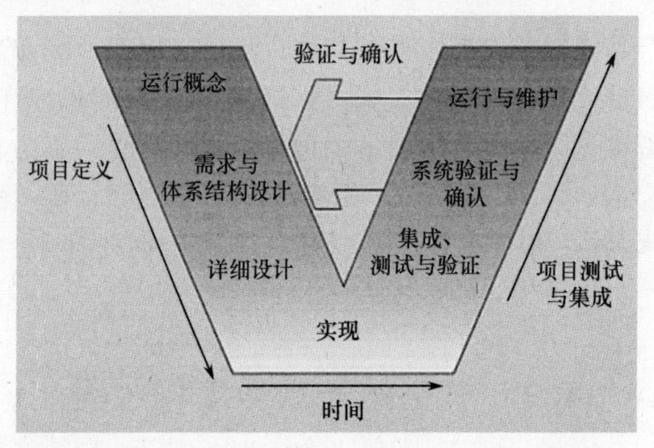

图 1.1 NASA/ESA 软件开发过程的一个通用视图[56]

(1) 运行概念(Concept of Operatons)阶段(在 ESA,该阶段被称为系统与软件协同工程[68]),目的是将软件开发与系统需求关联起来。在这里,系统是指任何航天器/航空器子系统,由其产生航天器/航空器上的软件需求(如数据处理、姿态控制、温度控制、能源管理)。

(2) 需求工程和体系结构设计阶段,强调高层建模,作为强化需求的完整性和一致性的手段。许多飞行软件的硬实时特性要求一个全面的可调度性分析以及使用特定的调度策略(如 Ravenscar[18])。

(3) 详细设计阶段进行的是低层系统建模。在该阶段,除了使用设计方法,还会用到建模语言,不过后者通常更加强调硬实时系统。

(4) 实现可以是手工的或自动的。建模使得生命周期可以实现自动化,方式是通过自动生成实际飞行的代码以及一些确认测试。对于特定的适用于航天

① 见《NASA 系统工程手册》:"项目生命周期应当在适合管理和预算环境的时间点上,提供给管理者对于取得的进展的递增的可视性。"——译者

的处理器,对代码进行交叉编译。语言的选择受到航天中使用的硬件的约束影响。

(5) 集成、测试和维护阶段由一系列用于对实现进行确认,以及在运行中对系统进行维护的活动组成。测试和验证都能发现设计和实现缺陷,而它们会导致实现之前的和实现步骤中的重复。

ECSS-E40[21] 是一个用于在航天系统项目中开发软件的标准。ECSS 是 ESA、各国空间机构以及欧洲工业协会合作的结果,目的是建立和维护共同的标准。ECSS-E40 强调一个以文档为中心的过程模型,用于开发可靠的器上实时软件(DOBERT)。该模型与图 1.1 所示的模型相似,其中每个文档都是用 CASEML 进行描述,CASEML 是一个基于可扩展标记语言(XML)的语言。

ECSS-E40 已经被用于 ESA 的各种项目,包括可靠器上嵌入式实时软件工程环境(DOBERTSEE)/低成本器上软件开发工具包项目[75],用于为航空电子软件建立一个可以获得的和集成的软件工程环境。

1.2.1 需求工程和建模

需求工程[5,69]是导出、编档和交流需求的过程。它管理需求的变化,在需求文档中维护需求的可追踪性。需求被编写为软件需求规约。软件需求反映了用户和购买者的需要。通常,需求与未来系统必须提供的服务相关,不过它们也可以是关于产品质量或约束的需求。而且,用户对系统的不同感受和理解,可以导致要么是极其抽象的服务描述(如“生成报告”),要么是详细的特征(如应当实现的数学公式)。因此,为了正确处理需求,需求工程师力图对需求进行分类。有两大类需求:功能(functional)需求和非功能(non-functional)需求。功能需求确定未来系统的运行,非功能需求关乎系统的质量或约束。根据电气与电子工程师协会(IEEE)软件需求实践建议(IEEE 830—1998 标准),这两类需求应当关注这样一些问题[42]:

(1) 功能——强调软件功能,就是将要提供给用户的服务;

(2) 外部接口——包含软件将要如何与人或者其他软件和硬件系统交互的问题;

(3) 性能——强调性能问题(对于系统整体以及系统的特别功能),如速度、可用性、响应时间、恢复时间等;

(4) 质量属性——未来系统的质量的度量,如可移植性、正确性、易维护性、保密性等;

(5) 约束——强调可能影响实现的设计、硬件、文化以及其他问题,如要求的标准、实现语言、数据库完整性原则、资源限制、操作环境等。

1.2.1.1 规约与建模

实践已经表明,在安全关键系统的开发中,形式化语言可以在需求规约和系统建模方面非常有用,如航空电子软件,其中软件的失效很容易引起安全性危害。例如,在 C130J Hercules Ⅱ的控制软件开发中,洛克希德·马丁应用了一个"通过构建保证正确(correctness-by-construction)"的方法,基于形式化的(SPARK)和半形式化的"联合需求工程(Consortium Requirements Engineering)"语言[3]。结果表明,这种组合足以消除大量的错误,在高质量和低成本方面为洛克希德·马丁带来了巨大的收益。在 ESA,需求规约和系统建模与以下方面相关[34]:

(1) 定义数据类型(XML 或 ASN.1)。

(2) 数据组织,如以类和对象的方式。

(3) 行为——行为建模语言可以对状态序列和系统参与的事件进行形式化表示。这通常是基于转换事件序列的状态机,基础是同步或异步模型。

在航天领域中使用的规约和建模语言中,最典型的一些包括规约与描述语言(SDL)、Esterel、Lustre、MatLab/Simulink 中实现的各种语言,等等。特别是,SDL 作为一种用于开发有限状态机的形式化建模的标准化语言,已经被主要应用于电信协议。它已经被证明在一些航天应用中非常有用[69]:

(1) 数据处理系统工作台(数据管理系统的设计确认(DDV));

(2) Meteosat 第二代航天器的失效检测、隔离和恢复(FDIR)——对航空电子可重配置性的器上软件需求进行了建模;

(3) SpaceWire 协议,提供了通信语言的一个标准。

Lustre 是一个异步数据流编程语言[34],用于响应式系统的编程。Lustre 已经被成功应用于关键应用的自动控制软件的开发,如空中客车的软件以及阵风战斗机的作战控制软件[7]。其他的形式化语言(如 B、VDM、PVS)可以被用于软件需求的特别功能。形式化语言的优势来自于严格的数学语义和高度的抽象,使得可以开发软件工具用于自动化的验证与确认。

需求经常是使用自然语言表达的。为了正确处理这样的需求(例如,实现可追踪性,以及避免由于使用自然语言而带来的模糊性),需要对自然语言进行分析。LEXIOR(LEXical analysis for ImProvement of Requirements)[16]是一个提供自然语言分析的工具。该工具包含一个用于编写需求规约的最佳实践规则数据库,以及一个词法分析和解析引擎,用于根据一组预先定义的最佳实践,进行预处理、内容验证以及交互式的编写和编辑。

1.2.1.2 需求度量

需求度量是对所开发的软件进行测量的一个重要部分。这包含需求波动性度量(在开始编码之后,需求发生的变化有多大)、需求可追踪性度量、需求版本度量、需求完整性度量。对需求进行手工测量是一项烦琐的工作,应当使用自动化的需求工具。这样的工具有助于高效地管理需求。例如,IBM Rational Requisition、Dynamic Object Oriented Requirements Systems,以及 Requirements Use Case 工具,是一些可用于对软件需求进行度量的主流自动化需求工具。许多商业化工具提供了需求的可追踪性和版本管理,如 DOORS 或 IRQA。需求度量在 DOBERTSEE[75] 软件工程环境中也得到了实现。

1.2.1.3 需求的特性

为了测量软件的质量,需求工程定义了良好需求的特性。以下是 NASA 对良好需求的属性分类的一个简单描述[5]:

(1) 必要性——如果没有它,产品/系统就不能满足用户的实际需要。

(2) 清晰性——如果一个需求有多个解释,建立的系统就可能无法符合用户的需要。清晰至关重要。

(3) 完整性——要了解一个系统的全部未来需求是不可能的,但是所有已知的需求都应当得到规定。

(4) 一致性——需求之间不能相互冲突。

(5) 可追踪性——每个需求的来源应当得到标识。

(6) 可验证性——每个需求应当能够通过验证、分析、审查或演示而得到验证。在可能的情况下要避免否定式需求,如"部件不能过热"。

1.2.2 管理安全性和风险

复杂电子的需求来自于系统和子系统需求、安全性,以及所选择的体系结构、使用的技术和工具、设备将要运行的环境、实现环境带来的约束。对于 NASA 的许多系统,安全性是一个特别重要的需求来源。安全性需求可能进入系统需求,并继而进入复杂电子,或者在需求的每一级分解中被直接要求。

在开发过程中,软件工程师应当指定要求的安全级别,以确保设计和实现安全的系统。NASA 工程师将软件安全性表达为一组确保在正常和异常条件下系统具有可预测行为的特征和规程。而且,如果开发者正确地指定了软件安全性,则"一个计划外事件发生的可能性被最小化,并且其后果得到控制和限制"[37]。NASA 使用了两个软件安全性标准[51],标准定义了:①四个定性的危险严重级别——灾难的(catastrophic)、严重的(critical)、边缘的(marginal)、可忽略的(negligible);②概率级别——很可能的(probable)、偶然可能的(occasional)、微乎可能的(remote)、不大可能的(improbable)。危险严重性和概率的结合可以导出一个风险指数,用于对风险解决方案进行优先级排序(表1.1)。

表1.1 NASA的风险指数确定[51]

危险严重级别	概率级别			
	很可能的	偶然可能的	微乎可能的	不大可能的
灾难的	1	1	2	2
严重的	1	2	4	4
边缘的	2	3	4	5
可忽略	3	4	5	5

系统安全性的一个原则是:一个系统在其允许运行之前,所关联的或带来的每个危险是已知的和完全理解的[49]。必须对自动和自主行为的全部可能危险进行发掘。在NASA工程与安全中心的一个研究中,对负责安全性设计的小组给出了以下指导原则[53]:

(1) 定义一组清晰而简洁的、有优先级顺序的项目需要、目标和限制,包括安全性,形成对后续工作进行确认的基础。

(2) 使用一个关注安全性、简单而易于理解的管理结构以及要素之间的清晰的权力和职责线,管理和引领项目。

(3) 通过容错、限定失效概率以及遵从得到证实有效的实践和标准,来指定安全性和可靠性需求。

(4) 通过保持主要任务目标尽可能简单和最小化来管理复杂性,并且只在为了达到该目标而必要时才增加系统的复杂性。

(5) 在生命周期中及早建立正确的系统概念设计,通过自上而下地全面发掘风险,并使用一个基于风险的设计循环来迭代运行概念、设计和需求,指导系统以最低的复杂性且在约束之内可得,来满足任务目标。

(6) 通过应用一个多层的"深度防御"方法,正确地建立系统,即遵守得到证实有效的设计和制造实践,举行独立的评审,审查最终产品,并使用"像实际飞行那样测试,像测试那样实际飞行的理念。

(7) 在整个生命周期中,寻找和收集对安全性、任务成功和开发风险的告警信号和先兆,并将它们集成到一个全面的风险视图中,采取适当的缓解行动。

1.2.3 处理复杂性

当前的航空航天系统经常被设计和实现为多部件系统,其中的部件是自包含和可复用的,因而要求高独立性和复杂的同步。更智能的系统的部件被称为融合了一定程度智能的 Agent①(多 Agent 系统)。Agent 被认为是实现自适应系统的关键[31]。航空航天系统的开发通常涉及[89]:

(1) 多部件系统,无法总能对部件间的交互和系统级的影响进行建模;

(2) 人工智能(AI)的元素;

(3) 自主系统;

(4) 演化系统;

(5) 高风险和高成本系统,经常用于执行具有重大社会和科学影响的任务;

(6) 严格的设计约束;

(7) 可能非常紧的设计空间;

(8) 高风险驱动的系统,无法总能捕捉或理解风险和不确定性。

1.2.4 设计

与从事软件项目的大多数组织一样,ESA 和 NASA 进行概要设计(也称为体系结构设计或概念设计)和详细设计。设计阶段(概要设计和详细设计)的目标是建立一个将能够正确而完整地实现需求的设计。

1.2.4.1 概要设计

作为概要设计,主要的目的是描画未来的系统在硬件设备、已定义的接口以及设备将要运行的环境的限制下,如何实现需求中指定的功能。在该阶段,软件工程师需要保持一个系统的视角,看待系统的运行和与其他系统(或子系统)的交互。例如,在 ESA,体系结构设计被作为一个顶层体系结构的技术规约的一部分[67]。在概要设计中,一个高层设计概念得到建立,它将实现复杂的电子需求。这个设计概念可以用功能块图、设计和体系结构描述、草图和行为描述语言进行表达。

ESA[67]传统上使用的一些航天系统设计方法的 HOOD4[28]和 HRT-HOOD3(硬实时 HOOD)[10]都是基于“分级面向对象设计”(HOOD)方法[57]。使用 HOOD4 方法时,一个软件工程师可以专注于需要的功能,而不需要关心某种硬

---

① 中文有译为“智能体”“代理”的,含义时常混淆不清。本书按照目前主流方式,使用英语原词。——译者

件配置,而这个硬件配置可以在完成实现之后被改变。HOOD4 以三个手段解决软件分布的问题:首先,它在一个设计中引入清晰定义的平面,容易进行切割而不影响软件系统的逻辑;其次,HRTS 提供在物理隔离的部分之间建立通信通道所需要的手段;最后,它可以提供时间信息,由此可以导出性能预测。这使得可以在设计阶段评价一个硬件和软件配置的性能。基于性能预测的结果,可以对最佳的硬件配置进行预先评估。HRT-HOOD 开发过程分为两个阶段:一个逻辑阶段和一个随后的物理体系结构阶段。前者支持系统功能需求的分级分解,结果是一组各种类型和属性的对象。后者关注一个系统的非功能需求和低层执行环境的限制。ESA 将 HOOD4 用于地面系统开发,HRT-HOOD3 用于器上系统开发。在欧洲战斗机(Eurofighter)和空中客车公司,HOOD4 也被大量用于器上系统的开发。

ESA 使用的其他概要设计方法有[67]:

(1) 统一建模语言(UML)和包,一般是在一个 UML 需求建模之后。特别地,HRT-UML 是 UML 的一个变体,目标是保持 HOOD 的设计工程质量。有一位在 ESA 参加培训的人员将该方法与 AOCS 框架进行了对比评价。HRT-UML 正在演进成为 UML 2.0 的一个廓形(profile)。

(2) 用于表达一个应用领域的可变性,以及用于通用性体系结构的方法:设计模式、特征、切面①等。

(3) 行为语言,如规约与描述语言(SDL)、Lustre、Esterel 等。

注意,概要设计经常可用于识别需求中的不一致、误解以及模糊性。

1.2.4.2 详细设计

对于航空电子,详细设计阶段主要进行的是设计合成。这个过程使用体系结构设计(或概念设计)模型,把它们转换为低层设计,该低层设计实际定义系统的软件部件、模块和接口。一般地,详细设计将概念备选方案、概要物理结构、设计规约以及技术需求转化为最终的、跨学科的设计定义。这些定义编录在详细设计文档(DDD)中。DDD 是将要实现的代码的一个综合规约[22]。

在这个阶段,软件工程师必须首先完成概要设计中的软件的自顶向下的分解,然后勾画每个软件部件将要执行的处理。详细设计必须继续概要设计使用的结构化方法,不要引入不必要的复杂性。一个好的实践是,软件工程师在设计评审中逐层地验证详细设计。在编码之前通过走查或审查对设计进行评审,是

① 切面(aspect)是指系统中横切多个部件的特征,面向切面(aspect-oriented)的方法是从切面的维度进行设计与实现,提供了又一种对系统进行划分与集成的设计范型。——译者

一个比测试更有效的排除错误方法。

在该阶段,可以应用设计模式。一个设计模式[27]是一组封装的解决方案、备选方案以及引出解决方案的规则,或用于解决在一个特定环境下出现的设计问题的处理指南。每个设计模式依赖于或导致其他模式中的环境、问题和解决方案,或与它们相互交互。在航空电子中,经常使用模式来组合航空电子控制系统(ACS)的监测、再解释、理性再构造以及重新设计。ACS是一个飞行器的主要导航系统。ACS持续地收集传感器数据,用来判断飞行器的实际状态,计算根据导航模式所需要的飞行器状态,执行提示飞行员的动作,或者直接操作飞行器执行机构,使得实际状态与所需的状态尽可能接近。ACS模式[15]描述在构造一个ACS时的领域特定的体系结构问题和步骤,使用最少的词汇(如部件、接口、功能、属性),并使得最容易在特定的设计方法、概念、工程工具或开发过程中得到表达。然而,由于ACS对人员安全的关键影响,以适当的形式化和半形式化方式捕捉设计结果,使其可以得到分析和推理,是至关重要的。

1.2.5 实现

为了实现想要的系统,设计必须被转换为机器可读的形式。通常,形式化和半形式化的设计模型可以被用于自动地生成实现,尤其是在有详细设计的时候。另一种方式是,实现是由开发者使用实现语言来完成的,如C、C++、Java、Ada等。在ESA,一个常用的实现语言是SystemC[1]。SystemC是一组C++类和宏,提供了一个C++的事件驱动的仿真内核,并带有信号、时间和同步原语。SystemC通常用于系统层的建模、体系结构探索、软件开发、功能验证以及高层合成。

航空电子中最广泛使用的编程风格之一是面向对象的编程(OOP)范型。这与软件复用尤其相关,使得开发者能够实现/测试/调试复杂的、任务特定的部件,这些部件可以被可信地用于其他软件项目。

1.2.6 测试、验证和确认

从过程的角度,验证与确认过程可能在本质上是相似的,但是它们的目标从根本上却是不同的。验证显示的是与产品可以满足的需求相符合的证实——通过执行测试、分析、审查或演示[54],证明每个“应当”(shall)陈述成立。确认显示的是系统符合其在预期的环境中的预期用途,即通过执行测试、分析、审查或演示,证明其满足客户和其他利益相关方的期望。验证测试向后关联到已经证实的需求集,可以在产品生命周期的不同阶段执行。经过证实的规约、模型、设计和其他配置文档,建立了所实现的系统的配置基线,基线可能在后来不得不进行修改。如果没有一个得到验证的基线以及恰当的配置控制,后面的修改可能就要付出巨大代价,或者导致严重的性能问题。

1.3 用于航空航天的方法、技术和体系结构

1.3.1 形式化方法

形式化方法来源于形式逻辑,指的是大量基于数学的活动,在其中使用具有数学基础的符号和工具。形式化符号(也称为形式化语言)用于严格和无模糊地规约系统需求或者建模系统设计。形式化工具提供所需的形式化支持,用于证明所规约的系统属性的正确性以及其最终实现的正确性。

形式化方法以形式化规约语言(有时叫作建模语言)的方式,提供了大量形式化的符号。一般地,通过使用它们,借助数学的基础,在比实现层面所能提供的更高的抽象层上,严格地描述系统的特性。形式语言被用于提供对系统的一个形式化的、中立的(即独立于实现的)表示(经常称为形式化规约)。在航空电子中,形式化方法被用于需求建模、系统建模和代码生成以及确认。然而,为了定义一个适当的基础用于对形式化规约进行推理,形式化语言必须既要有一个良好定义的上下文无关的语法,还要有一个良好定义的形式化语义。语法帮助形式化方法处理用形式化语言编写的句子,形式化语义提供这些句子的含义。一个形式化语义提供真值条件的逻辑规则,从而可以实现自动推理,这些真值条件用各种参数关联的真值表示。一般地,我们将形式化规约语言分为三大类:

(1) 面向模型的形式化语言,支持对系统的一个数学模型的规约的构造。目标是以抽象的数学对象的形式,导出系统所需行为的一个显式的模型。注意,面向模型的方法(也称为构造)通常与定义的使用相关联。该方法的典型是形式化语言,例如抽象状态机(ASM)、B 方法、工业软件工程严格方法(RAISE)、维也纳开发方法(VDM)、自主系统规约语言(ASSL)、Z 符号等。

(2) 面向属性的形式化语言,具有与形式逻辑语法相同(或接近)的语法,提供了一些形式化数学基础。这类语言(也称为描述式)通常与公理的使用相关。这样,面向属性的形式化语言依赖于一个特别的公理语义(可能用一阶谓词逻辑表示),从而表达那些在抽象数据类型之上的操作的前置条件和后置条件,并且在一个代数语义上(基于多类别代数),把一个系统的属性与其实体相关联。面向属性的语言的例子有 Larch 和 OBJ 语言家族(包括 CafeOBJ)。

(3) 作为进程代数的形式化语言,已经演进为满足并发、分布式、实时系统的需要。它们经常通过描述通信进程的代数,描述这些系统的行为。这样的语言有通信顺序进程(CSP)和通信系统演算(CCS)。

然而,不是每个形式化语言都可以被单一归为上述类型中的一个。例如,RAISE 开发方法是对一个基于模型的规约语言(特别是 VDM-SL)进行了并发和时态方面的扩充。

1.3.2 软件验证与确认

形式化方法被作为有助于建立可靠软件和最可能满足需求的软件的软件工程实践。这是因为形式化方法通常同时具有形式化的符号和工具。前者帮助数学化地定义一个系统的一些方面,后者使得能够自动(或半自动地)对该系统进行推理。软件(或硬件)系统的主要验证技术是仿真、测试、推导验证以及模型检测。为了仿真和测试,我们需要系统的可执行的原型模型,基于某些输入以及预期的输出进行评价。推导验证通常指的是使用公理和逻辑推理,并且通常由一个验证专家手工执行。

模型检测[14]是近年最流行并且很有前景的验证技术之一,这是一个形式化验证技术,用于自动的软件确认,提供自动的推理来验证一个规约模型满足系统需求,并且算法的规约(或实现)是正确的。该方法提倡形式化验证工具,通过考虑用一个时态逻辑表达的正确性属性[14],自动检测软件程序的特定缺陷。模型检测在一个特别的状态图(经常称为标号转换系统)上执行穷尽测试,该图代表的是作为一个有限状态机的系统。注意时态逻辑的使用,因为当它们与模型关联时,提供了传递不同的时间概念的操作符。因此,可以对系统随时间演化的规律进行形式化。已经有许多可以进行模型检测验证的形式化工具得到开发,如 Spin、EMC、Cwb、Tav、Mec、Jack、并行工厂(Concurrency Factory)等。虽然人们已经付出了大量工作,并且已经得到证实对于关键系统的正确性是一个革命性的进步,但是对于大型和高度复杂的系统(如航天器或航空器),模型检测仍然是一个乏味的工作。模型检测的最主要不足是所谓的状态爆炸问题。一般地,复杂系统具有极大的状态图,而具有无限状态空间的系统是无法被处理的。

注意,形式化方法并不能消除测试的必要性,而是可以提供一种新的测试方法。形式化方法可以被用于建立形式化的规约,该规约继而可以被用于自动的测试用例生成。在该方法中,通常地,测试生成技术将输入域划分成一组子域,一个指定的行为在一个子域中被认为是一致的[39]。测试用例从每个子域生成,或者从一些相关的子域生成。实践已经表明,面向模型的形式化语言一般可以帮助编写基于模型的规约,该规约适合于测试用例生成。用形式化语言 Z、B 或 VDM 编写的规约可以被用于导出测试用例。然而,测试用例的生成通常需要强有力的分析,这可以由形式化工具提供,如定理证明器。此外,从一个基于状态的系统的一个形式化规约生成测试用例,可能需要确定一个操作序列,以建立系统的内部状态。

1.3.3 面向服务的体系结构

面向服务的体系结构(SOA)基于 Web 服务(Web Service)技术[90],实现灵活性、复用以及松耦合。SOA 的主要目标是那些提供服务的交互部件之间的松耦合。一个服务是一个工作单元,由一个服务提供者实现并提供,为一个服务消费者提供所需的结果。提供者和消费者都是由软件 Agent(系统或子系统)扮演的角色。SOA 的基本思想是提高所设计的系统及其单个部件的互操作性、灵活性和可扩展性。在任何系统的实现中,我们都会希望能够复用已有系统的部件,然而这样做经常会引入部件之间的额外依赖性。SOA 力图通过使用松耦合的部件,最小化这些依赖性。SOA 通过使用两种体系结构约束,来获得交互部件之间的松耦合:

(1) 对于所有参与的部件,只使用很小一组简单而普适的接口,这些接口上只附带一般性的语义。

(2) 每个接口可以根据请求发送描述消息,解释其功能和能力。这些消息定义了所提供的服务的结构和语义。

这些约束与 OOP 的理念迥然不同,OOP 强烈建议将数据与其处理绑定在一起。在 SOA 中,当一些部件需要一个自己不具备的功能时,它向系统查询所请求的服务。如果系统中的另一个部件提供这个能力,它的位置将被提供。最后,客户部件可以使用提供者部件的公共接口,消费该服务。SOA 部件的接口必须足够简单和清晰,使之能够在不同的平台上实现,包括硬件和软件。

NASA 戈达德航天飞行中心(GSFC)在其任务服务发展中心(GMSEC)成功利用了 SOA,这是一项集成性工作。到 2017 年,将跨多个 GSFC 组织提供 GSFC 任务服务[52]。获得的好处是在信息技术(IT)系统中提高可扩展性、可复用性以及灵活性。这可以带来比传统开发方法更好的解决方案,成本更低,发布更快。

另外,SOA 可以用于提供低度的技术耦合,这是为了支持航空航天工业的超大供应网络所需要的。灵活性和复用性的需要是因为在航空航天领域中,全球分布的供应网络合作伙伴会随着时间而变化,由于不同的公司使用运行在不同平台上的不同应用来管理其网络,因此低度的技术耦合成为一种需要。

1.3.4 多 Agent 系统

多 Agent 系统(MAS)的基本概念是:一组自主的软件 Agent 独立地活动,并进行交互从而达到用户和系统范围的目标。通过给予每个 Agent 独立于其他 Agent进行动作的能力,大规模分布计算的许多其他常见问题能够易于解决,这些问题的例子包括异步、单点故障、难以在运行时对系统进行修改等。MAS 处理那些超出单个 Agent 能力的问题。由于单个 Agent 的能力受到其知识、计算资源以及视角的限制,多 Agent 系统的研究目标是寻找方法帮助软件工程师建立由自主的 Agent 组成的复杂系统,使用本地的以及分布的知识,通过合作工作和共享目标,突破单个 Agent 的局限。注意,为了正确地研究和开发一个 MAS,必须超越单个 Agent 的单个智能,关注整个系统的问题解决能力,即解决具有社会方面的问题[74]。如 Durfee 和 Lesser 指出的[20]:"一个 MAS 可以被定义为问题解决者的一个松耦合网络,这些解决者相互交互,解决超出每个解决者的单个能力或知识的问题。"

"Agent"的定义是一个有许多争议的话题,其结果是在计算机领域出现了各种定义[26,35,47,62,94]。尽管这些定义各不相同,它们有一组共同的基本概念:Agent、Agent 的环境、自主性。例如,根据 Wooldridge 的定义[94],一个 Agent 是"一个软件(或硬件)实体,处在某种环境中,能够自主地对该环境中的变化进行响应"。更细节地[62],一个 Agent 可以被看作一个实体,通过特别的敏感器感受它的环境,通过执行器(也称为响应器)在该环境上做出动作。图 1.2 演示了这个定义,一个 Agent 通过使用敏感器,与周围的环境进行交互,从而观察环境的某些方面,执行器则执行动作,并最终改变环境。

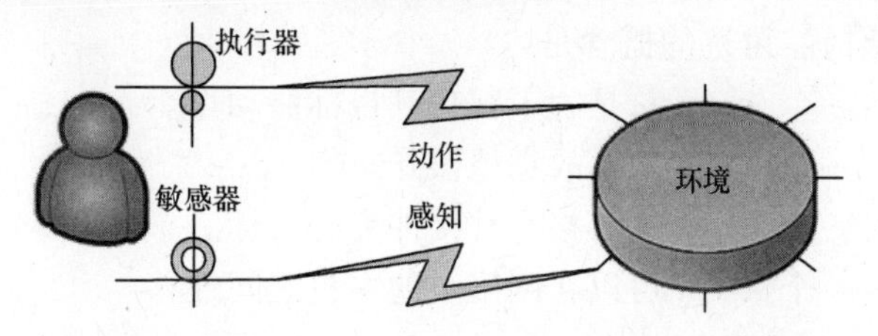

图 1.2　一个 Agent 在其环境中进行感知和动作

理想情况下,环境即是 Agent 外部的一切。环境可以是物理的(如计算机硬件),也可以是计算环境(如数据源、计算资源以及其他 Agent)。另外,一个 Agent不仅仅是处在环境中,而且可以响应环境的改变,自主地动作[94]。自主的概念意味着,一个 Agent 对自己的动作进行控制,最终结果是调度执行某些动作。因而,一个通用的 Agent 函数 f,将在环境中的感知映射为执行的动作,即一

个 Agent 的运行产生 f:

$$[f:P*\to A]$$

注意两个概念之间的明确界限——Agent 和环境,导致这样的结论:Agent 本质上是分布式的。

1.3.4.1 Agent 的核心属性

虽然 Agent 的定义多种多样,有一些核心的属性对所有的 Agent 都是典型的,被称为"Agent 概念"[95]。这些属性被分为三类:弱的、强的、可选的。其中弱的概念被认为是核心的,如下所列:

(1) 自主。自主性的 Agent 能够不可预测地(或者较迟地,或者完全不)对外部影响进行响应,例如来自其他 Agent 的消息。Agent 可以说"不"。因此,大多数 Agent 都包含某种类型的控制线程。

(2) 响应。Agent 通常处在一个丰富和动态的环境。环境的改变通过敏感器来检测,而改变的发生通过执行器(或响应器)来实现。Agent 是"响应式"的,在于它们以一个及时的方式对某些环境条件进行响应。

(3) 主动。一个 Agent 为了获得其目标,将选择适当的、编程者定义的动作或计划,并执行它们。动作和计划可能失效,因为环境随时可能改变。因此,Agent必须做好准备进行适应。

(4) 社会能力。MAS 使用社会的概念,例如类似谈话的通信、合作以及竞争,目的是有效地组织它们的活动。

Agent 的更强概念代表一个窄得多的定义:Agent 的内部状态应该用人类的或精神的术语来描述或实现。所以一个 Agent 可以有知识、信仰、欲望、意图、能力、信任甚至感情。可选的概念是:

(1) 理性:一个 Agent 总是为了获得其目标而动作。

(2) 诚实:一个 Agent 从不故意地误导。

(3) 友善:一个 Agent 从不接受直接冲突的目标。

(4) 移动:一个 Agent 可以在网络上的主机之间迁移。

1.3.4.2 智能 Agent

智能 Agent 是一个特殊类别的自主性 Agent,提供了额外的概念帮助实现智能系统,例如,能够自管理的系统。这就是为什么许多研究工作投入在开发智能 Agent 技术上,这已经成为一个快速增长的研究领域和新产品开发领域。尽管非常流行,目前还没有形成公共一致的"智能 Agent"的定义。可能最流行的是 IBM 的研究工作给出的一个定义:

"智能 Agent 是代表一个用户执行一组操作的软件实体,具有一些自主性,使用知识或者对用户目标和愿望的表示[30]。"

然而,有一致意见认为:自主性,即在没有人为或其他系统干预下的行动的能力,是一个智能 Agent 的关键特征。

表 1.2 列出了 Agent Builder 工具包[2]中给出的 Agent 和智能 Agent 的一些公共特性,该工具包是一个构建智能 Agent 的框架。

表 1.2 Agent 特性

Agent	自主
	能够与其他 Agent 和用户通信
	监视其执行环境的状态
智能 Agent	能够使用符号和抽象
	能够发掘大量的领域知识
	能够具有适应性的面向目标的行为
	能够实时操作
	能够从环境学习
	能够与用户通信

如表 1.2 所列,Agent 的中心思想是委派任务,一个 Agent 能够代表委派任务的用户,自主地执行任务。因此,为了能够可操作,一个 Agent 必须能够与用户交互,从而从用户获得指令并返回结果。基于智能的水平,我们将智能化 Agent区分为四个基本类型(按智能化递增的顺序)[62]:

(1) 简单反射 Agent;

(2) 基于模型的反射 Agent;

(3) 基于目标的 Agent;

(4) 基于效用的 Agent;

(5) 学习 Agent。

1.3.4.3 航空航天系统中的 Agent 互联

Agent 存在于其所在的 MAS 建立的一个协作环境中。考虑 Agent 的协作特质,以及航天系统的特殊之处(参见前文对安全性的强调),可以得出这样的结论,即 Agent 可以以三种特别的方式相互影响[91]:

(1) 影响多个 Agent 的安全性需求,被作为系统约束融入机制的设计中,并且定义这些 Agent 能够认同的一组可行的解决方案。

(2) 每个 Agent 产生的代价,依赖于对可行解决方案的选择,并且会随着解决方案的选择方式而有很大不同。

(3) 考虑一个解决方案概念的公平性是很重要的，因为 Agent 可能会相对其他 Agent 获得的收益评价自己的收益，影响它们看待整个过程的满意度，以及它们继续如所预期的那样参与的可能性。

注意，为了强制系统约束，并且不违背单个 Agent 的独立性，应当使用一个分布式的或者非集中化的算法。一个分布式的算法是这样的：Agent 被给予机会表明自己想要的动作过程，一个中央职权机构协调过程，从而获得同意达成一个可行的解决方案用于实现。反之，一个非集中的算法不包含任何用于协调的中央部件，依赖于对等通信协议来确保找到一个适当的解决方案。在这个意义上，非集中的算法也是分布式的，其中的中央职权机构执行的是不对该机制产生影响的平常性任务。

1.3.4.4 航空航天中的 MAS

1) Livingstone 项目

Livingstone[55] 作为一个健康监视系统，是在 NASA 艾姆斯研究中心(Ames)[93] 开发的一个项目。它使用物理系统(如航天器)一个特别符号化的、定性的模型来推理其状态和诊断故障。Livingstone 是 NASA 艾姆斯研究中心与喷气推进实验室(JPL)联合开发的一个自主航天器控制器(远程 Agent，RA)的三个部件中的一个。另两个部件叫作规划器和智能执行器。规划器生成灵活的任务序列，从而达到任务层的目标，智能执行器则命令航天器系统完成这些任务。远程 Agent 在 1999 年 5 月的“深空”一号任务(DS－1)的飞行中得到展示，使之成为由人工智能(AI)软件控制一个运行中的航天器的第一个实例[48]。此外，Livingstone 还在其他控制应用中得到使用，例如对火星任务中的一个推进剂生产装置的控制[13]、一个移动机器人的监视[66] 以及 X－37 试验空间交通工具的智能飞行器健康管理(IVHM)。

Livingstone 的结构和操作如图 1.3 所示[55]。其中，模式识别模块(MI)通过跟踪发送给设备的指令，估计系统的当前状态。它随后将预测的设备状态与从实际敏感器上得到的监测进行比较。如果发现一个不一致之处，Livingstone 通过寻找部件状态的一个与监测一致的最可能配置来执行一个诊断。使用该诊断，模式恢复模块(MR)可以计算一个恢复到给定的目标配置的路径。

2) NASA 的 OCA 镜像系统

NASA 的国际空间站任务控制中心的光通信适配器(OCA)飞行控制器，使用不同的计算机系统，实时地对国际空间站(ISS)上传、下传、镜像、归档以及发布文件。OCA 镜像系统(OCAMS)[65] 是 NASA 的任务控制中心的一个运行中的

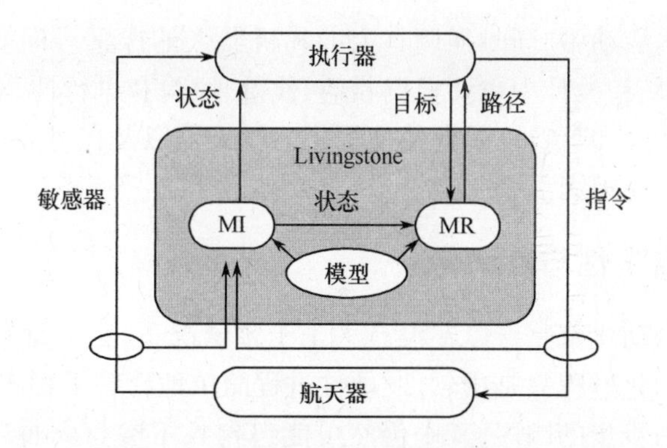

图 1.3　Livingstone 模式识别(MI)和模式恢复(MR)[55]

多 Agent 系统(MAS)。从一个 MAS 的角度,OCAMS 被分为三个单独的分布式 Agent,运行在一个单独和特别的 Brahms 托管环境中[65]。该环境可以运行在任何想要的计算机和网络配置上,其体系结构易于与计算机系统结构和网络适配。OCAMS 部件之间的通信是通过使用所谓的 NASA 协作基础设施(CI)建立的。CI 是一个提供应用编程接口和一组服务的基础设施,使得部件能够:

(1) 使用结构化的消息进行通信(传输服务);

(2) 找到另一个部件(目录服务);

(3) 通过一个订阅/发布服务共享数据(数据分布服务);

(4) 使用一个公共接口得到管理(管理服务)。

使用 CI 的部件称为 Agent 或参与者。此外,CI 提供了进程管理工具,用于管理参与者的托管环境以及参与者的启动、监视和停止。

3) Lights out 地面操作系统

Lights out 地面操作系统(LOGOS)是 NASA 开发用于自动化卫星操作的一个原型。LOGOS 依赖于一个相互协作的智能 Agent 群体来执行地面操作,替代人工操作者和传统的地面系统软件工具,如轨道生成器、调度器和指令序列规划器[60]。通常,LOGOS 提供一个综合的环境,支持在 Lights out 操作上下文中的演化的基于 Agent 的软件概念的开发、部署和评价。并且,LOGOS 支持对信息可视化概念和认知研究的评价。此外,LOGOS 帮助研究者认识到,Agent 如何可以作为"工具用户",被集成到一个负责运行地面控制操作的 Agent 群体。

1.4　自主航空航天系统

多年以来,ESA 和 NASA 的任务都在飞行和地面系统中逐渐增加了自主性,从而能够从任务获得更多的科学数据、实施新的科学实验以及降低任务成本。

在新的空间探索活动中，同时强调有人的和机器人的探索。即使有人参加的探索，在任务的定义和设计中也要根据收益、代价、风险和可行性，对人的工作进行仔细的评估。风险和可行性是促使使用无人航天器以及在可能时使用自动化和机器人技术的主要因素。

1.4.1 自主性与自动化

自主性和自动化都是可以在没有人工干预情况下，独立地从开始执行到结束的过程。自动化过程只是用软件/硬件过程简单地代替了程式化的手工过程，这些过程遵从一步步的顺序，其中仍然可能包含人工参与。而自主性过程则具有更高的目标，它模拟人工过程，而不是简单地替代人工过程。

一个自动化的地面数据趋势分析系统可以不断从数据区中提取一组遥测参数、进行标准统计分析、输出分析结果报告以及由识别出的任何异常生成适当的告警。所以，与自主性过程不同，在这个例子中，地面系统没有基于实时时间进行独立的决策，而是需要一个人工的参与来对该活动的输出进行响应[79]。

另一种情形是，一个地面软件系统可以展示更复杂的自主性过程，它独立地识别何时与一个航天器的通信是可能的，进行链路建立，决定上传什么文件，上传这些文件，接收航天器的下传数据，确认下传的数据，必要时请求重新下传，适当时候发出清除器上存储的指令，并最终对所有经过确认的数据进行存档。这是一个完全自主的地面上传/下传过程的例子[79]。

1.4.2 自主计算

自主计算（AC）[40]作为一个新的多 Agent 范型出现，其中的 Agent 是协同的（即共享共同的目标），但也是自主的，能够自我管理[43]。一般地，AC 是一个描述计算系统的概念，该计算系统本质上是通过自动化来降低复杂性。当前，许多研究者认同，AC 提供了一组使得计算系统能够通过内在的自适应来实现自管理所需要的能力。典型地，适应性系统依赖于环境，它们可以对环境进行推理，对变化的情境进行适应[29]。在这里，AC 强调适应性特征以及其他的自管理特征，来提供对一个或多个领域中的、领域内或跨领域的应用的、一个或多个现实世界问题的解决方案。“自主计算视图”[43]将自管理的概念定义为四个基本原则——自配置、自治愈、自优化以及自保护。并且，为了达到这些自管理目标（行为原则），一个自主系统（AS）必须包含以下 self - * 属性：

（1）自感知——感知其内部状态；

（2）自情境（上下文感知）——环境感知、情境和上下文感知；

（3）自监视——能够监视其内部部件；

(4) 自调整(自适应)——能够对可能发生的变化进行适应。

因此,尽管在应用领域和功能上存在不同,所有的AS都能够自管理,并且被一个或多个自管理目标驱动。注意,这个需求自然包含了:①自诊断,分析一个问题状况,确定一个诊断;②自适应,修复发现的故障。执行充分的自诊断的能力很大程度上依赖于系统知识的质量和数量。并且,AC有两种模式的自治愈:反应式和主动式。在反应式模式中,一个AS必须在一个故障发生时有效地恢复,包括识别该故障,并且在可能时修复它。在主动式模式中,一个AS监视至关重要的信号,从而预测和避免出现健康问题或者达到不希望的风险级别。

1.4.2.1 自主元素:智能Agent的新概念

AC范型中的一个新概念是所谓的自主元素(AE)。在一个得到广泛接受的AS体系结构中,AE被作为系统的构建块[40]。从性质上,AE是编程元素(即对象、部件、服务)的扩展,用特定的接口和显式的环境依赖定义一个自包含的软件片段。本质上,一个AE封装了用于自管理的规则、约束和机制,并能与AS中的其他AE进行动态交互,从而提供或使用计算服务。如文献[40]中所述,AE的基本结构是一个特别的控制循环。该控制循环被描述为一组功能上相关的单元(监视器、分析器、规划器以及执行器),它们共享知识。这些单元通过共享知识形成了一个智能控制回路,从而形成AE的自管理行为。图1.4给出了对一个AE的一般结构的具体描述。如图所示,一个AE运行在一个受到特别管理的资源上。该资源是对那些能够被控制回路管理的软件的一个一般化表示,通过该控制,使其功能达到一个自管理的水平。在这里,通过其控制回路,一个AE监视其管理的资源的细节,分析这些细节,规划调整,并按规划结果实施调整。需要指出的是,为了实现这些行为,一个AE可以使用由人定义的和由AS学习的规则和策略,以及来自人工(管理者)的信息[40]。这样,控制回路通过监视和密集的交互,帮助AE进行决策和控制受管理的资源。注意,受管理的资源是高度可扩展的[40],即它可以是任何软件系统,如一个文件、服务器、数据库、网络、中间件软件、独立软件应用、业务对象等。

AE自管理成功的一个关键要素是共享的解决方案知识。注意,如果缺乏解决方案知识,自管理就存在缺陷。例如,当前有许多用于安装、配置和维护的维护机制。系统管理工具和发布包格式的巨大多样性,带来复杂系统管理中的不可预期问题。此外,由于使用动态环境,其中的应用功能可以动态增加或去除,则问题更加严重。此时,公共的解决方案知识可以消除格式和安装工具多样性所带来的复杂性。而且,当以一个一致的方式获得时,该知识被AE的控制回路在不是配置和维护的上下文中使用,如问题的规格化和优化。

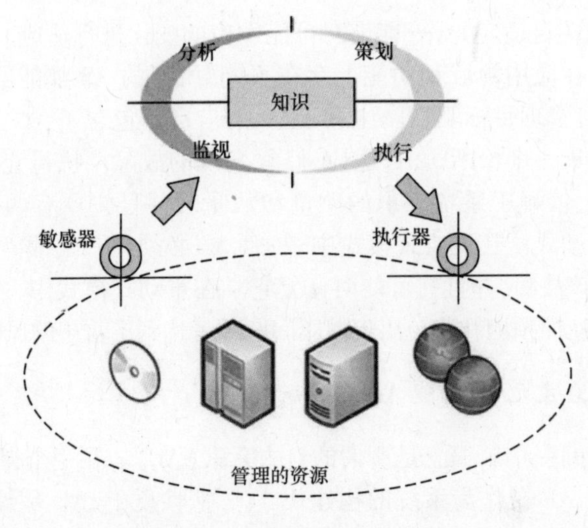

图 1.4　一般化 AE 体系结构

1.4.2.2　自主计算需求

开发一个新的计算机系统的第一步是确定该系统的需求,包括需求的导出和规约。一般地,需求可以分为两类:功能需求和非功能需求。功能需求定义系统的功能,非功能需求强调系统运行的质量要求(如性能)和约束。与任何计算机系统一样,AS 也需要满足这两类需求。然而,与其他系统不一样的是,一个 AS 的开发是由所谓的自管理目标和属性驱动的(见 1.4.2 节),这引出了称为 self-*需求的特别需求[88]。尽管在应用领域和功能上存在不同,所有的自主系统都具有自管理能力,并且是由一个或多个自管理目标驱动的。

1) 知识

一般地,一个 AS 基于良好结构化的知识和在该知识上运行的算法,具备感知的能力。从概念上讲,知识可以被作为由代表不同类型知识的部分聚合而成的大型复杂体。每种知识可以被用于导出特定领域的知识模型。

2) 感知

一个 AS 的成功要素之一是使用它的知识和成为有感知的系统。这样的系统能够感觉和分析其部件以及运行的环境。一个主要任务是确定每个部件的状态,以及服务层目标的状态。一个感知系统应当能够注意到一个变化,并理解变化的影响。因此,自监视和对环境的监视,是感知中的关键问题。并且,一个感知系统应当能够应用模式分析和模式识别,从而确定正常的和不正常的状态。

3）监视

由于监视经常被作为感知的先决条件，它作为感知的一个子集。对于 AS，监视就是通过在 AS 中装备的一组敏感器获得知识的过程。

4）适应性

适应性背后的核心概念是：一个 AS 改变其可观察的行为和结构的一般性能力。该需求被扩展为自适应（或自动适应）。自适应帮助一个 AS 在运行中对一个最终的适应性进行自主决策。

5）自主性

正如术语 AC 已经表明的，自主性是 AS 的核心特性。AC 的目标是将人工管理者从复杂的任务中解放出来，这些任务通常需要在没有人工干预的情况下做出大量的决策。

6）动态性

动态性展示的是系统在运行时进行改变的能力。适应性指的是系统的某些方面的概念性变化（不一定是部件或服务的改变），而动态性是关于去除、增加或交换服务和部件的技术能力。

7）健壮性

健壮性是几乎每个系统都需要的需求。AS 应当从健壮性获益，因为这可以有利于设计出能够具有自修复和自保护的系统部分。此外，系统体系结构应当可以在出现错误和攻击时，易于使用应对手段。

8）弹性

适应性可以看作一个作为系统弹性和敏捷性的先决条件的质量属性[46]。弹性对于航空航天工业而言是一个重要的系统质量属性。弹性使得航空航天系统能够从非预期的干扰“弹回”，并且能够给老化的系统装备上对变化的运行需求进行响应的能力。

9）移动性

移动性涵盖系统各种部分的移动：从最低粒度的代码移动到服务或部件的移动以及设备或者甚至整个系统的移动。

1.4.3 通过适应性建立具有弹性的系统

为了确保一个系统不仅是敏捷的而且是有弹性的，适应性被作为一个亟需且关键的系统特性[46]。为了使航天系统具有弹性，一个关键的研究挑战是同时关注可承载性、适应性以及效能。将系统弹性的开发作为一个内在属性考虑时，软件工程师需要首先检查如何对适应性进行量化，方法是识别系统适应性的要素、重新利用一个系统的能力以及重新配置一个系统的能力[58]。

适应性要素(或者叫适应因子)标识一个系统如何被设计得可以进行预期程度的适应。在适应性要素中很可能要进行权衡,限制设计和创新,从而节省费用和降低风险。

文献[58]给出了一个弹性的框架。该框架基于两个工程方法:基于平台的工程(PBE)和基于模型的系统工程(MBSE)。国际系统工程学会(INCOSE)的生命周期管理工作组(LCMWG)将采购、技术、规章、过程适应、知识管理以及关键决策点作为弹性系统的系统工程生命周期的关键方面[45]。

1.4.3.1 基于平台的工程

基于平台的工程(PBE)被作为一个高性价比、低风险的系统开发方法,它使用一个公共的结构,从该结构可以快速部署高质量的衍生产品。PBE 概念提供了部署模块化系统的手段,具有对未来的技术进步和演化的运行环境的灵活适应性。虽然 PBE 对于提供适应性具有优势,它也是有代价的。该代价可能包括遏制创新,因为要进行标准化和限制供应源。该代价还可能是高投入的研究,因为要对最初的平台进行最大化的设计,从而满足跨很宽范围的使用需求。

1.4.3.2 基于模型的系统工程

基于模型的系统工程(MBSE)的想法是解决基于文档的系统工程(DBSE)的缺陷。虽然基于模型的方法已经在各种工程领域成功使用了多年,MBSE 相对还是比较新。MBSE 使用一个统一的模型来集成系统需求、设计、分析以及验证模型,使得系统的设计和交流得到很大提升。MBSE 使用一个集成的模型替代单个脱节的模型。

1.4.4 集成飞行器健康管理

集成飞行器健康管理(IVHM)使用可测量的系统数据来生成用于一个飞行器或飞行器编队的运行和维护决策的信息。IVHM 开发的当前状态是聚焦于将各种传感器系统安装在航天器/航空器上,并使用智能化的软件自动地解释各种传感器的输出数据流。这些数据提供给预诊断系统,它对诸如结构完整性和部件/子系统的剩余寿命等问题进行评估。两个最新的硬件健康管理系统是 Honeywell 的航空器诊断与维护系统(ADMS)和联合攻击战斗机(JSF)①预测健康管理(PHM)系统。ADMS 是一个用在波音 777 上的故障传播建模系统[72]。

ADMS 是一个航空电子系统,被设计为可以扩展和扩充到各种航空器,是下

① 即洛克希德·马丁公司生产的 F-35 战斗机。——译者

一代模块化航空电子系统的代表。ADMS 是许多曾用于先前系统的维护特征的演进结果，由中央维护计算机（CMC）、航空器状态监视功能（ACMF）以及航空器上的各种系统的内置测试（BIT）功能组成。该系统进行根本原因诊断，从而排除级联性的故障，提供系统故障与驾驶舱效应①之间的相关性。

JSF 项目[38]已经将预测健康管理（PHM）纳入其设计，使用了传感器、高级处理与推理以及一个信息与供应管理的全综合系统。机载 JSF PHM 系统是分级的，将航空器分为推进和任务系统等区域。区域数据由专门为该目的安装的传感器以及对已有的控制传感器数据的分析综合产生，用于识别降级和失效，这些数据经过区域推理机编译和建立关联，然后由系统级的基于模型的推理机建立关联。维护数据链将航空器健康数据传递给地基的信息系统，这些系统聚焦于供应链的维护和管理。通过预测性的内置测试、飞行之后的自动趋势分析与推理，检测出预兆性事件，其中推理的重点是对退化的来源而不是对失效进行辨析。一个自主的后勤信息系统向最终用户提供后勤支持，并提供跨整个 JSF 编队的非器上的趋势分析。

注意，实现一个飞行器上的 IVHM 系统的技术挑战远远不仅是传感器安放。由于 IVHM 对运行和维护决策具有影响，这些方面必须得到考虑。尽管这里给出的例子显示了 IVHM 的巨大成就，被广泛认识到的是：为了建立可靠和有效的健康管理系统，在检测、诊断和预测方面取得根本突破从而能够实现安全高效的缓解策略，还有更多的工作要做。JSF 项目将以下关键领域识别为需要改进和注意，包括工具和技术的开发[38]：

（1）理解失效的物理现象；

（2）提高状态感知度；

（3）理解初始裂缝增长的动力学；

（4）理解故障和失效发展速度；

（5）理解不同负载情况下的材料特性；

（6）开发更好的数据融合方法；

（7）理解跨飞行器的失效的影响。

1.4.5 无人航空器

无人航空器（UAV），通常叫“无人机”，是没有飞行员在机上的航空器。它的飞行要么是由机上的计算系统自主地控制，要么是由一个地面上的或者位于

---

① 驾驶舱效应（FDE），是指飞机自动检测故障并传递给驾驶舱内的综合显示系统故障信息。——译者

其他飞行器中的驾驶员控制。预先规划的应急方法带有更复杂的数学算法，已经在小型 UAV 上实现了很好的敏捷性，适用于不可预测的或拥挤的环境中的复杂机动，如城市峡谷①或者丛林遮盖下的情况。自动生成算法使得当地理定位到预期的目标时，飞行器能够以三角测量中的优化几何路线飞行。

目前的控制方法需要不成比例的人力来运行一个 UAV。为了支持自主性任务而使用的脚本化的路径规划器经常受到非预期的障碍、计划外的事件，或者航线偏离漂移的影响。适应性运动规划（AMP）[36]是一个包含了一组聚焦于处在自动驾驶和任务规划的中间层的算法和反馈回路的方法（图 1.5）。当使用该方法时，有潜力大幅减少指挥控制多个 UAV 的人力。AMP 提供了一个轨迹规划的方法，对外部事件进行反应式的移动，使得能够对多个 UAV 进行松散控制。

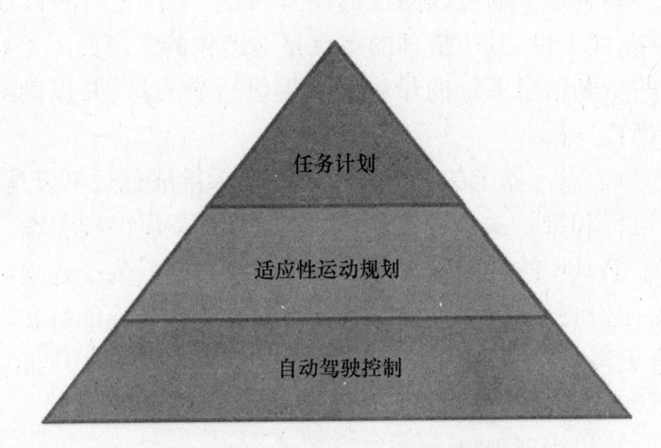

图 1.5　UAV 中的运动控制的层次

1.4.5.1　用于 UAS 的 IVHM

为了实现高效，一个用于 UAS（无人航空器系统——UAV 编队）的 IVHM 系统必须考虑那些对于所针对的 UAV 经常非常特别的因素，例如[36]：

（1）UAS 的配置、任务和载荷：一个设计用于作战的 UAS 的配置、飞行空域和载荷，与一个设计用于监视的 UAS 会有很大不同。

（2）应用于 UAS 的国家和国际规章。

（3）UAS 中的自主性级别：自主性的级别越高，对敏感器的输出的依赖就越强，因此该输出必须有足够高的质量和可靠性。

（4）UAS 中的已有传感器：是指所有的传感器，而不是那些专门用于监视

① 城市峡谷，又称为街道峡谷，是指城市中街道两边高楼密布，形成就像峡谷一样的地形。——译者

系统的传感器。因为可能可以使用已有的传感器来捕捉健康数据，即使这不是其原本的用途。额外的传感器用于捕捉运行情况，为健康数据提供上下文。

（5）一个新的 UAS 或者一个已有 UAS 的改造：UAS 是否为一个全新的设计、一个已有设计的演化，或者对一个已有的飞行编队的改造，会对许多方面产生影响，如生命周期成本、是否有使用历史、允许的重量等。

（6）UAS 的机组：飞行员（UAV-P）、维护人员等。

（7）健康数据用户：健康数据的当前（如维护者）和可能的用户（如下一代 UAS 的设计者）。

（8）UAS 的组成：UAV 的数量、任一发射装置等。

（9）单个 UAV 的大小和重量。

（10）安全性评估。

（11）UAS 的成本：购买成本、生命周期成本等。

1.4.5.2 UAS 的 IVHM 需求

一旦已经收集到关于 UAS 及其操作的信息，就需要识别那些为使 UAS 完成其任务所需的系统功能。考虑这些功能时，经常容易聚焦于一个方面：技术主导方面。可以很容易看到一个 IVHM 系统的技术问题——例如一个系统的什么参数可以被监视——而不考虑监视一个系统是否有助于保持 UAS 的功能。为了避免这种狭隘视角，一个有益的方法是将 IVHM 需求看作一系列相互关联的需求的子集：业务、操作、用户、技术以及法律[36]。将需求分为这样四组，可以帮助 IVHM 的设计者保持对所涉及的复杂性的全视，使得他们不会聚焦技术解决方案而不考虑全局的影响。此外，它帮助设计者识别应当纳入考虑的人群：作为用户的 UAV - P、作为法律专家的律师，等等。

1）业务和操作健康监视需求

业务和操作健康监视需求簇聚焦于公司的视角，考虑 IVHM 系统需要做什么从而使 UAS 能够完成其任务。例如，对于一个 UAV，任务可以是为了一个实验而执行飞行。IVHM 不仅要确保 UAV 的飞行，还要监视机载实验的健康，因为如果实验失败则任务就失败。健康信息可以被用于解释实验的不正常数据。这意味着 IVHM 必须有能力接受来自系统（实验）的健康数据的额外输入。健康数据和信息还应当被存储于一个易于访问（但又安全保密）的数据库中，使得相关的人员可以获取。由于 UAS 中的大多数其他飞行器很可能变化，IVHM 还应当对其他的 UAV 有所考虑。

2）用户健康监视需求

用户健康监视需求簇聚焦于使用 UAS 和使用 IVHM 系统产生的健康数据

的人们的需要。对于一个 UAV,来自 IVHM 系统的健康数据和信息的用户可以是 UAV-P 和做实验的人员,其数量会随着实验/飞行而变化。由于人员交替的可能性很大,信息呈现给他们的方式应当是易于理解和直观的。

3) 技术健康监视需求

技术健康监视需求簇聚焦于识别与 UAS 设备、IVHM 系统部件的物理方面(如大小、重量),以及技术和设计者可用的技术相关的系统功能。这些需求随着设计和权衡研究的开展而得到更具体定义。对于一个 UAV,主要的技术健康监视需求是:IVHM 系统尽可能重量轻,使得 UAV 能够接近其最大起飞重量。UAV 上的系统之间的边界也必须得到清晰定义。

4) 法律健康监视需求

法律健康监视需求簇聚焦于 IVHM 系统关注的法律问题。这不仅包括与相关标准和审定文件的符合性,还覆盖客户合同、出口和进口规章,以及谁拥有或者有权使用 IVHM 系统产生的健康数据。

1.4.6 用于自主计算的形式化方法

形式化方法可以有利于自主系统(AS)的开发。自主计算(AC)的形式化为开发者提供了良好定义的形式语义,使 AC 规约成为开发者设计、实现和验证 AS 的基础。AC 的形式化还应当用于处理重要的 self - * 需求,而不仅仅是提供一个描述系统行为的手段(见 1.4.2.2 节)。

针对 AC 的形式化问题已经得到许多工业和大学项目的关注。IBM 研究院开发了一个框架,称为"自主计算策略管理"(PMAC)[41]。PMAC 形式化强调对特别的自管理策略的规约,包括这些策略适用的范围。

"规约与描述语言"(SDL)是国际电信联盟——电信标准局(ITU-T)定义的一种面向对象的形式化语言。SDL 专用于实时系统、分布式系统以及一般的事件驱动系统。一个 SDL 系统的基本理论模型包含一组扩展的有限状态机,并行运行,通过离散信号通信,这使得 SDL 适合于对自管理行为进行规约。

Cheng 等人提出了一种用于自适应的规约语言,该语言基于来自系统管理任务的本体,建立在效用理论的形式化之上[12]。在这个形式化方法中,特别的自适应动作被描述为体系结构操作符,它们由目标系统的体系结构风格提供。

以 Gama 形式化[6]为代表的所谓"化学编程"也提供了用于 AS 的形式化,它使用化学反应的隐喻来表达计算之间的协同。Gama 形式化用溶液(描述为多组元素)中的化学反应(描述为规则)来描述计算。

Andrei 和 Kirchner 提供了一个受生物启发的形式化方法用于 AC,称为高阶图算子(HOGC)[4]。该方法用高层特征扩展 Gama 形式化,通过考虑一个分子的图结构,允许对计算进行控制,组合应用规则。HOGC 从图论借鉴了许多概念,特别是图转换,并使用已经被很好形式化的图表示。

自主系统规约语言(ASSL)是一个具有良好语义定义的、用于 AS 的声明式规约语言[86]。它实现了现代编程语言的概念和构造,如继承、模块化、类型系统以及高度抽象表达。概念上,ASSL 是通过形式化层定义的。通过这些层,ASSL 提供了一个多层的规约模型,设计为可扩展的,并对 AS 需要的基础设施元素和机制给出了选择和配置。ASSL 用特别的自管理策略、交互协议以及自主元素来定义 AS。

1.4.7 软件工程方面、结论和建议

1.4.7.1 用于自主航空航天系统的软件工程

领先的航空航天组织,如 NASA、ESA、波音和洛克希德·马丁,当前都在趋向 AC,因为认识到该范型对于开发具有自管理和自适应能力的航天系统的价值。然而,航空航天工业目前还没有使用能够有利于自主特征的开发的方法,而是对 AC 使用了与开发通常软件相同的软件工程过程,这会带来内在的问题,例如:

(1) 用传统方式表达的需求是不可验证的;

(2) 模型难以建立和使用;

(3) 实现难以与嵌入式系统的有限资源相符合。

1.4.7.2 行为工程

自主航空航天系统工程的最具挑战性,同时又未很好定义的方面是行为工程,包括系统行为的定义、规约、设计、实现,以及验证和确认。对于高度自主和智能的系统行为,尤其如此。

1.4.7.3 智能群

50 年前,随着图灵对他的智能机器测试的描绘,出现了人工智能(AI)。50 多年以来,AI 的研究已经经过了巨大的演进,建立了自然语言处理(包括语音识别和语音生成)、数据挖掘、机器学习、自动推理、神经网络、遗传算法、模糊逻辑等研究领域。智能 Agent(见 1.3.4.2 节)提供的概念和技术就是这个技术进步的产物。当前,智能 Agent 被认为是可以帮助我们认识自主系统的关键概念之一。这就是为什么大量研究工作致力于智能 Agent 技术的开发的原因。这已经成为一个快速增长的研究和新应用领域。智能 Agent 范型(见 1.3.4.2 节)的一个扩展是所谓的“智能群系统”[9],其中的智能 Agent 被认为是自主的实体,协同地或者非协同地(以自我的方式)进行交互。智能群系统是受生物概念启发的

MAS。由其名字可知,这样的系统是复杂的MAS,其中单个群成员意味着独立的智能。传统上,一个基于群的系统比单个Agent系统具有许多优势,如更好的冗余性、降低的成本和风险,以及能够将整个工作分布在群成员中的能力,这些可以带来更高的效率和性能。智能群系统的一个出色例子是NASA ANTS(自主纳米技术群)任务,这是一个基于群的探测任务,代表一类新概念探测任务,基于蜂群文化的系统特性[78]。这类任务使用特别的自主移动Agent,具备自组织和自适应的特征。注意,一个基于群的空间探测系统有能力探测对于单个大型航天器而言不现实的空间区域。

1.4.7.4 人机交互的自动化

这是文献[24]处理的一个有趣的问题。针对这种自动化进行研究与开发时,应当强调一些不同点,例如:

(1) 针对操作者在一个特定操作环境中的技能和水平,设计团队的假设之间可能存在不匹配;

(2) 交互界面可能阻碍对自动化或机器状态的理解,从而引起预料之外的其他方式的反应,就是说,当操作者不能跟上设备自动化的状态时,他可能执行不恰当的动作,或者忽略必要的动作。

1.4.7.5 智能通信网关

在自主的航天器中,可能有多个通信链路可用,如射频(RF)链路、卫星通信(SATCOM)链路或者无线链路。然而,不是所有的链路同时可用,并且使用不同链路的代价可能完全不同。取决于飞行(或使用)阶段,使用某种链路可能比其他链路更加适合。因此,在一个灵活的体系结构中,应当可以动态选择最方便或可靠的网络链路。例如,一个特别的通信管理器(或网关)可以监视所有的通信链路,并且可以对船舱与地面基站之间通过一个或多个通信链路传输的流量进行路由选择。网络能力、链路质量(带宽和延迟)、需要的吞吐和使用成本(经济和能源需求)都应当得到考虑。该网关应当有足够的智能来实时和自主地做出恰当的路由决策。该通信网关的关键要素之一是,它可以提供一个抽象,隐藏掉在任何时候使用的实际设施。基站入口点上的一个数据网关和任务计算机上的另一个数据网关把船舱与地面段之间的全部流量重定向到最可用的链路上。

1.5 自主系统的需求工程方法

一个自主系统能够监视其行为,最终根据运行环境的改变而修改其行为,从而被看作是自适应的(见 1.2.1 节)。为此,自主系统必须连续监视其环境中的变化,并相应进行反应。但是这样的系统要监视环境的哪些方面呢?显然,系统无法对所有的事物进行监视。另外,如果系统检测到环境中不够理想的条件,它应当做什么呢?设想中,系统需要维护一组高层目标——例如用于空间探索的无人航天器的任务目标,无论环境条件怎样,这些目标都应得到满足。但是非关键的目标可以没有那么严格[82],从而使得系统在运行中能够有一定程度的灵活性。这些问题(以及其他问题)形成了构建自主系统时的核心考虑。

传统上,需求工程关注一个系统应当做什么,以及在什么约束下必须这样做(见 1.2.1 节)。因此,自主系统和自适应系统的需求工程必须关注哪些适应性是可能的,在什么约束下,以及这些适应性如何实现。特别要解决的问题包括:(1)环境的哪些方面与适应性有关?(2)哪个需求允许在运行时变化或演化,以及哪个需求必须始终维持?自主系统的需求工程必须处理不确定性,因为执行环境经常是动态的,关于未来执行环境的信息是不完整的,因此对于系统行为的需求需要响应变化的环境而改变(在运行时)。

自主系统的需求工程呈现为一个宽阔的研究领域,目前只有有限的一些方法得到提出。自主系统规约语言(ASSL)[85-87]是一个框架,通过强调 self-*需求,提供了一个形式化方法来对自主系统进行规约和建模(见 1.4.2.2 节)。Cheng 和 Atlee[11]报告了对适应性软件进行规约和验证的方法。文献[25,26]描述了对需求符合性进行运行时监视的研究。在文献[73]中,Sutcliffe、S. Fickas 和 M. Sohlberg 演示了一个方法(称为 PC-RE),用于自主系统的个人和环境需求工程。此外,一些研究方法已经成功使用目标模型作为对自主行为[44]和适应性系统的需求进行规约的一个基础[33]。

1.5.1 面向目标的需求工程

面向目标的方法,是过去 10 年在(软件)需求工程中的一个主要突破,该方法捕捉和分析利益相关方的意图,来导出功能和非功能(性能)需求[17,50]。本质上,这种方法将软件开发过程向上游扩展,增加了一个新的阶段(早期需求分析),并使之得到工程概念、工具和技术的支持。

用于导出面向目标形式的分析的基本概念是目标(goal)和参与者(actor)。为了满足利益相关方的目标,面向目标的需求工程(GORE)[81]方法分析备选项空间,使得生成功能和非功能(质量)需求的过程更系统化,表明设计者遍历了显式表示的备选项空间。该方法的合理性还在于,设计者可以按照利益相关方的准则,来对他的一个选择进行显式的评价和证明成立。

早期需求分析的基础是目标模型,使用形式化定义的关系,表示利益相关方的意图及其精化。功能性的利益相关方目标被建模为硬目标(在没有模糊的情况下简称目标)。例如,调度任务和满足每个关键任务,就是要么满足要么不满足的功能目标。其他的利益相关方目标是定性的,不容易形式化定义。例如,满意性需求是定性目标,它们被建模为软目标。一个软目标从本质上没有清晰的满足准则,可以是被完全满足或者部分满足,或者完全不满足。

已经有研究试图应用 GORE 来应对自主系统的需求[44]。基本概念是建立目标模型,帮助我们连续地设计自主系统。

1.5.2 自主系统需求工程的 ASSL 方法

ASSL[85-87]是一个用于自主系统(AS)(见 1.4.2 节)的面向模型的规约语言。该语言具有高度表达能力,提供现代编程语言概念,如继承、模块、类型系统以及领域特定的构造。一般地,ASSL 将 AS 看作是由自主元素(AE)(见 1.4.2.1 节)组成,它们通过特别的交互协议进行交互。AE 是自主系统部件的高度抽象。为了对 AS 进行规约,ASSL 使用一个多层规约模型,该模型被设计为可扩展的,展示为了建模一个 AS 所需要的基础设施元素的合理选择和配置。从本质上,ASSL 的层次是 AS 的不同方面的抽象层。

图 1.6 表示了 ASSL 中的层。可以看到,ASSL 规约模型在两个方向上分解一个 AS:功能抽象层和功能相关的子层。

ASSL 被设计为解决所谓的 self-* 需求(见 1.4.2.2 节)。为此,该框架意味着这样一个需求工程方法,其中的 self-* 需求被规约为特定的"策略模型"[85,86]。ASSL 已经被用在多个以 NASA 自主空间探索任务的功能原型为目标的项目中[83,84]。

1.5.3 自主无人航空系统的需求

在文献[32]中,Gillespie 和 West(国防科技实验室,英国)详述了自主 UAS(见 1.4.5 节)的需求工程问题。该方法的研究项目致力于将更多的自主性引入决策过程。例子可以从英国系统工程与自主系统国防技术中心(SEAS-DTC)[80]会议成果上看到。注意,在该方法中,自主性被看作是引入机器智能(或 AI,即人工智能)到指挥控制(C2)系统中的决策。据文献[32]的作者所述,AI 显然很相关,对于 UAS 的重要性将会持续增长,但是在一个军事 C2 环境中,AI 系统将可能保留为指挥人员的决策辅助工具。尽管需要,这个条件(或假设)不是百分之百适用于空间探索任务,其中指挥人员是在地面上的,与长距离的航天器的连接可能要经历一个相当长的时延。

```
I. Autonomic System (AS)
  * AS Service-level Objectives
  * AS Self-managing Policies
  * AS Architecture
  * AS Actions
  * AS Events
  * AS Metrics
II. AS Interaction Protocol (ASIP)
  * AS Messages
  * AS Communication Channels
  * AS Communication Functions
III. Autonomic Element (AE)
  * AE Service-level Objectives
  * AE Self-managing Policies
  * AE Friends
  * AE Interaction Protocol (AEIP)
    - AE Messages
    - AE Communication Channels
    - AE Communication Functions
    - AE Managed Elements
  * AE Recovery Protocol
  * AE Behavior Models
  * AE Outcomes
  * AE Actions
  * AE Events
  * AE Metrics
```

图 1.6　ASSL 多层规约模型

在该方法中,驱动需求工程的问题是[32]:

(1) 我们如何让一个自主系统认识到它没有足够的信息来做出一个在当前的交战规则(ROE——描绘系统在其中运行以满足其目标的环境和限制)之下得到正确性证明的决策?

(2) 一个自主系统能够决定它需要什么信息用以做出一个决策,并且决定如何找到该信息吗?

(3) 自主系统如何确保 C2 链中的人员有足够的信息来做出一个更好、更有情报依据的决策?

Thoms 开发了一个决策过程的三部分模型,来捕捉人类的认知在传递系统意图中的作用[77]。在文献[32]中用它导出了一个方法,将人类的角色转变为一个自主的决策系统提供的结果。三个认知能力是:

(1) 感知——感受当前的运行位置和环境。这是吸取所有可用的传感器以及其他与 UAS 及其任务相关的信息。

(2) 理解——认识信息中的关系以及它们的重要性。

(3) 谋划——在各种可用选项之间进行选择,基于对它们及其后果的理解。包括在已知的约束内做出决策并执行它,即这是指挥链条中的一个决策点。

图 1.7 显示了 Thoms 的三个认知能力。感知模块的输入数据被分为：

（1）当前情形下的传感器数据；

（2）来自任务前来源的环境数据及其更新；

（3）ROE 约束。

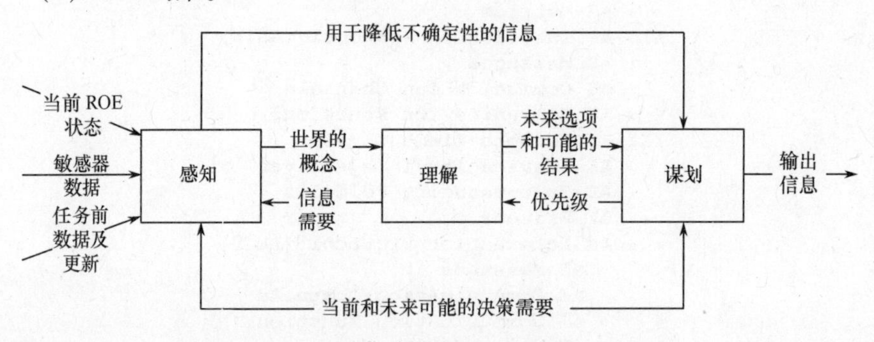

图 1.7 人的决策过程的三部模型[32, 77]

动态任务变化(如 UAS 被敌方武器瞄准)将改变 ROE 的可用部分。Thoms 的认知能力模型为 UAS 提供了一个有用的环境,它将决策过程划分为子系统,这些子系统可以用工程术语进行规约。

附录 A 给出了对三个能力中的每一个能力的工程需求:功能、输入和输出。这提供了一个概念基础,来评估一个特定的技术是否可以被用于满足需求,以及一个技术是否需要更多的开发工作用于可以证实合理的自主决策。注意,当实现在一个可以直接被链接到一个安全用例的系统中时,每个功能都需要一个清晰的测试策略。应该可以导出带有确信等级的分类的信息需求。附录 A 还给出了准则,用于做出一个决策和发出适当的命令、请求更多的信息用于做出决策,或者将决策引向另一个授权的实体,并给它足够的信息,进行快速、有依据的决策。

1.6 小　　结

航空航天软件工程领域建立新的软件技术和应用,用于航空、国防以及空间探索,特别关注结构化设计、导航、制导与控制、仪器设备和通信,或者生产方法。一个用于航空航天的成功的软件开发过程必须考虑这样的事实,即航空航天系统必须满足一系列标准,并且必须有高的安全性需求。为此,航空航天系统的开发强调验证、确认、审定和测试。

当前,领先的航空航天公司(如 NASA、ESA、波音和洛克希德 · 马丁)在它们的软件开发项目中应用了基于螺旋的方法替代瀑布模型,其中重点在于验证。在该模型中,需求工程被识别为软件开发过程的一个薄弱点。许多航天项目的评审都识别出那些在开发过程早期产生的软件需求中的弱点。需求获取、分析和管理,对于航天系统来说是一个成功和安全的开发过程的关键要素。建立巩固的软件需求的重要性使得需要使用特别的规约和建模技术,这些技术帮助软件工程师获得完整和一致的需求。另外,需求度量是对于正在开发的软件进行测量的一个重要部分。这包括需求易变性度量(编码开始以后,项目的需求变化了多少)、需求可追踪性度量、需求版本变化以及需求完整性度量。

与许多开发软件项目的公司相似,ESA 和 NASA 开展概要设计和详细设计。设计(概要设计和详细设计)阶段的目标是建立一个正确和完整实现需求的设计。接下来,为了实现目标系统,设计必须被转换为机器可读的形式。通常,形式化和半形式化的设计模型可以被用于自动生成实现,尤其在有一个详细设计的时候。测试、验证和确认是用于证明规约、模型、设计、实现和部署配置,从而建立所实现的系统的一个基线的软件工程技术,该基线在将来可能不得不被修改。

形式化方法可以帮助开发航空航天系统。所提供的形式化符号可以被用于严密地和无模糊性地规约系统需求或者建模系统设计。而且,形式化工具提供了所需的形式化支持来证明所规约的系统属性以及最终的实现的正确性。

现代航空航天系统获益于当前的体系结构模型(如 SOA 和 MAS),提高了性能、弹性和敏捷性。同时,一类新的自主航空航天系统(如 UAV 和机器人空间探测系统)正在出现,它们融入了 AC 特征,如自适应、自管理和自感知。这些特征使得集成了健康管理、自监视以及器上决策的无人飞行器得以实现。然而,航空航天工业还没有使用任何有利于自主特征开发的开发方法,而是在使用与通常软件相同的开发方法,这是许多与需求、建模和实现相关的内在问题的原因。另外,针对自主系统的需求工程还是一个很开放的研究领域,目前只有很少的方法得到提出。

参考文献

1. Accellera Systems Initiative: Technical tutorial: An introduction to IEEE 1666–2011, the new systemc standard. media.systemc.org (2007). http://media.systemc.org/ieee16662011/index.html

2. Acronymics Inc: AgentBuilder: An integrated toolkit for constructing intelligent software agents—reference manual—ver. 1.4. agentbuilder.com (2004). http://www.agentbuilder.com/Documentation/ReferenceManual-v1.4.pdf
3. Amey, P.: Correctness by construction: Better can also be cheaper. CrossTalk Mag.: J. Def. Softw. Eng. **6**, 24–28 (2002)
4. Andrei, O., Kirchner, H.: A Higher-order graph calculus for autonomic computing. In: Graph Theory, Computational Intelligence and Thought. Lecture Notes in Computer Science, pp. 15–26. No. 5420. Springer, Berlin (2008)
5. Assurance Process for Complex Electronics, NASA: Requirements engineering. hq.nasa.gov (2009). http://www.hq.nasa.gov/office/codeq/software/ComplexElectronics/l_requirements2.htm
6. Bantre, J.P., Fradet, P., Radenac, Y.: Programming self-organizing systems with the higher-order chemical language. Int. J. Unconv. Comput. **3**(3), 161–177 (2007)
7. Benveniste, A., Caspi, P., Edwards, S., Halbwachs, N., Guernic, P.L., Simone, R.D.: The synchronous languages twelve years later. Proc. IEEE **91**(1), 64–83 (2003)
8. Boehm, B.: Software engineering. IEEE Trans. Comput. **25**(12), 1226–1241 (1976)
9. Bonabeau, E., Thraulax, G.: Swarm smarts. Sci. Am. **282**, 72–79 (2000)
10. Burns, A., Wellings, A.: HRT-HOOD: A Structured Design Method for Hard Real-Time Systems. Elsevier, Amsterdam (1995)
11. Cheng, B., Atlee, J.: Research directions in requirements engineering. In: Proceedings of the 2007 Conference on Future of Software Engineering (FOSE 2007), pp. 285–303. IEEE Computer Society, Minneapolis (2007)
12. Cheng, S.W., Garlan, D., Schmerl, B.: Architecture-based self-adaptation in the presence of multiple objectives. In: Proceedings of the 2006 International Workshop on Self-adaptation and Self-managing Systems (SEAMS'06), pp. 2–8 (2006)
13. Clancy, D., Larson, W., Pecheur, C., Engrand, P., Goodrich, C.: Autonomous control of an in-situ propellant production plant. In: Proceedings of the Technology 2009 Conference, Miami, USA (1999)
14. Clarke, E., Grumberg, O., Peled, D.: Model Checking. MIT Press, Cambridge (2002)
15. Coglianese, L., Tracz, W., Batory, D., Goodwin, M., Shafer, S., Smith, R., Szymanski, R., Young, P.: Collected Papers of the Domain-Specific Software Architectures (DSSA) Avionics Domain Application Generation Environment (ADAGE). Document ADAGE-IBM-93-09, IBM Federal Sector Company (1994)
16. Cortim: LEXIOR: LEXIcal analysis for improvement of requirements. cortim.com (2007) http://www.cortim.com
17. Dardenne, A., van Lamsweerde, A., Fickas, S.: Goal-directed requirements acquisitions. Sci. Comput. Program. **20**, 3–50 (1993)
18. de la Puente, J.A., Ruiz, J.F., Zamorano, J.: An open Ravenscar real-time kernel for GNAT. In: Reliable Software Technologies- Ada-Europe 2000. Lecture Notes in Computer Science, No. 1845, pp. 5–15. Springer, Berlin (2000)
19. Devedzic, V., Radovic, D.: A framework for building intelligent manufacturing systems. IEEE Tran. Syst. Man Cybern. Part C Appl. Rev. **29**, 422–439 (1999)
20. Durfee, E., Lesser, V.: Negotiating task decomposition and allocation using partial global planning. Distrib. Artif. Intell. **2**, 229–244 (1989)
21. ECSS Secretariat: Space engineering—software—part 2: Document requirements definitions (DRDs). Technical report, ESA-ESTEC, Requirements & Standards Division, Noordwijk, The Netherlands (2005)
22. ESA Board for Software Standardization and Control (BSSC): Guide to the Software Detailed Design and Production Phase. ESA, Paris CEDEX, France (1995)
23. ESA: Automatic code and test generation. esa.int (2007). http://www.esa.int/TEC/Software_engineering_and_standardisation/TECOQAUXBQE_2.html
24. ESA: Verification models for advanced human—automation interaction in safety critical flight operations (statement of work). Technical report, ESA (2011)

25. Fickas, S., Feather, M.: Requirements monitoring in dynamic environments. In: Proceedings of the IEEE International Symposium on Requirements Engineering (RE 1995), pp. 140–147. IEEE Computer Society, Washington (1995)
26. Foner, L.N.: Entertaining agents: A sociological case study. In: Proceedings of the 1st International Conference on Autonomous Agents, pp. 122–129 (1997)
27. Gamma, E., Helm, R., Johnson, R., Vlissides, J.: Design Patterns. Addison-Wesley, Boston (1994)
28. Gerlich, R., Kerep, M.: Distributed and parallel systems and HOOD4. In: Ada in Europe. Lecture Notes in Computer Science, pp. 228–243. No. 103. Springer, Berlin (1996)
29. Ghosh, D., Sharman, R., Rao, H.R., Upadhyaya, S.: Self-healing systems—survey and synthesis. Decis. Support Syst. **42**(4), 2164–2185 (2007)
30. Gilbert, D., Aparicio, M., Atkinson, B., Brady, S., Ciccarino, J., Grosof, B., O'Connor, P., Osisek, D., Pritko, S., Spagna, R., Wilson, L.: IBM Intelligent Agent Strategy—White Paper. IBM Corporation, New York (1995)
31. Gilbert, D.: IBM Intelligent Agent Strategy. IBM Corporation, New York (1995)
32. Gillespie, T., West, R.: Requirements for autonomous unmanned air systems set by legal issues. Int. C2 J. **4**(2), 11–13 (2010)
33. Goldsby, H., Sawyer, P., Bencomo, N., Hughes, D., Cheng, B.: Goal-based modeling of dynamically adaptive system requirements. In: Proceedings of the 15th Annual IEEE International Conference on the Engineering of Computer Based Systems (ECBS). IEEE Computer Society (2008)
34. Halbwachs, N.: Synchronous Programming of Reactive Systems. Kluwer Academic Publishers, Boston (1993)
35. Hayes-Roth, B.: An architecture for adaptive intelligent systems. Artif. Intell. **72**(1–2), 329–365 (1995)
36. Hellstern, G., Wilson, R., Harris, F.: Adaptive motion planning approaches for small UAV flight. In: Proceedings of Infotech@Aerospace Conference 2012. AIAA, Garden Grove, California, USA, AIAA 2012–2477 (2012)
37. Herrmann, D.: Software Safety and Reliability. IEEE CS Press, Los Alamitos(1999)
38. Hess, A.: Prognostics and health management—a thirty-year retrospective. Joint Strike Fighter Program Office (2010). http://ti.arc.nasa.gov/projects/ishem/papers_pres.php
39. Hierons, R.M., Bogdanov, K., Bowen, J.P., Cleaveland, R., Derrick, J., Dick, J., Gheorghe, M., Harman, M., Kapoor, K., Krause, P., Luettgen, G., Simons, A.J.H., Vilkomir, S., Woodward, M.R., Zedan, H.: Using formal specification to support testing. ACM Comput. Surv. **41**(2), 1–76 (2009)
40. IBM Corporation: An architectural blueprint for autonomic computing, 4th edn. IBM Corporation, Technical report (2006)
41. IBM Corporation: Policy management for autonomic computing—version 1.2. Technical report, IBM Tivoli (2005)
42. IEEE Computer Society: IEEE Standard IEEE-Std-830-1998: IEEE recommended practice for software requirements specification (1998)
43. Kephart, J.O., Chess, D.M.: The vision of autonomic computing. IEEE Computer **36**(1), 41–50 (2003)
44. Lapouchnian, A., Yu, Y., Liaskos, S., Mylopoulos, J.: Requirements-driven design of autonomic application software. In: Proceedings of the 2006 Conference of the Center for Advanced Studies on Collaborative Research (CASCON 2006), p. 7. ACM (2006)
45. Life Cycle Management Working Group (LCMWG): INCOSE. incose.org (2010). http://www.incose.org/practice/techactivities/wg/lcmwg/
46. Madni, A.: Agiletecting: A principled approach to introducing agility in systems engineering and product development enterprises. J. Integr. Des. Process Sci. **12**(4), 1–7 (2008)
47. Maes, P.: Artificial life meets entertainment: lifelike autonomous agents. Commun. ACM **38**(11), 108–114 (1995)
48. Muscettola, N., Nayak, P., Pell, B., Williams, B.: Remote agent: to boldly go where no AI

system has gone before. Artif. Intell. **103**(1–2), 5–48 (1998)
49. Musgrave, G., Larsen, A., Sgoba, T. (eds.): Safety Design for Space Systems. Elsevier, Oxford (2009)
50. Mylopoulos, J., Chung, L., Nixon, B.: Representing and using non-functional requirements: a process-oriented approach. IEEE Trans. Softw. Eng. **18**(6), 483–497 (1992)
51. NASA: Software Safety: NASA Technical Standard NASA-STD-8719.13A. NASA (1997)
52. NASA, Goddard Space Flight Center: GMSEC mission statement. gmsec.gsfc.nasa.gov (2008). http://gmsec.gsfc.nasa.gov/
53. National Aeronautics and Space Administration: Design, development, test and evaluation(DDT&E) considerations for safe and reliability human rated spacecraft systems. Technical report, NASA TechnicalReport RP-06-208. National Aeronautics and Space Administration, Langley Research Center, Hampton (2006)
54. National Aeronautics and Space Administration: NASA Systems Engineering Handbook: NASA/SP-2007-6105 Rev. 1. NASA Headquarters, Washington, D.C. (2007)
55. Pecheur, C., Simmons, R., Engrand, P.: Formal verification of autonomy models. In: Rouff, C., et al. [62] (eds.) Agent Technology from a Formal Perspective (2006)
56. Philippe, C.: Validation, and certification challenges for control systems. In: The Impact of Control Technology. IEEE Control Systems Society (2011)
57. Robinson, P.J.: HOOD: Hierarchical Object-Oriented Design. Prentice Hall, London (1992)
58. Rodriguez, Y., Madni, A.: Adaptability in engineering resilient systems (ERS). In: Infotech@Aerospace Conference 2012. AIAA, Garden Grove, California, VA, USA, AIAA 2012–2410 (2012)
59. Rouff, C., Hinchey, M., Rash, J., Truszkowski, W., Gordon-Spears, D. (eds.): Agent Technology from a Formal Perspective. Springer, London (2006)
60. Rouff, C., Rash, J., Hinchey, M., Truszkowski, W.: Formal methods at NASA goddard space flight center. In: Rouff, C., et al. (eds.) Agent Technology from a Formal Perspective (2006)
61. Royce, W.W.: Managing the development of large software systems. In: Proceedings of the 9th International Conference of Software Engineering, pp. 328–338. IEEE Computer Society (1987)
62. Russell, S., Norvig, P.: Artificial Intelligence: A Modern Approach. Prentice-Hall, Egnlewood Cliff (2009)
63. Savor, T., Seviora, R.: An approach to automatic detection of software failures in real-time systems. In: Proceedings of the IEEE Real-Time Technology and Applications Symposium, pp. 136–147. IEEE Computer Society, Los Alamitos, California (1997)
64. Scerri, P., Pynadath, D., Tambe, M.: Towards adjustable autonomy for the real-world. J. AI Res. **17**, 171–228 (2002)
65. Sierhuis, M., Clancey, W., von Hoof, R., Seah, C., Scott, M., Nado, R., Blumenberg, S., Shafto, M., Anderson, B., Bruins, A., Buckley, C., Diegelman, T., Hall, T., Hood, D., Reynolds, F., Toschlog, J., Tucker, T.: NASA's OCA mirroring system: An application of multiagent systems in mission control. In: Proceedings of Autonomous Agents and Multi Agent Conference (Industry Track), Budapest, Hungary (2009)
66. Simmons, R., Goodwin, R., Haigh, K., Koenig, S., O'Sullivan, J., Velosso, M.: Experience with a layered robot architecture. ACM SIGART Bull. **8**, 1–4 (1997)
67. Software Engineering and Standardization, ESA: Design. esa.int (2007). http://www.esa.int/TEC/Software_engineering_and_standardisation/TECELAUXBQE_0.html
68. Software Engineering and Standardization, ESA: Overview of software life cycle related activities. esa.int (2007). http://www.esa.int/TEC/Software_engineering_and_standardisation/TEC0CEUXBQE_0.html
69. Software Engineering and Standardization, ESA: Requirement engineering and modelling. esa.int (2007). http://www.esa.int/TEC/Software_engineering_and_standardisation/TECLCAUXBQE_0.html
70. Software Engineering and Standardization, ESA: Software engineering and standardization. esa.int (2009). http://www.esa.int/TEC/Software_engineering_and_standardisation/

TECP5EUXBQE_0.html
71. Software Engineering and Standardization, ESA: System-software co-engineering - avionics systems modelling. esa.int (2011). http://www.esa.int/TEC/Software_engineering_and_standardisation/TECRE9UXBQE_0.html
72. Spitzer, C.: Honeywell primus epic aircraft diagnostic maintenance system. In: Digital Avionics Handbook, 2nd edn. Health Management Systems, pp. 22–23. CRC (2007)
73. Sutcliffe, A., Fickas, S., Sohlberg, M.: PC-RE a method for personal and context requirements engineering with some experience. Requir. Eng. J. **11**, 1–17 (2006)
74. Sycara, K.: Multiagent systems. AI Mag. **19**(2), 79–92 (1998)
75. SYST—System & Software Technology Group: DOBERTSEE—dependant on-board embedded real-time software engineering environment. syst.eui.upm.es Madrid, Spain (2012). https://syst.eui.upm.es/node/125
76. The Future of Aerospace Standardization Working Group, Aerospace Industries Association of America Inc: The future of aerospace standardization. aia-aerospace.org (2005). http://www.aia-aerospace.org/assets/aerospace_standardization0105.pdf
77. Thoms, J.: Understanding the impact of machine technologies on human team cognition. In: Proceedings of the 4th SEAS DTC Technical Conference, Paper B7 (2009)
78. Truszkowski, W., Hinchey, M., Rash, J., Rouff, C.: NASA's swarm missions: the challenge of building autonomous software. IT Prof. **6**(5), 47–52 (2004)
79. Truszkowski, W., Hallock, L., Rouff, C., Karlin, J., Rash, J., Hinchey, M., Sterritt, R.: Autonomous and Autonomic Systems—with Applications to NASA Intelligent Spacecraft Operations and Exploration Systems. Springer, Berlin (2009)
80. UK Systems Engineering and Autonomous Systems Defence Technology Centre (SEAS DTC). seasdtc.com (2010). http://www.seasdtc.com/
81. van Lamsweerde, A.: Requirements engineering in the Year 00: A research perspective. In: Proceedings of the 22nd IEEE International Conference on Software Engineering (ICSE-2000), pp. 5–19. ACM (2000)
82. Vassev, E., Hinchey, M., Balasubramaniam, D., Dobson, S.: An ASSL approach to handling uncertainty in self-adaptive systems. In: Proceedings of the 34th annual IEEE Software Engineering Workshop (SEW 34), pp. 11–18. IEEE Computer Society (2011)
83. Vassev, E., Hinchey, M., Paquet, J.: Towards an ASSL specification model for NASA swarm-based exploration missions. In: Proceedings of the 23rd Annual ACM Symposium on Applied Computing (SAC 2008)—AC Track, pp. 1652–1657. ACM (2008)
84. Vassev, E., Hinchey, M.: Modeling the image-processing behavior of the NASA Voyager Mission with ASSL. In: Proceedings of the 3rd IEEE International Conference on Space Mission Challenges for Information Technology (SMC-IT'09), pp. 246–253. IEEE Computer Society (2009)
85. Vassev, E.: Towards a framework for specification and code generation of autonomic systems. Ph.D. thesis, Computer Science and Software Engineering Department, Concordia University, Quebec, Canada (2008)
86. Vassev, E.: ASSL: Autonomic System Specification Language—A Framework for Specification and Code Generation of Autonomic Systems. LAP Lambert Academic Publishing, Saarbrucken (2009)
87. Vassev, E., Hinchey, M.: ASSL: A software engineering approach to autonomic computing. IEEE Comput. **42**(6), 106–109 (2009)
88. Vassev, E., Hinchey, M.: The challenge of developing autonomic systems. IEEE Comput. **43**(12), 93–96 (2010)
89. Vassev, E., Sterritt, R., Rouff, C., Hinchey, M.: Swarm technology at NASA: building resilient systems. IT Prof. **14**(2), 36–42 (2012)
90. W3C Working Group: Web services architecture. w3c.org (2004). http://www.w3c.org/TR/ws-arch
91. Waslander, S.L.: Multi-agent systems design for aerospace applications. Ph.D. thesis, Department of Aeronautics and Astronautics, Stanford University (2007)

92. Web ProForum tutorials. iec.org (2005). http://www.iec.org
93. Williams, B., Nayak, P.: A model-based approach to reactive self-configuring systems. Proc. AAAI/IAAI **2**, 971–978 (1996)
94. Wooldridge, M.: Intelligent agents. In: Multi-Agent Systems, pp. 3–51. MIT Press, Cambridge (1999)
95. Wooldridge, M., Jennings, N.R.: Intelligent agents: theory and practice. Knowl. Eng. Rev. **10**(2), 115–152 (1995)

第 2 章　ESA 系统的自主性需求处理

摘要：当前的软件密集系统，如现代航天器和无人探测平台（如 ExoMars），一般都带有一些自主特征，具有复杂的行为和与运行环境的复杂交互，经常导致需要进行自适应。为了正确开发这样的系统，正确地处理自主性需求就至关重要。本章在 ESA 任务的上下文中讨论自主性的概念，列举了需求工程的一些方面，包括规约模型以及针对航空航天的形式化方法。本章深入探讨特别针对航天任务的一般自主性需求，以及用于控制这些任务的机器人系统的控制器体系结构。还详细讨论了形式化方法，以及解决一般自主性需求和控制器体系结构的方法，因为这些能够为专门针对航天任务的自主性特征的、新的自主性需求工程模型奠定基础。

2.1 引　　言

恰当的形式化方法帮助 ESA 开发者在一定程度上表达和理解自主性需求。形式化方法帮助构建适合为 ESA 的系统开发自主性部件的自主性需求工程模型（AREM）。AREM 关注一个自主性系统的各个方面，如第 1 章所述，纳入了航天器系统的传统的功能和非功能需求（如安全性需求），并强调所谓的 self - * 需求（见 1.2.3 节和 1.3 节）。然而，我们可以问这样的问题：为什么要用形式化方法？传统上，形式化方法具有对软件密集系统[①]的控制行为进行建模和确认的能力，并且它们可以帮助表达自主性需求和建模自主性和自适应行为。我们认为形式化方法的应用将帮助 ESA 开发者无模糊地表达自主性需求，这些需求目前是用自然语言表达的。我们期待恰当的形式化方法可以从以下方面为 ESA 的软件密集系统改进其自主特征的软件开发周期：

（1）严格和无模糊的自主性需求的规约；

（2）自主性需求的可追踪性、验证和确认；

（3）基于需求规约的测试用例导出和自动的测试用例生成。

---

① 现代航天器和自主性机器人系统被认为是软件密集的。

此外,一个成功的 AREM 应当考虑机器人系统的控制器体系结构(见 2.3 节),从而最终导出自主航天器的控制器体系结构。

自主性需求工程(ARE)应当被当作一个软件工程过程,包括确定将要为一个特别的软件密集系统或子系统开发什么自主性特征以及该过程生成的软件制品。注意,ARE 的输出(需求规约、模型等)是设计自主性特征的前提。ARE 过程应当包含以下内容:

(1) 自主性需求的导出;

(2) 自主性需求的分析;

(3) 自主性需求的表示;

(4) 自主性需求的交流;

(5) 自主性需求的验收准则和规程的建立。

注意,期望的 AREM 方法是一个框架,融入了针对软件密集系统的自主性特征的形式化方法。AREM 框架可以对自主性需求进行规约和建模,并提供所规约的自主性需求的确认和追踪。因此,AREM 是一个需求工程方法,帮助建立可靠的软件,最大化满足用户期望的可能性。这是可能的,因为框架工具集合将为所规约的自主性需求的自动推理提供验证机制。一致性检测是其中的一项基本的确认方法,就是通过执行穷尽遍历,对自主性需求进行验证,从而检测语法方面和一致性方面的错误,以及检测需求是否符合 ESA 工程师预先定义的自主性的正确性属性。例如,正确性属性可以设置为以需求的可行性为目标。

此外,为了处理逻辑错误(规约缺陷),以及能够判断安全性(如无死锁)和活性(最好具备的)属性,AREM 可以最终提供模型检测和测试用例生成机制。最后,还可以为 AREM 配备代码生成工具,以便于自主性特征的实现。

2.1.1 自主性和自动化

自动化过程用软件/硬件过程代替常规的手工过程,这样的过程遵循一步步的顺序,并且可能包含人的参与。自主性过程则是模拟人的过程而不是简单地代替它。

对于一些系统,完全的自主性或许是不需要的或者不可能的。在这种情况下,可能需要使用可调节的和混合的自主性[36]。在可调节的自主性中,系统(如航天器)自主的程度可以随环境或者所需的交互和控制而不同。自主性可以被调节为完全的、部分的或者无自主。在这些情况下,调节可以由系统自动地做出,依赖于情况(例如,一个自主的航天器可以从任务中心请求帮助),或者由人工控制请求。可调节的自主性的挑战包括了解何时需要被调节,调节多少,以及如何在自主性程度之间进行转换。在混合的自主性中,自主性 Agents 与人一起工作,来完成一个目标或执行一个任务。通常,Agents 执行任务的低层细节(类似于飞行器的着陆准备),而人执行高层功能(类似于实际着陆)。

2.1.2 ESA 任务的自主性级别

ESA 对于其任务操作的执行,定义了四个自主性级别[14]:

(1) 主要在实时地面控制下执行;

(2) 在器上执行预先规划的任务操作;

(3) 在器上执行适应性的任务操作;

(4) 在器上执行面向目标的任务操作。

表 2.1 总结了这些自主性级别。如表所列,ESA 对于自主性问题采取了很谨慎的渐进方式。在该方法中,最高程度的自主性是面向目标的自主性(E4 级),其中目标是由操作者人为决定的,自主的航天器决定如何做能够自主地达到需要的目标。这个自主性级别当前还没有实现。航天器自主性的当前级别是 E2 级,ExoMars 有望达到 E3 级。

表 2.1 ESA 的任务执行自主性级别[14]

自主性级别	描述	功能
E1	在地面控制下执行任务 有限的器上能力用于处理安全性问题	对于其下的操作,进行地面实时控制 对于安全性问题执行时间标记的命令
E2	在器上执行预先规划的、地面定义的任务操作	在一个器上调度器中有能力存储基于时间的命令
E3	在器上执行适应性的任务操作	基于事件的自主性操作 执行器上操作控制规程
E4	在器上执行面向目标的任务操作	面向目标的任务再规划

2.2 用于航空航天的需求工程、规约模型和形式化方法

需求工程被认为是当前航空航天项目软件开发过程中的一个薄弱环节。许多航天项目的评审都揭示出开发早期的软件需求中的缺陷[17]。需求导出、分析和管理是任何系统的成功和安全开发中的关键要素。许多付出高昂代价的严重系统失效最终可以追溯到需求的丢失、错误、误解或不完整。这会导致不完整的开发和系统集成、软件再工程中的错误,并带来巨大的代价。

在 2.3.1 节,我们讨论航天任务需求分析活动的特点,帮助识别航天任务需求的种类。

2.2.1 需求规约和建模

由于获得稳固的软件需求是那么重要，因此需要使用特别的规约和建模技术帮助软件工程师获得完整和一致的需求。在软件层的模型称为规约（如技术规约），它们可以帮助对需求进行验证，并最终帮助进行设计、实现和测试。例如，规约模型可以帮助软件工程师自动生成代码和测试用例[16]。当然，该方法要求系统/软件过程的良好定义、对代码生成器的深入知识，以及对软件体系结构的有力控制。

关于需求工程的更多内容（如需求度量和需求的特征），请参考第1章。

2.2.2 用于自主系统的需求工程

一个自主系统能够监视自己的行为，并最终根据运行环境的变化修改自己的行为，因而被认为是自适应的（见2.2.3节，以及更详细的见第1章）。因此，自主系统必须连续监视其环境中的变化和做出相应反应。但是这样的系统需要监视系统的哪些方面？显然，系统无法监视所有的事情。另外，当系统检测到环境不够优化时到底应当做什么？设想，无论环境情况如何变化，系统都需要维持一组高层目标得到满足，例如，用于空间探索的无人航天器的任务目标。而非关键的目标可以没有那么严格[47]，从而给予了系统在运行中的一些灵活性。这些问题（以及其他问题）形成了构建自主性系统时的核心考虑。

传统上，需求工程关心一个系统应当做什么，以及在什么约束下必须做到（见2.2节）。因此，自主系统（或者说自适应系统）的需求工程必须关注什么适应性是可能的，在什么约束下进行适应，以及这些适应性是如何实现的。特别要解决的问题包括：环境的哪些方面与适应性相关？哪些需求允许变化或者在运行时演化，以及哪些必须总是被维持？自主系统的需求工程必须处理非确定性，因为执行环境经常是动态的，关于未来执行环境的信息是不完整的，因此对于系统行为的需求需要响应变化的环境而改变（在运行时）。

自主系统的需求工程呈现为一个宽阔的开放研究领域，当前只有有限的方法被提出。在本章中，我们给出一些形式化方法，它们可以最终成功地捕捉自主性需求。

2.2.3 一般自主性需求

当要开发一个新的软件密集系统时，第一步是确定系统的需求，包含需求的导出和规约（或建模）。一般地，需求分为两类：功能的和非功能的。前者定义系统的功能，后者强调系统的质量（如性能），以及系统要运行于何种约束之下。

与任何计算机系统一样，自主系统（AS）①也需要满足这两类的需求。然而，与其他系统不一样的是，AS 的开发是由所谓的自管理目标（也可以认为是自适应目标）和属性驱动的（见第 1 章），包括叫做 self - * 需求的特别需求[57]。尽管在应用领域和功能上有所不同，所有的 AS 都能够进行自管理，并受到一个或多个自管理目标驱动。注意，这个需求自然包含：①自诊断（分析一个问题情境和确定一个诊断）；②自适应（修复发现的故障）。执行足够自诊断的能力很大程度上依赖于掌握关于其当前状态的知识的质量和数量，即依赖于系统感知性。

以下列举来自 self - * 需求的一般自主性需求[57]：

2.2.3.1 self - * 需求（自主性）

自主性是 AS 的核心特征。自主性的目标是将操作人员从复杂的任务解放出来，通常是需要无人干预地做出大量决策。然而，自主性不仅仅是智能行为，还是一个组织方式。没有一定程度的自主性，就没有自适应性。服从预先定义的一组条件表达（如 if - then - else）的、置于一个无限循环的规则引擎，是实现自主性的最简单形式。然而在许多情况下，这样一个简单的基于规则的机制可能是不够的，规则引擎应当强制反馈学习，以及通过观察而学习，从而分别考虑服务的优先级以及它们被赋予的目标和服务质量，来精化决策。

2.2.3.2 知识

知识是一个大而复杂的聚合，包含的成分代表了不同类型的知识。每类知识可以被用于导出感兴趣的特定领域的知识模型。例如，可以考虑以下类型的知识[13]：

（1）领域知识——应用领域的事实、理论和启发；

（2）控制知识——描述问题解决策略、功能模型等；

（3）解释性知识——定义系统推理过程的规则和解释，以及它们生成的方式；

（4）系统知识——描述数据内容和结构，指向处理数据和知识等有用算法的实现的指针。

系统知识也可以定义用户模型，以及与用户交流的策略。

此外，作为核心的系统和环境信息，知识可以被分类为：①内部知识——关于系统本身的知识；②外部知识——关于系统环境的知识。另一种知识分类可以是分为先验知识（初始给予一个系统的知识）和经验知识（从分析系统生命期中执行的任务而得到的知识）。因此，它依赖于问题领域，哪些种类的知识可以

① 术语自主系统经常在科学文献中被用作自适应和自主性系统的同名词。

被考虑,以及什么知识模型可以从这些种类导出。例如,我们可以考虑特定于以下方面的知识:

(1) 内部部件结构和行为;

(2) 系统层结构和行为;

(3) 环境结构和行为;

(4) 一个 AS 部件或系统本身可能终止的不同情况;

(5) 部件和系统与其他系统通信和集成的能力。

2.2.3.3 感知

一个有感知的系统能够注意到变化,并理解该变化意味着什么。从概念上讲,感知是知识表示、知识处理以及监视的产出。一般地,我们关注 AS 中的两类感知:

(1) 自感知——一个系统(或系统的一个部件)具有关于自己实体、当前状态、容量和能力、物理连接以及与其环境中的其他系统之间的拥有关系的详细知识;

(2) 上下文感知——一个系统(或系统的一个部件)知道如何与其环境协商、通信和交互,以及如何预测环境状态、情境和变化。

2.2.3.4 监视

监视是通过安装在系统本身中的一组敏感器来获得知识的过程。注意,监视器不负责诊断推理或完成适应性工作。监视的主要挑战之一,是确定什么信息以及什么时机对于系统行为的分析是最重要的。监视的概念与感知的概念密切相关,因为这就是感知的问题,即什么信息指示出了一个必须采取某种适应性的情境。

2.2.3.5 适应性

适应性可能带来一些功能、算法或系统参数,以及系统结构或任何其他方面的变化。注意,自适应需要一个系统环境的模型。适应性的概念就是进行改变。它与建立一个新系统完全相反。该领域中的一个关键研究鸿沟是如何衡量“适应性”。

2.2.3.6 动态性

动态性显现系统在运行时进行改变的能力。动态性还包括系统置换某个(故障的或废旧的)部件而不改变外在行为的能力。在概念上,动态性关注解决诸如在功能改变、开始、停止和重启系统功能时的状态保持等问题。

2.2.3.7 健壮性

AS应当从健壮性获益,因为这有利于设计处理 self - * 需求的系统部件。除了特别聚焦于错误的避免之外,以解决错误为目标的多个需求也应当作为强制性需求。健壮性经常能够通过解耦和异步通信获得,如在交互的 AS 部件之间的解耦和异步通信。错误避免、错误防护以及容错是软件工程中得到证实的技术,可以在设计 AS 时帮助防止错误传播。

2.2.3.8 弹性

适应性可以作为系统弹性和敏捷性的一个前提质量属性[28]。弹性与安全性密切相关,它使得航天系统能够从非预测的崩溃"弹回",以及能够给老旧系统赋予响应变化的运行需求的能力。

2.2.3.9 移动性

移动性包含系统各层次的移动:在最低粒度上移动代码、移动服务或部件,直到移动设备或者整个系统。移动性使得能够动态发现和使用新的资源、恢复关键的功能等。例如,AS 可以依赖于代码的移动性,来传递一些与保密性升级或者其他自管理问题相关的功能。

2.3 航天任务的一般自主性需求

在本节中,我们先描述航天任务需求分析,继而详细说明不同类型的航天任务,并导出各类任务的一般自主性需求,从而将 2.2.3 节中的一般自主性需求置于航天任务的上下文中。

2.3.1 航天任务需求分析

航天任务分析是一个将载荷运行需求和航天器系统约束等方面作为输入,并生成一个任务规约作为输出的活动。该过程的一个关键方面是选择最终任务轨道以及在早期轨道捕获阶段的中间轨道的轨道参数(或弹道参数)。注意,任务规约导出航天器系统和子系统的设计需求。航天任务分析与设计(SMAD)过程包含以下步骤[20, 61]:

1) 定义目标

(1) 定义宽泛的目标和约束。

(2) 估计定量的任务需要和需求。

2）刻画任务

（1）定义备选任务概念。

（2）定义备选任务体系结构。

（3）识别每个体系结构的系统驱动。

（4）刻画任务概念和体系结构。

3）评价任务

（1）识别关键需求。

（2）评价任务效用。

（3）定义基线任务概念。

4）定义需求

（1）定义系统需求。

（2）将需求分配到系统元素。

典型的功能需求有：

（1）飞行：影响这个需求的因素包括主要任务目标、载荷大小、轨道、指向；

（2）覆盖性：影响因素包括轨道、卫星数量、调度；

（3）响应性：影响因素包括通信体系结构、处理延迟、操作；

（4）次要任务（如果适用）。

典型的操作需求有：

（1）持续时长：影响这个需求的因素包括任务的特性（试验性还是运行性）、冗余级别、轨道（如高度）；

（2）可用性：影响因素包括冗余级别；

（3）存活性：影响因素包括轨道、防护加固、电子器件等；

（4）数据分布：影响因素包括通信体系结构；

（5）数据内容、形式和格式：影响因素包括用户需要、级别和处理位置、载荷；

（6）地面站可见性；

（7）地影时长：考虑航天器在一个地球轨道上的地影周期；

（8）发射窗口：一个航天器的发射时间经常受一些与到达任务轨道或者系统需求相关方面的约束；

（9）通信窗口。

典型的约束有：

（1）成本：影响该约束的因素包括航天器数量、大小和复杂性、轨道；

（2）进度安排：影响因素包括技术就绪度、项目大小；

（3）政治：影响因素包括赞助组织（客户）是否为国际组织；

(4) 接口:影响因素包括用户和操作者设施的分级;

(5) 开发约束:影响因素包括赞助组织。

一般地,航天任务可以分为两大类:地球轨道任务和行星际任务[20]。在以下小节中,将给出航天任务的分类和子类,以及每一类和子类的一般自主性需求。注意,这里给出的自主性需求不是当前都能实现的。航天器任务中的自主性是要将控制从地面交给航天器,出于保密安全和成本的原因,ESA 或 NASA 目前都没有考虑在建立任务的轨道或弹道的过程中使用自主性。尽管当前不能实现,我们为了完整性还是详细说明所有这些自主性需求。

2.3.2 地球轨道任务

地球轨道任务是将人造卫星放置于地球轨道并用于广泛用途的一类任务。不同的轨道给予了卫星观看地球的不同优势,即不同的地球轨道给予卫星不同的视角,每个视角对于不同的用途都是大有价值。一些卫星在单个点上悬停,提供了对地球的一个面的固定视野,而另一些卫星则绕地飞行。图 2.1 描绘了常见的地球卫星轨道[62]。

常见挑战:轨道摄动。在一个卫星的生命期中,有许多因素会引起轨道摄动[5]:

(1) 三体摄动:由于太阳和月球引力作用引起。

(2) 由于地球为非球体而引起的摄动。

(3) 大气阻力:是作用在卫星上的主要的非引力力,并且只影响低轨卫星。阻力作用的方向与卫星的速度方向相反,效果是消减轨道上的能量。这种能量的损失带来的是轨道大小的减小,反过来又会引起阻力的进一步增大。

(4) 太阳辐射压:太阳辐射压是在具有大的面积质量比的卫星上的最大影响。它带来的是全部轨道根数的周期性变化。

2.3.2.1 极地低轨/遥感卫星任务

这些任务的卫星飞行在低轨道上,使用不同的对地观测设备,通过各种测量方法,收集关于地球(陆地、水、冰和大气)的信息。近地轨道(LEO)遥感航天器的轨道选择根据任务目标和载荷操作需求而定。一个 LEO 轨道低于大约 2000km。LEO 上的航天器遇到大气阻力,可能是热电离层(大约 80 ~ 500km 高度)或外大气层(大约 500km 以上高度)的气体,取决于轨道高度。LEO 轨道围绕地球,在大气层和内范艾伦辐射带以下。高度通常不少于 300km,否则就会由于更大的大气阻力而不可行。

赤道近地轨道(ELEO)是 LEO 的一个子集。这些轨道具有对赤道的小倾

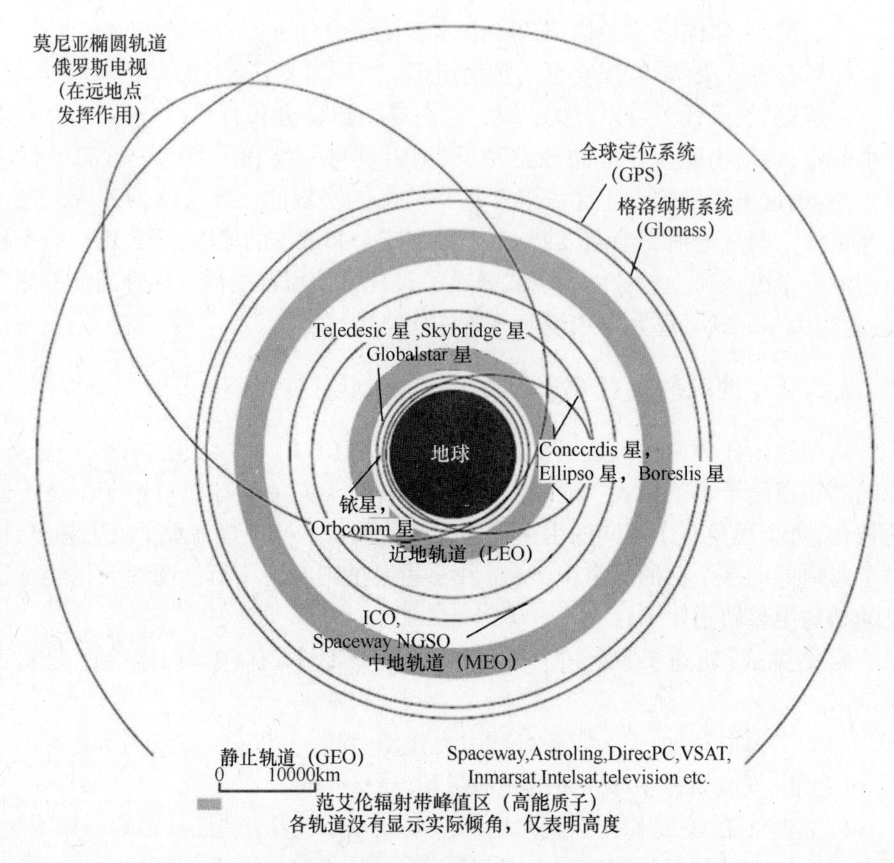

图 2.1 常见地球轨道,图出自 Wood[62]

角,因而可以有快速的重访时间,具有最低的 ΔV 需求(通过轨道机动,从一个轨道改变到另一个轨道所需要的“用力”的衡量)。具有大倾角的轨道通常称为极轨。更高的轨道包括中地轨道(MEO),有时称为中间圆轨道(ICO),以及更近一步,静止地球轨道(GEO)。

任务挑战和一般自主性需求。

极地 LEO 和遥感卫星任务的公共挑战是确定正确的轨道高度。轨道高度的建立,主要是在设备分辨率和空间动力阻力情况下,维持轨道所需的燃料之间的一个折中。由于强辐射和电荷累积,高于低轨的轨道会导致电子部件的早期失效。

考虑这些问题,我们确定以下自主性需求:

(1) self - * 需求(自主性):

① 自轨道(自主地捕获目标轨道,对轨道扰动进行适应);

② 自保护(自主地检测辐射的存在,并进行机动从而规避);

③ 自调度(基于操作目标和对系统及其环境的知识,自主地决定下一步执行什么任务);

④ 自修复(基于性能降级或失效进行再规划)。

(2) 知识:任务目标、载荷操作需求、器上设备及其特征(如设备分辨率)、范艾伦辐射带、地面站、通信链路、数据传输格式、轨道平面、地影周期、航天器高度、器上通信机制、地球引力。

(3) 感知:轨道感知、辐射感知、高度感知、位置感知、仪器感知、近邻卫星、热量刺激敏感、地球重力、数据传输感知、地面站可见性感知、地球旋转感知、速度感知、通信感知、高度感知、空气阻力感知。

(4) 监视:电子设备、外围环境(如辐射级别)、大气阻力、地面站、高度和轨道。

(5) 适应性:适应性任务参数、能量损失的适应、高辐射的适应、弱星地通信链路的适应、低能量的适应。

(6) 动态性:动态通信链路。

(7) 健壮性:对温度改变健壮,对轨道摄动健壮,对通信中断健壮。

(8) 弹性:能源中断是可恢复的,对辐射具有弹性。

(9) 移动性:信息的入和出、轨道面内的位置改变。

2.3.2.2 卫星星座任务

这些任务是由多星系统完成,这样一组共同工作的卫星称为一个“星座”。这样的星座可以认为是多颗卫星具有协同的地面覆盖,在公共控制下一起运行并实现同步,从而在覆盖上具有良好的重叠和互补,而不是相互干扰[20]。为了操作一个星座,可能需要使用不只一个地面站,尤其当在空间段包含大量卫星时(图2.2)。星间链路(ISL)是LEO或MEO轨道上的卫星之间的双向通信链路。

任务挑战和一般自主性需求。

在卫星星座任务中有一些重要的挑战。这些任务依赖于高度分布性:一个空间分布式系统和一个地面分布式系统,组合为一个分布式航天任务。一个主要的问题是:分布式航天任务的拓扑是随时间改变的,这对通信提出了严酷的要求。拓扑的改变一方面缘于轨道动力学,另一方面可以是由于手工控制切换到一个要求的形态或星座。另外,由于卫星在轨道上的运动,地面站与卫星之间的通信链路经常改变,卫星网络中的数据流必须协调。一个要考虑的挑战是在轨道摄动的情况下,如何保持星座几何关系不变(或许有大量可能的星座配置能够满足特定的任务需求)。

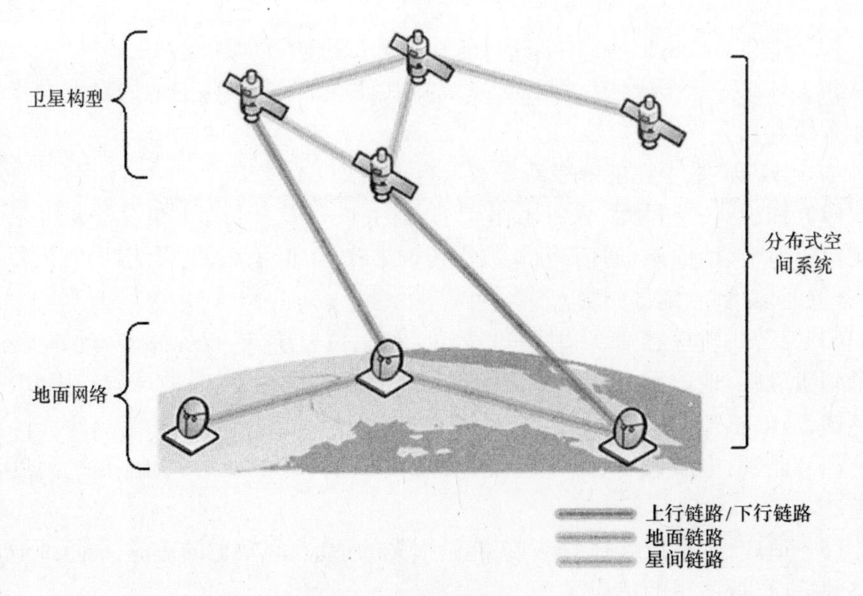

图 2.2　卫星星座任务[37]

考虑到这些问题,我们确定以下自主性需求(还加上极地 LEO/遥感卫星任务的需求):

(1) self - * 需求(自主性):

① 自构成(自主地确定正确的卫星配置并执行它);

② 自修复(中断的通信链路必须自主地恢复);

③ 自调度(自主地确定何时操作哪个卫星、载荷);

④ 自协调(自主地协调操作多个航天器,从而满足一个共同的目标:由多个航天器执行的对一个特定区域的地球观察,在不同的时间或使用不同的仪器进行传感器融合,以及科学实验的协调;

⑤ 自组织(为了在一个空间网络上分布数据,需要一个高度的自组织,就是根据变化的拓扑自主地进行路由选择);

⑥ 自几何(星座几何自主地适应星座摄动)。

(2) 知识:星座卫星(或近邻卫星)、卫星内通信链路、组载荷、星座轨道平面、星座几何(如 Walker Delta 模式星座)、卫星总数量。

(3) 感知:形态感知、卫星同步感知。

(4) 监视:星座配置。

(5) 适应性:适应新的构型、适应弱的星间通信链路、基于轨道摄动适应星座几何。

(6) 动态性:动态形态(动态拓扑)、动态卫星内通信链路(变化影响通信)。

（7）健壮性：对星内通信中断的健壮性、对单颗卫星中断的健壮性。

（8）弹性：弹性卫星形态。

（9）移动性：星座内移动（信息和卫星），在一个轨道面内移动卫星，从一个轨道面到另一个轨道面移动卫星。

2.3.2.3 静止地球轨道任务

这类任务的卫星轨道是静止地球轨道（GEO），通常用于提供全球通信[20]。在这个轨道上的卫星具有与一个恒星日（地球的自转周期，或 23h56min）相同的轨道周期。24h 的静止轨道显然具有独特的优势，仅使用三颗卫星就能提供几乎全球覆盖，并且地面天线不需要在卫星之间进行切换。为了把卫星送入近似圆形的近 GEO 轨道，需要多次转移轨道变化。

任务挑战和一般自主性需求。

静止轨道只能在接近 35786km（22236mi）高度并且在赤道正上方的位置获得。

考虑到这个问题，我们确定以下自主性需求（还加上极地 LEO/遥感卫星任务的需求）：

（1）self - * 需求（自主性）：自 GEO 保持（通过对摄动的适应，如太阳风、辐射压力、地球重力场的变化，以及月球和太阳的重力影响，使用推进器自主地维持静止轨道——位置、高度和速度）。

（2）知识：GEO 坐标、摄动因素、GEO 高度、太阳风、月球重力场、地球重力场。

（3）感知：轨道摄动感知、太阳风感知、辐射压力感知、月球重力影响感知、太阳重力影响感知。

（4）监视：GEO 位置、其他 GEO 卫星、月球位置、太阳位置。

（5）适应性：适应通信延迟（静止轨道距离地球遥远，通信延迟显著——大约 0.25s）、适应摄动（如太阳风、辐射压力、地球重力场的变化，以及月球和太阳的引力影响）。

（6）动态性：动态 GEO 位置和高度。

（7）健壮性：对于通信延迟健壮。

（8）弹性：弹性的 GEO 位置。

（9）移动性：在 GEO 平面内移动卫星。

2.3.2.4 大椭圆轨道任务

在这类任务中，椭圆轨道上的航天器在近地点的移动速度高于远地点的移动速度。这使得远地点下方的地面站具有延长的可见期间。这类任务可以分为两个子类[20]：空间天文台和通信航天器。

1）空间天文台

航天器被用于天文台模式，这意味着航天器上的仪器就如同位于天文学家工作台隔壁的房间里一样可供操作。为了获得扩展的时长，载荷可以对天文物理目标进行工作，同时保持与一个地面站的不中断联络。一般地，在航天器经过近地点区域时，会有一个观测时间中断。

任务挑战和一般自主性需求。

对于空间天文台有一些重要的挑战。首先是轨道优化，即航天器的轨道周期必须根据地面站覆盖进行优化。此外，在一些辐射环境中，某些类型载荷的操作要被禁止。

考虑到这些问题，我们确定以下自主性需求（还加上极地 LEO/遥感卫星任务的需求）：

（1）self－*需求（自主性）：

① 自优化（根据地面站的覆盖情况，自主地保持最优的航天器轨道周期）；

② 自保护（自主地检测高辐射，并遮盖敏感的仪器）；

③ 自修复（自主地检测仪器中的问题并进行修复，自主地恢复中断的通信链路）；

④ 自指令（在执行远程指令之前自主地评价执行的效果，以保证航天器不会由于执行某个指令而进入一个危险状态）；

⑤ 自调度（自主地确定何时操作哪个仪器）；

⑥ 自协调（自主地协调从飞行器上的不同仪器收集的数据流）；

⑦ 自调优（自主地对飞行器上的仪器进行调优）。

（2）知识：飞行器上的仪器、仪器间的通信链路、观察的对象/现象、月球的引力场、太阳的引力场。

（3）感知：操作感知、仪器同步感知、月球引力感知、太阳引力感知。

（4）监视：仪器操作、月球位置、太阳位置。

（5）适应性：适应新任务、适应仪器失效、适应仪器性能下降。

（6）动态性：动态仪器配置和调优。

（7）健壮性：对仪器间通信中断健壮，对单个仪器失效健壮。

（8）弹性：弹性仪器对于性能降级的可能缓解，自主校准以保持测量数据质量。

（9）移动性：信息的仪器间移动性，在一个轨道面内移动天文台，从一个轨道面到另一个轨道面移动天文台。

2）通信航天器

在这个子类任务中，飞行在高椭圆轨道上的在轨通信航天器用于传输数据

到地球。对于椭圆轨道,有两类可能的轨道[20]:

(1) 莫尼亚(Molniya)轨道——周期为12h的高轨道,航天器在远地点移动相对较慢。为了提供24h的地区服务,至少需要3个莫尼亚航天器。

(2) 苔原(Tundra)轨道——周期为一个恒星日(23h56min)的椭圆轨道。最少使用两个航天器,可以提供24h的覆盖。可以选择轨道参数使得航天器不经过地球的辐射带。

任务挑战和一般自主性需求。

对于通信航天器而言有一些重要的挑战。第一个是轨道摄动,就是说,三体力可以摄动近地点高度,导致大气再入。此外,辐射环境,如穿过范艾伦辐射带可能导致能源和电子系统的加速衰减。另一个挑战是来自卫星测距和测速的变化,这会对通信载荷设计具有一些影响:

(1) 时间传播的变化;

(2) 由于多普勒效应的频率变化;

(3) 接收的信号强度的变化;

(4) 在每条轨道中的地面覆盖模式的变化。

考虑到这些问题,我们确定以下自主性需求(还加上极地LEO/遥感卫星任务的需求):

(1) self-*需求(自主性):

① 自保护(自主地检测航天器何时经过范艾伦辐射带,从而遮盖电子系统和最小化能源使用);

② 自优化(自主地优化通信载荷,通过考虑以下引起的影响:时间传播变化、由于多普勒效应的频率变化、接受信号能量的变化、在每条轨道上的地面覆盖模式的变化);

③ 自修复(自主地检测通信系统中的问题并修复);

④ 自调度(自主地确定何时发射传输)。

(2) 知识:范艾伦辐射带、多普勒效应、地面覆盖模式、月球引力、太阳引力、莫尼亚轨道/苔原轨道。

(3) 感知:信号能量感知、月球引力感知、太阳引力感知。

(4) 监视:范艾伦辐射带、月球位置、太阳位置。

(5) 适应性:适应地面覆盖模式的变化、适应时间传播的变化、适应通信频率的变化。

(6) 动态性:动态通信频率、动态地面覆盖模式、归避辐射带。

(7) 健壮性:对辐射健壮。

(8) 弹性:弹性通信载荷。

(9) 移动性:在轨道面内移动卫星。

2.3.3 行星际任务

行星际任务涉及不只一个行星或行星的卫星。对每个任务需要建立和理解轨道信息。行星际轨道受到太阳系内的太阳和行星体的重力引起的摄动影响。可以使用软件工具对大量轨道进行计算。图 2.3 给出了当前火星任务的可能轨道机会[21]。

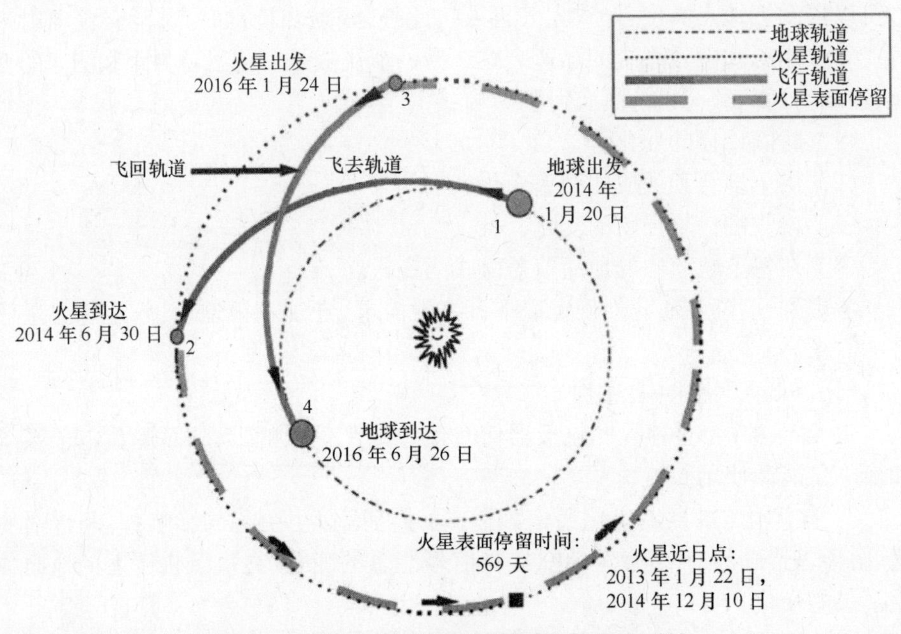

图 2.3　火星任务时机,图出自 George 和 Kos[21]

任务挑战和一般自主性需求。

在行星际任务中要考虑的一个主要挑战是通信传播延迟、通信带宽限制以及危险的环境。通信传播延迟意味着可能性很小或没有可能进行地球地面站的实时控制。危险的环境引入诸如表面相互作用、热条件、能源的可用性以及辐射等风险。

考虑到这些问题,我们确定以下自主性需求:

(1) self - * 需求(自主性):

① 自轨道(自主地捕获最优化的轨道,适应于轨道摄动);

② 自保护(自主地检测辐射的存在);

③ 自调度(自主地确定下一步执行什么任务——器上的设备应当支持任务

的执行)；

④ 自修复(中断的通信链路必须自主地恢复;在出现故障时,部件应当尽可能自主地修复)。

(2) 知识:任务目标、载荷操作需求、器上的仪器及其特性(如仪器分辨率)、范艾伦辐射带、地面站、通信链路、数据传输格式、地影周期、高度、器上通信机制、地球引力、太阳引力、太阳系、目标行星特性。

(3) 感知:轨道感知、辐射感知、大气阻力感知、仪器感知、对热激励敏感、重力感知、数据传输感知、速度感知、通信感知。

(4) 监视:飞行器上的电子部件、周围环境(如辐射级别、空间目标)、策划的操作(如状态、进度、可行性等)。

(5) 适应性:适应的任务参数、操纵重新规划(适应)的可能性、适应能源中断、适应高辐射、适应弱的星地通信链路、适应低能量。

(6) 动态性:动态通信链路。

(7) 健壮性:对温度变化健壮,对轨道摄动健壮,对通信中断健壮。

(8) 弹性:能源中断是可恢复的、对辐射的弹性。

(9) 移动性:信息的入和出、变化的轨道。

2.3.3.1 小天体任务:“在轨”和“着陆”任务

这类任务的目标是探测太阳系中的小型天体的属性,主要是小行星、彗星和大行星的卫星[20]。特别的兴趣是假想这些小天体可以帮助我们理解太阳系的起源和演化。

任务挑战和一般自主性需求。

小行星和彗星通常具有不规则的形状,这为任务设计者带来了一些挑战:

(1) 监视小天体周围的环境——经常是未知的,因此必须考虑自适应,在任务设计中需要考虑适应大范围的环境:

① 天体附近环境可能不是纯净的,即存在灰尘和碎片,这样的环境会引起轨道和高度摄动;

② 彗星附近的环境可能具有很大动态性,特别是当靠近太阳小于3AU时,彗星可能有可见的彗星头、氢云、灰尘和等离子尾;

③ 引力场不同于球体的引力场。

(2) 围绕小的、不规则形状天体的运动:

① 找到足够的距离来接近开普勒轨道,对于轨道半径与天体大小为同量级时的接近轨道,轨道形状不再接近于一个圆锥截面;

② 确定天体的引力场;载荷成像可以提供定量信息,包括天体的大小、形状

和旋转状态。

③ 确定天体的总质量和密度——可以通过一组统一大小和密度的球形质量,使用所谓的"质量瘤"方法建立天体的形状。

(3) 降落在小的、不规则形状的天体上:

① 彗星的物理属性及其环境通常在任务前是未知的,我们需要建立目标天体(如一个彗星)的一般模型,包括一系列期望的属性,要确定的关键因素有轨道速度、轨道周期、逃逸速度和碰撞速率;

② 着陆花费长时间,并需要轨道机动,并且很重要的是不要超出逃逸速度,着陆器需要具备知识,以及控制其高度。

考虑这些问题,我们确定以下自主性需求(还加上星际任务的一般性需求):

(1) self - * 需求(自主性):

① 自轨道(自主地捕获最优轨道,适应于可能的灰尘和碎片导致的轨道摄动);

② 自保护(自主地检测灰尘和碎片,并进行机动规避或者对仪器进行遮盖);

③ 自着陆(自主地根据着陆目标调整着陆程序);

④ 自引力(自主地计算星体的引力场——质量、密度以及星体的密度);

⑤ 自逃逸(自主地获得逃逸程序,并使用它离开星体)。

(2) 知识:小星体的物理特性、彗星的物理特性、开普勒轨道。

(3) 感知:对围绕星体环境的灰尘和碎片的感知,星体形状感知、星体重力、星体旋转感知、星体速度感知、表面距离感知、飞行器的轨道速度感知、飞行器的轨道周期感知、逃逸速度感知、星体磁场感知。

(4) 监视:围绕目标星体的环境、着陆表面、彗星的特性(如可见彗星头、氢云、灰尘、等离子尾)。

(5) 适应性:将系统的运行适应于要取得的目标、适应于目标星体周围的环境(着陆和在轨操作必须考虑轨道和高度摄动)、适应于围绕的星体的形状、适应于着陆表面。

(6) 动态性:动态的近星体环境、动态的着陆程序(可能需要轨道机动)。

(7) 健壮性:对灰尘和碎片健壮。

(8) 弹性:对磁场变化有弹性。

(9) 移动性:在轨和着陆的轨道机动。

2.3.3.2 小推力轨道任务

这类任务使用航天器进行 GEO 上的轨道控制活动、LEO 中的阻力补偿、月球轨道任务,以及彗星和小行星任务。这些任务经常有一个复杂的任务剖面,使用离子推力以及组合多个引力辅助机动(如ESA的BepiColombo任务)。

任务挑战和一般自主性需求。

在使用小推力弹道任务中考虑的主要挑战是:

(1)在一个中间力场中的小推力轨道——一个在轨航天器的机动受到连续小推力的影响:一个挑战性的任务是确定推力向量的操纵率,使得能够达到特定的目标;直接的轨道无法使用这样的小推力实现,所以必须使用一个螺旋形的转移轨道。

(2)操纵率:轨道根数的长期变化率,轨道能量的最大变化率,轨道倾角的最大变化率。

(3)使用小推力的星际任务:

① 小推力地球逃逸;

② 小推力行星捕获——在目标行星周围获得捕获;

③ 太阳为中心的转移。

考虑到这些问题,我们确定以下自主性需求(还加上星际任务的一般性需求):

(1)self-*需求(自主性):

① 自小推力弹道(自主地确定一个推力向量的操纵率);

② 自捕获(自主地确定一个操纵率并使用小推力在一个目标行星周围获得捕获);

③ 自逃逸(自主地确定一个操纵率并使用小推力实现从一个行星的逃逸)。

(2)知识:中心力场物理、操纵率模型、轨道根数的变化率、轨道能量的最大变化率、轨道倾角的最大变化率。

(3)感知:行星捕获感知、行星逃逸感知、弹道速度感知、行星磁场感知、航天器在投影轨道上的位置感知。

(4)监视:行星周围的环境。

(5)适应性:适应轨道或高度摄动的小推力轨道。

(6)动态性:动态的近星体环境、动态的轨道跟踪过程(可能需要轨道机动)。

(7)健壮性:对灰尘和碎片健壮。

(8)弹性:对磁场变化弹性。

(9)移动性:为避免轨道或高度摄动而进行的轨道机动。

2.3.3.3 行星大气进入和航天机动任务

该类任务要求进入行星的大气层进行探测或者着陆[20]。大气对于行星轨道的主要影响是降低了轨道能量。这些任务包括一些程度的航天机动，并带有“重量增加”——需要额外的燃料质量以保护飞行器不受航天机动的动态压力和受热影响。

任务挑战和一般自主性需求。

在使用小推力轨道的任务中要考虑的主要挑战是：

(1) 沿轨影响：与空气动力制动和降低一个航天器的平动能有关。

① 直接大气进入——航天力被用于降低飞行器的速度以利于软着陆；

② 轨道航天捕获——航天力被用于将一个飞行器的状态从双曲线转换为椭圆；

③ 航天辅助的轨道转移——使用一个大气穿越来修正轨道（例如，通过使用一个航天制动机动，将一个飞行器从高轨道转移到低轨道）。

(2) 跨轨影响：产生一个计划外加速，可以用于修正轨道面倾角。

(3) 大气进入：一个航天器经历大约呈指数增长的大气密度，提供了一个变化的航天动力学环境。当航天器进入大气时，会在航天器周围形成瞬间冲击波。最终，如果航天器穿过大气层足够低，会遇到一个连续的流域，速度保持高超声速。这里的特别挑战是：

① 该过程难以解析描述，通常使用桥接函数来描述航天器的航天动力学属性；

② 在接触面上形成高温，必须被热防护层和航天器表面吸收，高温导致大气中的化学反应并激励内部能量模型，例如颤动、分离和点离子化。

(4) 主要约束：峰值动态负载和峰值温度负载，以及这些负载持续的时间。

考虑这些问题，我们确定以下自主性需求（还加上小星体任务的自主性需求——“在轨”和“着陆”任务）：

(1) self - * 需求（自主性）：

① 自轨航天捕获（自主地使用航天力将一个航天器的轨道状态从双曲线转换为椭圆）；

② 自航天辅助轨道转移（自主地使用大气穿越来修正轨道）；

③ 自软着陆（自主地使用航天力来降低航天器的速度和实现软着陆）；

④ 自轨道倾斜（自主地使用计划外加速来修正轨道面倾角）。

(2) 知识：航天器的航天动力学属性、航天器的热防护、跨轨影响、大气冲击波、气体化学反应、峰值动态负载、峰值温度负载。

(3) 感知：大气密度感知、温度感知、跨轨影响感知、冲击波感知、颤动感知、气体分离感知、气体电离感知、化学反应感知。

(4) 监视：大气密度、航天器表面接触温度、大气化学反应。

（5）适应性:适应于计划外加速。

（6）动态性:变化的航天动力学环境、动态速度(依赖于大气密度)。

（7）健壮性:对高温和操纵力健壮。

（8）弹性:对大气密度的变化具有弹性。

（9）移动性:着陆和在轨的轨道航天机动。

2.4 机器人系统的控制器体系结构

在本节中,我们详细描述所谓机器人系统的控制器体系结构,从而说明自主行为控制器的可能平台。这是对航天任务的一般自主性需求的补充,并为推断自主性需求工程(ARE)的可能平台的特性(如形式化方法)提供帮助。

2.4.1 与自主性相关的体系结构问题

为航天任务引入(或增加)自主性,意味着要同时改变控制体系结构和命令协议。这主要是基于这样的事实:大多数运行条件是无法事先完全知道的,我们经常需要处理参数化的行为。这样,我们在设计时不能准确知道当发出一个高层指令时所执行的低层指令序列。在系统运行于性能和资源不确定情况,以及来自于部分未知的环境的约束时,“使用事件驱动的序列执行比传统时间触发的指令执行就好很多,因为一个在准确时间执行的命令,在预料外的环境下会失败”[32]。根据ESA的自主性分类(见2.1.2节),按照事件驱动序列执行的系统被归类为具有E3级自主性。事件的发生是不确定的,所以系统执行的低层动作序列(甚至其结果)也是不确定的。实际上,这就是使得自主性系统难以验证和测试的原因。

最高层的自主性是面向目标的操作(E4级)(见2.1.2节)。从自主性设计和实现的角度,该级别提供了最高层的抽象,因为目标的优势是比那些为了达到目标而必须执行的动作更易于进行规约,并且决策如何更好满足这些目标的职责被转移到了飞行器上的控制器。这个级别的自主性已经在一些任务中得到成功测试,如深空(Deep Space)1号[30]和地球观察任务(Earth Observing Mission)1号(EO-1)[31],它们的基础是自动化推理。

2.4.2 机器人系统的控制器体系结构

机器人系统中的自主性控制体系结构要求并发的嵌入式实时性能,通常过于复杂,无法用常规的编程技术开发和操作。这样的系统的高复杂性要求需要使用建立在良好定义的概念基础上的框架和工具,使得能够有效地实现系统,满足高层的目标。经验表明，分层是一个有力的手段，可用于将功能和控制结构化，从而成为系统设计的有力工具，提高模块化、健壮性、易于调试、计算能力、反应能力，以及使用信息做出决策，因此这些系统需要包含多个子系统，使用不同层次的抽象。

自主性控制器的核心是一个子系统，被称为执行系统、虚拟机或者序列机等不同的名字，它们执行指令，并对环境进行监视[32]。执行系统的复杂性各异，从执行固定时间的线性指令序列到可以响应环境的非预期变化进行规划和调度。尽管自主性的级别和控制器的复杂性差异很大，每个机器人系统都需要某种类型的执行系统。

在机器人系统中用于自主性控制的主要体系结构有三大类：谋划式体系结构、响应式体系结构和混合式体系结构。

2.4.2.1 谋划式体系结构

所谓的谋划式体系结构，是以一个特别类型的基于知识的系统为基础，该系统包含一个显式表达的外部世界的符号模型。谋划是对于备选行为（动作过程）的显式考虑，即生成备选并选择一个可能的备选。决策的做出是基于逻辑和统计推理，基于模式匹配和符号操作。该方法认为可以通过为一个系统提供其环境的一个符号表示以及所需要的行为，并通过从语法上操作表示，从而产生智能的行为，其中的决策被看作一个逻辑推导。谋划式体系结构是面向目标的，因此，它们适合构建最高可能级别（E4 级）的自主性。

2.4.2.2 反应式体系结构

所谓的反应式体系结构，与谋划式体系结构的不同在于，它们有非常有限的信条（beliefs）集合，而没有显式定义的目标；它们的动作是由一组行为确定的，这些行为被环境中的事件触发。在反应式体系结构中，没有中央的功能模块，如认知推理、学习等。取而代之，一个 Agent 由完全分布式、非中心化的一组职能模块组成，通常称作行为。最著名的反应式体系结构是所谓的包容体系结构，它对外呈现一些行为（每个行为可以被认为是一个单独的动作功能），这些行为被实现为有限状态机（FSM）。响应式体系结构是面向事件的，适合于构建 E3 级的自主性。

2.4.2.3 混合（分层）体系结构

所谓的分层体系结构，是谋划式体系结构和反应式体系结构的结合，方法是将一个 Agent 的不同的前摄式和反应式元素分解到不同的层上。这种方式的抽象使得更易于对复杂的 Agent 建模,在许多 Agent 系统中更易于使用。Agent 需要的每个功能被分解到不同的层上。反应式部件负责相对简单、低层、健壮的行为,而谋划式部件负责复杂行为的组织和序列化。关键的问题是反应式和谋划式层次的集成。好的选择是使用一个三层方法,其中有一个规划部件在低层行为和高层面向目标的建模之间进行中介[32]。

图 2.4 给出了一个三层体系结构。如图 2.4 所示,一共有三个层次[32]:

(1) 一个决策层,是一个用于执行耗时的谋划计算的机制,使用目标驱动的策划和调度机制;

(2) 一个执行层,是一个反应式的计划执行机制,使用执行序列机制;

(3) 一个控制(功能)层,是一个反应式反馈控制机制,使用反应式执行机制。

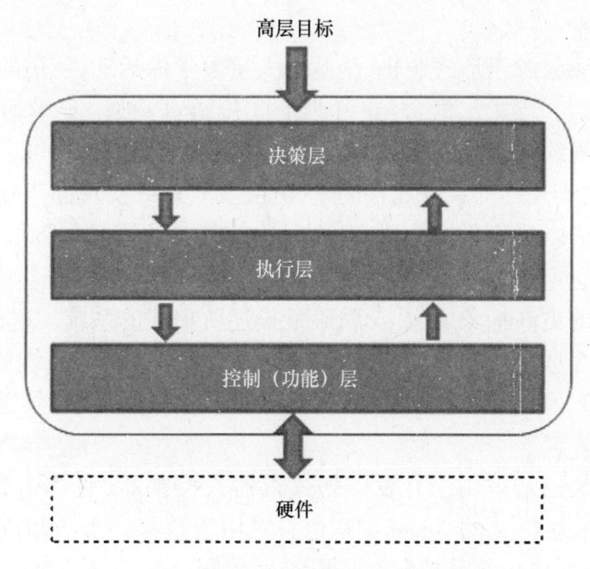

图 2.4　三层混合控制器体系结构[32]

在三层体系结构中,三个部件作为单独的计算进程运行。反应层通常使用环境的当前和先前状态来简单表示,以非常短的时间段运行于敏感器驱动的回路中。谋划层则使用复杂的反事实表示,并且工作于更长的时间量程,从分钟到小时甚至更多[32]。

根据层间的依赖性和位置,有不同的混合体系结构,下面对其中一些进行介绍。

1) 水平和垂直分层

在水平分层中,控制器由从环境接收输入并产生某种输出的行为组成。在垂直分层中,环境输入触发一个低层,然后将信息传递到其上一层,继而更上层,使得可以处理很大的复杂性。水平分层体系结构的好处是概念上简单:如果我们需要一个控制器实现不同类型的行为,我们就实现不同的层。

2）一遍和两遍垂直分层体系结构

在一遍结构中,控制水平流过每一层,直到最后一层生成一个动作输出。在两遍结构中,信息向上流过体系结构,控制向下流回。在非中心化控制中,各层并发和独立地运行,处理敏感器数据和生成动作。在分层控制中,各层按序列运行,较高的谋划层控制较低的反射层的执行。在并发控制中,各层同时运行,能够改变相邻层的行为。

2.5 用于自主性需求工程(ARE)的形式化方法

形式化方法起源于形式逻辑,是基于大量数学的活动,使用的概念和工具都是以数学为基础。形式化概念(也称为形式化语言)被用于精确和无模糊地对系统需求进行规约或者对系统设计进行建模。形式化工具提供了所需的形式化支持,用于证明所规约的系统属性的正确性,及其最终实现的正确性。

形式化方法以形式化规约语言(有时称为建模语言)的形式,提供了一个庞大的形式化概念家族。一般地,使用它们,借助数学特征的逻辑支持,在一个比实现层所提供的更高抽象层次上,精确地描述所关注的系统。这样,形式化语言被用于提供一个形式化和中立的,也就是独立于实现的,对系统的表示(通常称为形式化规约)。在航空电子中,形式化方法被用于需求规约、系统建模、代码生成以及确认。

形式化方法已经被用于开发谋划式机器人控制器(见 2.4.2 节)。在文献[60]中,一个称为 Goal 的 Agent 编程语言被用于编程一个认知机器人控制体系结构,它组合了低层子符号控制和高层符号控制。Goal 语言帮助实现一个认知层,而低层的执行控制和敏感器数据处理则被赋予其他层中的部件。Goal 语言支持一个面向目标的行为,并通过模块对复杂的行为进行分级,可以将注意力关注在相关的子目标上。在文献[39]中,使用高层语言 Golog 进行机器人编程。Golog 支持使用一个高层逻辑语言编写控制程序,并提供一个解释器,当给定一个领域的公理化时,该解释器能够确定一个计划。Golog 还支持动作和情境(实际上,该语言纳入了情境演算[7])。

自主系统规约语言(ASSL)是一个用于 AS 的声明式规约语言,具有良好定义的语义[54-56]。它实现了现代编程语言的概念和构造,如继承、模块化、类型系统以及高度抽象表达能力。概念上,ASSL 是通过形式化的分层定义的。在这些层上，ASSL 提供了一个多层规约模型，设计为可扩展的，并且针对一个 AS 所需要的基础架构元素和机制，给出了大量的选择。ASSL 已经被成功用于许多 AS 的自主性特征的规约。

KnowLang[49,50]是一个用于自适应行为和感知的知识表示模型方法。最终目标是支持自主系统的感知和自感知能力（见 2.5.2 节）。KnowLang 框架力图解决运行环境不确定、系统需要在运行时进行推理从而得到原本不存在的解答的复杂问题。与上面介绍的 Goal 和 Golog 相比较，KnowLang 的表达能力强很多，特别是在建模自适应行为的层次上，而 Goal 和 Golog 都没有提供该支持。KnowLang 支持情境、目标、策略以及动作的集成，使用贝叶斯网络概率分布，使得可以同时基于逻辑和统计推理进行自适应。

在下面的小节中，我们详细给出了面向目标的需求工程方法，以及两个成功的形式化方法：ASSL 和 KnowLang。我们认为这两个方法是用于航天任务的 ARE 的最有希望方法。注意，这两种方法可以同时很好解决空间站任务的一般自主性需求（见 2.3 节）和机器人系统的控制器体系结构（见 2.4 节）问题。

2.5.1 面向目标的需求工程

软件需求工程中的面向目标方法通过捕捉和分析利益相关方的意图，导出功能和非功能（下面称为质量）需求[12,29]。在本质上，这个方法是将软件开发过程向上游扩展，增加了一个新的阶段叫做早期需求分析。用于驱动面向目标方式的分析的基本概念是目标（goal）和参与者（actor）。为了满足一个利益相关方的目标，面向目标的需求工程（GORE）[46]方法提供了对备选空间的分析。关于 GORE 的更多细节，请参看第 1 章的 1.5.1 节。

2.5.1.1 用于自主性需求的 GORE

已经有一些研究试图运用 GORE 来处理 AS 的需求[27]。其基本思想是建立目标模型，帮助以多种方式持续地构建目标模型：

（1）一个目标模型可以通过分析未来系统的环境，识别在当前环境中存在的问题，以及待开发的系统必须关注的需要，提供一个 AS 开发的起始点：

① GORE 可以在定义任务目标与约束，以及估计定量的任务需要和需求方面，为航天任务需求分析过程（见 2.3.1 节）提供帮助。

② 使用 GORE，任务目标可以与任务参与者（如任务航天器、航天器部件、环境元素、基站等）一同得到识别。

③ 需求目标模型可以作为用于对系统进行确认的一个基线。

（2）目标模型提供了一个表示备选方式的手段，其中系统目标的满足性可

以得到分析,根据质量考虑和其他约束,对这些备选进行分级:

① 这使得可以在设计时探索和分析备选系统行为,带来更可预测和可信的 AS。

② 如果系统初始发布的备选方式工作良好,就不需要在自主部件之间进行自主行为的复杂交互。

③ 当然,不是所有的备选方式都可以在设计时识别。在一个开放和动态的环境,新的和更好的备选可能出现,而一些已经识别和实现的备选可能变得不现实。

④ 在一些情况下,系统必须在运行时发现和实现新的备选。然而,运行时发现、分析和实现新备选的过程是复杂并且容易出错的。通过在设计时发掘备选的过程规约的空间,可以将这个困难的工作最小化。

(3) 目标模型提供了从 AS 设计到需求的追踪机制。如果在运行时检测到需求中的一个改变(如在全局任务目标中的一个主要变化),则可以使用目标模型,根据新的需求重新评价系统备选行为,从而确定是否需要进行系统的重新配置:

① 如果需求中的一个改变影响了模型中的一个特定目标,可以看到该目标是如何分解的,从而知道哪个实现该目标的自主性部件(自主元素)受到了影响。

② 通过分析目标模型,可以识别出某个特定目标的不能满足对系统整体目标的影响是怎样的。

③ 富含变化点的目标模型可以用于对当前选择的系统配置及其备选实现可视化,并在高层上向用户传达配置变化建议。

(4) 目标模型通过将分配给单个自主部件(自主元素)的目标,与高层系统目标和质量关注点结合起来,提供了系统的一个统一的意图视图:

① 高层目标和质量关注点作为自主部件之间共享的公共知识,用于获得全局的系统优化。通过这样,系统可以避免由于只依赖局部优化,而丢失全局优化配置的问题。

② 全局模型可以被用于识别系统的部分知识需求(见 2.2.3 节和见 2.3 节)。

(5) GORE 可以被用于处理多个目标之间的冲突,包括 self - * 目标(自主性需求)(见 2.2.3 节和 2.3 节)。目标被认为是提供了检测需求之间冲突并最终解决它们的根本[34,35]。注意,通过解决目标之间的冲突,或者目标满足的障碍,可能出现新的目标(或 self - * 目标)。

(6) 弹性和健壮性自主性目标可以被 GORE 作为自约束处理。例如,GEO

任务(见 2.3.2.3 节)的这类需求被定义为:健壮性——对通信延迟健壮;弹性——弹性的 GEO 定位。这些需求可以被规约为软目标,导致系统朝向降低和解决通信延迟,以及保持 GEO 定位优化的方向调整。软目标的规约并非易事,困难在于软目标没有边界清晰的满足条件。软目标与"满意"的概念相关[38]。与常规目标不同,软目标很少可以被实现或满足。对于软目标,我们最终是要找到"足够好"的解决方案,使得软目标可以被满足到一个足够的程度。因此,在规约健壮性和弹性自主性需求时,我们需要设置想要的满意程度,如使用概率的方式。

(7) 监视、移动性、动态性和适应性也可以被规约为软目标,但是具有相对高的满意程度。这三类自主性需求代表重要的质量需求,所关注的系统需要满足它们,从而提供条件使得自主性成为可能。因此,它们的满意程度应当相对较高。最后,适应性需求可以被作为硬目标,因为它们确定了系统的哪些部分可以被适应性调整(而不是怎样适应)。

2.5.1.2 目标建模

目标建模的好处是,在需求工程过程中支持启发式、定性或形式化的推理机制。目标通常通过内在特征,如类型和属性,以及与其他目标、需求模型中的其他元素的链接来建模。目标可以被分级组织和排列优先级,其中高层目标(如任务目标)可以包含相关的低层子目标,它们可以被组织为提供获得高层目标的不同备选。例如,KnowLang 将目标规约为从一个状态到一个想要的状态的转移,或者简而言之,向一个目标状态的转移(见 2.5.4.2 节)。在该方法中,一个状态代表特定的条件,涉及系统、环境或者二者必须得到满足。一个目标可以通过使用备选的多个内部状态转移而获得。

ASSL 将目标建模为服务层目标(SLO)(见 2.5.3 节),与事件相关联。当目标被降级或常态化时,SLO 事件可以被激发,使得系统可以对目标实现时的变化做出反应。

使用 KnowLang 这样的语言进行目标建模,可以用于开发自主航天器的谋划式控制器。例如,KnowLang 帮助实现一个认知层,而系统目标得到追求,敏感器数据的低层执行控制和处理被分配到不同的部件。目标模型通过可以聚焦于相关子目标的策略(见 2.5.4.2 节),支持面向目标的行为和复杂行为的分解。

2.5.2 感知建模

感知通常分为两大类:一是自感知,即认识内部世界;二是上下文感知,即认识外部世界(见 2.2.3 节)。自主计算的研究对这两类感知[25]定义如下:

(1) 一个自感知系统具有关于自己的实体、当前状态、容量和能力、物理连接,以及与其环境中的其他系统的拥有关系的详细知识。

(2) 一个上下文感知系统知道如何对环境中的系统敏感、协商、通信和交互,以及如何预测环境系统的状态、情境和变化。

可能还有第三类感知,即情境感知,从名字就可以知道其含义。其他类型可能关注特别的问题,如运行条件和性能(运行感知)、控制过程(控制感知)、交互过程(交互感知),以及导航过程(导航感知)。尽管不同类型感知的主体不同,它们都需要对事件和数据的主观认识,"在一个时间和空间段内,理解其含义,并预测它们在近期将来的状态"[15]。

为了更好理解航天任务中的感知的概念,考虑一个探测机器人:它的导航感知机制可以在工作中建立一个地图,其中的地标代表环境知识的一部分,因而导航成为简单地读取相机的敏感器数据,然后绘制机器人在观察时刻的位置。通过重复的位置绘制,可以建立机器人的行动路线和陆面参考速度。

最近的研究工作已经聚焦于软件密集系统中的感知性的实现。例如,商业可用的服务器监视平台,如 Nimbusp[44] 和 Cittio's Watch Tower[43] 提供了跨大型服务器群组的健壮、轻量级的敏感和报告能力。这样的解决方案面向大量数据收集和性能报告,所以它们将最终的分析和决策留给一个管理人员。其他方法利用基于模型的检测和响应来获得感知,基于离线培训,以及构造用来表示系统在运行时可能识别的不同场景的模型。

为了发挥作用,实现感知的机制必须在结构上考虑到不同的阶段。例如,它可以被构造于一个复杂的功能链之上,如原始数据收集、数据传递、过滤、转换、评估、推断以及学习[58]。如图 2.5 所示,理想情况下,全部感知功能可以被构造为一个感知金字塔,形成了将原始数据转换为结论、问题预测以及最终的学习的机制。如图 2.5 所示,下面 3 层包括监视任务,第 4 层是认知任务;第 5 层和第 6 层是评估任务;最后是学习任务。图 2.5 中的金字塔层次代表了可以被分组为四个特殊任务的感知功能:

(1) 监视——收集、聚合、过滤、管理和报告内部和外部细节,如从系统的内部实体和它的环境中收集的度量和拓扑;

(2) 认知——使用知识结构和数据模式来聚合原始数据,以及将它们转换为知识符号;

(3) 评估——跟踪变化,确定兴趣点,收集关于涉及这些点的情境的假设,以及识别情境模式;

(4) 学习——生成新的情境模式,并维持一个属性变化的历史。

聚合可以作为一个子任务,被包含在任一功能层,其目的是提高整体感知表

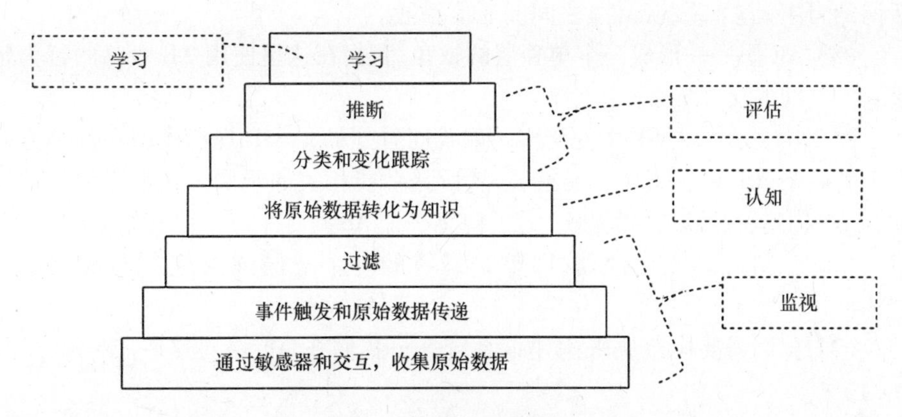

图 2.5　感知金字塔[58]

现。例如,它可以在过滤阶段将大量的敏感器数据放在一起,认知任务可以使用它来改进分类。

感知过程不像看上去的那样直接——而是循环的,是在多个感知功能上的迭代。感知功能链的闭合可以形成一个感知控制回路,在其中可以出现不同的感知类[57]。该过程的循环特性就是感知本身为何那么复杂的原因,带有多级的表示和认知程度。这些级别可以与数据的可读性和可靠性相关——就是说,它们可能包含噪声数据,这些噪声数据必须被清除,最终用一定程度的概率进行解释。其他级别可以包含早期感知,它是一个或两个感知控制回路经过的结果,以及后期感知,它应当在结论上和计划上更成熟。

2.5.3　ASSL

ASSL[54-56]是一个用于自主系统(AS)(第 1 章)的面向模型的规约语言。ASSL 将 AS 看作是由自主元素(AE)(第 1 章)通过特别的交互协议进行交互而组成。

为了对 AS 进行规约,ASSL 使用一个多层规约模型。从本质上,ASSL 的层次是所考虑的 AS 的不同方面的抽象层次。它们提供了领域特定的构造(特定于自主计算领域),如自管理策略、通信接口、执行语义、动作等。有三个主要的层(三个主要抽象视角),每层包含子层。

(1) AS 层——形成一个一般的和全局的 AS 视角,我们用服务级别目标(SLO)和自管理策略、体系结构拓扑、全局动作、事件,以及应用于这些规则的度量,来定义一般系统规则。

(2) AS 交互协议(ASIP)层——形成一个通信协议视角,我们在这里定义所谓的自主元素(系统部件)之间的通信手段。

(3) AE 层——形成一个单独层的视角,我们在这里使用 AE 自己的行为定义它们之间的交互集合。

图 2.6 表示了 ASSL 中的层次。如我们看到的,ASSL 规约模型在两个方向上分解一个 AS:首先是功能抽象层,然后是功能相关的子层。这个分解自然地适合 AS 构建者的需要,就是说,为了构建一个 AS:

(1) 我们需要一个计划,即整个系统的一个全局图像,这在 AS 层进行规约。

(2) 我们需要构造块来构建该系统——我们在 AE 层对这些"砖头"进行规约。

(3) 我们需要胶水将砖头粘合起来从而构成系统。我们的"胶水"是通信协议,我们在 ASIP 层对这些"胶水"进行规约。

```
I. Autonomic System (AS)
  * AS Service-level Objectives
  * AS Self-managing Policies
  * AS Architecture
  * AS Actions
  * AS Events
  * AS Metrics
II. AS Interaction Protocol (ASIP)
  * AS Messages
  * AS Communication Channels
  * AS Communication Functions
III. Autonomic Element (AE)
  * AE Service-level Objectives
  * AE Self-managing Policies
  * AE Friends
  * AE Interaction Protocol (AEIP)
    - AE Messages
    - AE Communication Channels
    - AE Communication Functions
    - AE Managed Elements
  * AE Recovery Protocol
  * AE Behavior Models
  * AE Outcomes
  * AE Actions
  * AE Events
  * AE Metrics
```

图 2.6　ASSL 多层规约模型

ASSL 的设计是为了解决所谓的 self - * 需求(见 2.2.3 节),为此,该框架使用一个需求工程方法,其中 self - * 需求被规约为特别的策略模型[54, 55]。注意,ASSL 策略模型对那些在关键情境下驱动系统工作的特别的 self - * 策略(如自治愈)进行规约。为了规约 ASSL 策略模型,我们需要建立自适应场景,在场景中我们可以考虑重要的事件、动作、SLO 等。注意，ASSL SLO 实际上是高阶的目标模型，其中面向目标的需求工程（GORE）方法（见 2.5.1 节）可以被成功地用来导出目标，并将这些目标与适当的策略连接。ASSL 已经被用于多个项目，这些项目的目的是作为 NASA 的自主性航天探测任务[48, 52]功能原型。

2.5.3.1 使用 ASSL 规约和生成原型

ASSL 层的目的是对所关注的 AS 的不同方面进行规约，但是为了建模一个 AS 并不必要包含它们全部。一个 ASSL 规约是围绕自管理策略建立的，这使得该规约是 AC 驱动的。策略是使用特别的构造进行规约，称为流态（fluent）和映射（mapping）：

（1）流态是带有持续时间的状态，当系统进入一个特定的流态时，一个策略可以被激活。

（2）映射将特定的流态映射到特定的动作，这些动作是所规约的 AS 将要执行的动作。

ASSL 使用 fluent-activating 和 fluent-terminating 事件表达流态，就是说，自管理策略是由事件驱动的。为了表达映射，要考虑条件和动作，前者以一种确定的方式决定后者。

以下 ASSL 代码表示了一个自治愈策略的规约例子。关于 ASSL 规约模型和语法的更多例子，请参见文献[54, 55]。

```
ASSELF_MANAGEMENT {
 SELF_HEALING {
  FLUENT inLosingSpacecraft {
   INITIATED_BY { EVENTS.spaceCraftLost }
   TERMINATED_BY { EVENTS.earthNotified }
  }
  MAPPING {
   CONDITIONS { inLosingSpacecraft }
   DO_ACTIONS { ACTIONS.notifyEarth }
  }
 }
} // ASSELF_MANAGEMENT
```

一旦完成一个规约，就可以使用 ASSL 内建的一致性检查机制对其进行确认，并且可以生成一个功能原型。使用 ASSL 框架生成的原型是完全可操作的多线程的事件驱动的应用，带有嵌入的消息传递。

2.5.3.2 使用 ASSL 处理基于事件的自主性

ASSL 的设计是为了处理 self-* 需求（见 2.2.3 节）。此外，ASSL 在处理 ESA 的 L3 级别（基于事件的）自主性时，可以非常强大（见 2.1.2 节）。ASSL 的目标是事件驱动的自主性行为。前面讲过，为了规约自管理策略，我们需要对适当的事件进行规约(见 2.5.3.1 节)。在这里,我们依赖于 ASSL 揭示的事件类型的可达集合[54,55]。例如,为了对 ASSL 事件进行规约,可以使用 SLO 上的逻辑表达,或者将事件与度量、其他事件、动作、时间和消息相关联。另外,ASSL 可以对那些必须在一个事件被提出之前陈述的特别事件进行规约。因此,可以通过增加这样的条件到它们的规约中来对事件进行约束。

最后,ASSL 看上去非常适合开发反应式体系结构的自主控制器(见 2.4.2.2 节)。它是事件驱动的(揭示环境和系统本身发生的可能事件的丰富集合)。通过使用自适应策略和依赖于 ASSL 的流态和动作来提供想要的行为,可以建立特别的有力模型。注意,ASSL 意味着分层(图 2.6),从而对事件驱动的自主性中的功能划分结构,并提供可计算的结构,它们在处理分层的控制器体系结构时可以是有效的(见 2.4.2.3 节)。

2.5.4 KnowLang

KnowLang 是一个知识表示和推理(KR&R)框架,其目的是基于逻辑和统计推理的,高效和综合的知识结构化与感知。它帮助软件工程师处理需求,通过:①领域概念和关系的显式表示;②特定的和一般的事实知识的显式表示,使用谓词、名字、连接词、量词和标识;③不确定性知识,使用附带的概率表示信任程度。

KnowLang 的一个关键特征是一个多层规约模型[49,50],能够将本体与规则和贝叶斯网络集成在一起。从最根本上,KnowLang 是一个形式化的规约语言,提供了一个综合的规约模型,目的是解决智能系统的知识表示问题,包括自主性需求工程。问题的复杂性使得必须使用一个规约模型,其中知识(也考虑知识需求)可以在不同的抽象层上表示,并根据以下分级的和功能的模式进行分组。KnowLang 要求一个多层规约模型(图 2.6),我们用它对一个特别的知识库(KB)建立规约,由专属于知识体、KB 操作符和推导原语的层次组成[49,50]。

知识体层用于对 KR 结构进行规约。KB 操作符层提供对知识体进行访问的操作符,访问时通过特别的 ASK 和 TELL 两类操作符,其中 ASK 操作符专用于知识查询和提取,TELL 操作符用于知识更新。另外,该层提供特别的本体间操作符,使用于知识体内的一个或多个本体。注意,所有的 KB 操作符可能隐含使用推导原语,即可以推导新的知识并最终存储在 KB 中。推导原语层用于对推理和推导知识的算法进行规约。

关于 KnowLang 的多层规约模型的更多细节,请参见文献[49,50]。

2.5.4.1 使用 KnowLang 的需求工程

KnowLang 可以被成功用于捕捉功能需求(行为需求)和非功能需求(数据

需求、约束等)。KnowLang 专门用于知识建模,提供了丰富的构造集合,帮助对数据需求和功能需求建立规约,使用的是一个面向目标或面向行为的方法。当我们用 KnowLang 对知识进行规约时,我们用各种知识结构建立一个 KB,如本体、事实、规则和约束,在这里为了提供其他知识结构的"词汇",我们需要首先对本体建立规约。

一个知识本体是通过概念树(数据类,与领域模型中的类相似)、对象树、关系和谓词建立规约的(图 2.7)。每个概念用特别的属性和功能进行规约,并且通过 PARENTS 和 CHILDREN 关系,分级地连接到其他概念。此外,为了推理的目的,用 KnowLang 规约的每个概念有一个内在的 STATES 属性,可以与该概念实例可能具有的一组状态值相关联[49, 50]。概念实例被认为是对象,并结构化为对象树。对象树就是对存在于所关注的世界中的对象的关联的概念化。一个对象树中的关系是基于这样的原则:对象具有属性,属性的值是另一个对象,这个对象继而又有属性。

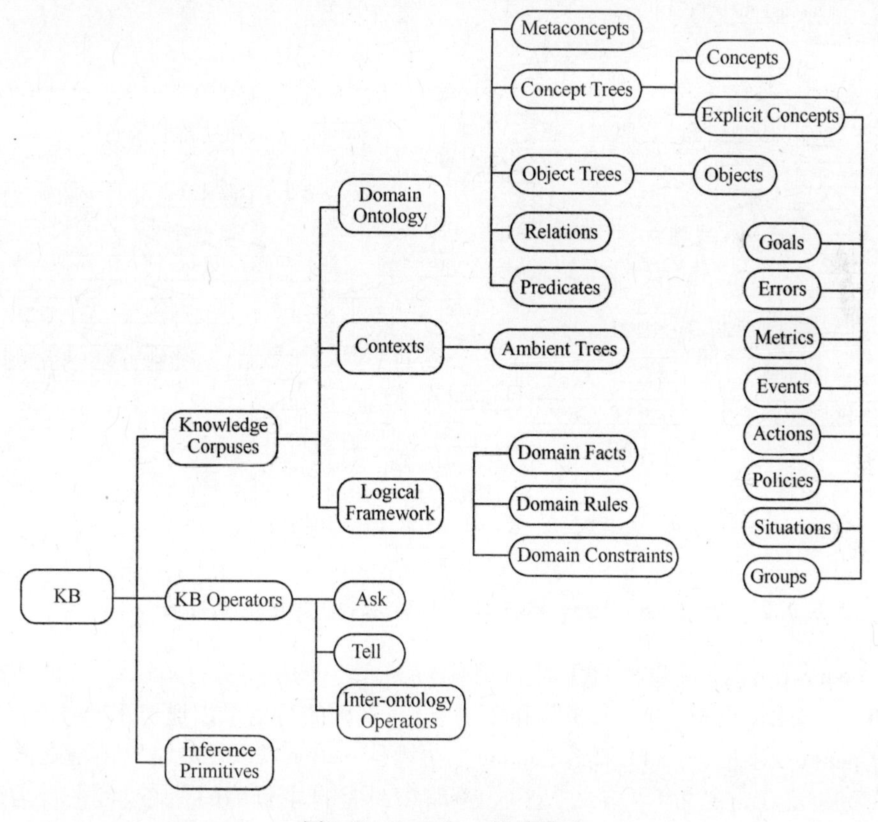

图 2.7 KnowLang 规约模型

图 2.8 显示了用 KnowLang 规约的一个概念树的图形表示。在 KnowLang 中,概念和对象可以通过表达关系需求的关系连接。关系连接两个概念、两个对象,或者一个对象和一个概念,可以具有概率分布属性(如针对时间、情境、概念的属性等)。提供概率分布是为了支持概率推理,通过用概率分布规约关系,我们实际可以规约贝叶斯网络连接一个本体的概念和对象。图 2.9 显示了一个 KnowLng 规约例子,说明了语言语法[53]及其可视化表示——一个基于相互关系的没有概率分布的概念图。一般地,用 KnowLang 建模知识要经过几个阶段:

(1) 初始知识需求收集——吸收领域专家来确定所关注的领域的基本概念、关系和功能(操作)。

(2) 行为定义——将情境和行为策略识别为"控制数据",帮助识别重要的自适应场景。

(3) 知识结构——将领域实体、情境和行为策略封装到 KnowLang 结构中,如概念、属性、功能、对象、关系、事实和规则。

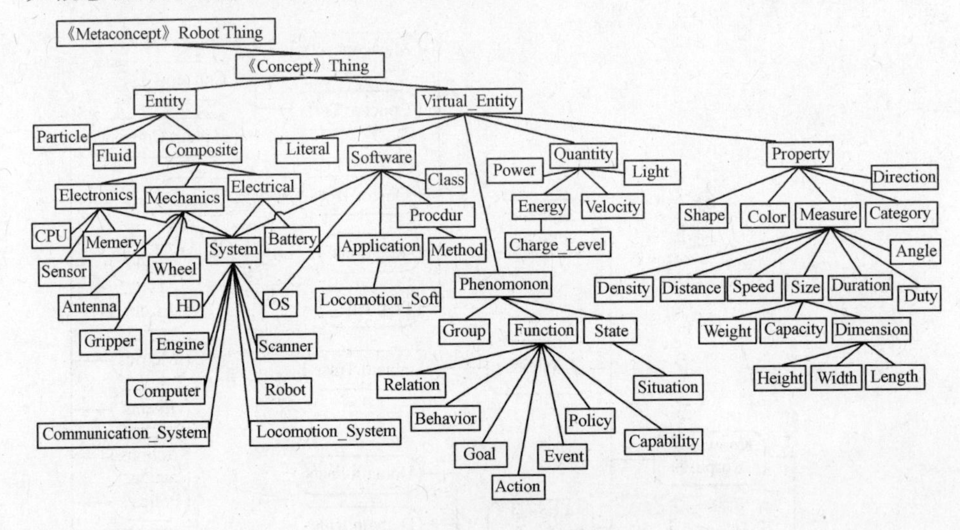

图 2.8　KnowLang 本体规约模型

2.5.4.2　使用 KnowLang 捕捉自主性需求:建模自适应行为

KnowLang 通过建模自主性自适应行为[51],使用特别的知识结构来捕捉 self - * 自主性需求(见 2.2.3 节和 2.3 节)。这样的行为可以通过 KnowLang 策略(policy)、事件(event)、动作(action)、情境(situation),以及策略与情境之间的关系来表达(定义 2.1 ~ 定义 2.8)。策略(Π)是自主行为的核心(自主行为可以与自主性需求关联)。一个策略 π 有一个目标(g)、策略情境($S_i\pi$)、策略 -

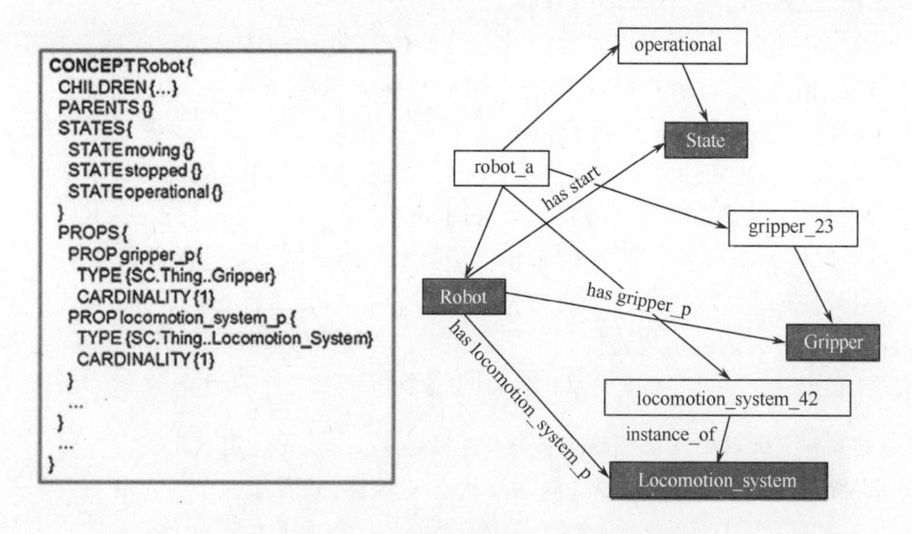

图 2.9 KnowLang 规约样例——概念和概念图

情境关系(R_π),以及映射到策略动作(A_π)的策略条件(N_π),对 N_π 的评价可以最终(带有一定的概率)意味着对动作的评价(表示为 N_π— > A_π)(定义 2.2)。一个条件是一个在本体之上的布尔函数(定义 2.4),如某个事件的发生。

定义 2.1 $\Pi := \{\pi_1, \pi_2, ..., \pi_n\}, n \geqslant 0$ (Policies)

定义 2.2 $\pi := < g, Si_\pi, [R_\pi], N_\pi, A_\pi, map(N_\pi, A_\pi, [Z]) >$

$A_\pi \subset A, N_\pi \xrightarrow{[Z]} A_\pi (A_\pi - \text{Policy Actions})$

$Si_\pi \subset Si, Si_\pi := \{si_{\pi_1}, si_{\pi_2}, ..., si_{\pi_n}\}, n \geqslant 0$

$R_\pi \subset R, R_\pi := \{r_{\pi_1}, r_{\pi_2}, ..., r_{\pi_n}\}, n \geqslant 0$

$\forall r_\pi \in R_\pi \cdot (r_\pi := < si_\pi, [rn], [Z], \pi >), si_\pi \in Si_\pi$

$Si_\pi \xrightarrow{[R_\pi]} \pi \rightarrow N_\pi$

定义 2.3 $N_\pi := \{n_1, n_2, ..., n_k\}, k \geqslant 0$ (Conditions)

定义 2.4 $n := be(O)$ (Condition – Boolean Expression)

定义 2.5 $g := \langle \Rightarrow s' \rangle | \langle s \Rightarrow s' \rangle$ (Goal)

定义 2.6 $s := be(O)$ (State)

定义 2.7 $Si := \{si_1, si_2, ..., si_n\}, n \geqslant 0$ (Situations)

定义 2.8 $si := < s, A_{\overleftarrow{si}}, [E_{\overleftarrow{si}}], A_{si} >$ (Situation)

$A_{\overleftarrow{si}} \subset A$ ($A_{\overleftarrow{si}}$ – Executed Actions)

$A_{si} \subset A$ (A_{si} – Possible Actions)

$E_{si}^{\leftarrow} \subset E$ ($E_{si}^{\leftarrow}$ – Situation Events)

策略情境(Si_π)是可以触发(或暗示)一个策略 π 的情境,与“策略 – 情境”关系 R_π 相符合(表示为 $Si_\pi —> \pi$),因而意味着策略条件 N_π 的评价(表示为 $\pi —> N_\pi$)(定义 2.2)。因而,可选的“策略 – 情境”关系(R_π)表明了一个策略与关联的情境之间的关系的合理性(定义 2.2)。此外,自适应行为要求对关系进行规约,从而将策略与情境在一个可选的概率分布($\mathbf{Z}$)上进行连接,其中一个策略可以被关联到多个情境,或者相反。概率分布被用于支持概率推理,并帮助 KnowLang 推理器选择最有可能的“情境 – 策略”对。这样,我们可以规约多个关系,将一个特定的情境连接到不同的策略。当系统处于特定的情境下时将采取不同的策略,并且这些关系(涉及同一个情境)之上的概率分布应当帮助 KnowLang 推理器决定选择哪个策略(表示为 $Si_\pi \overset{[R_\pi]}{—} > \pi$)(定义 2.2)。

一个目标 g 是一个想要的向一个状态的转移,或者从一个特定状态向另一个状态的转移(表示为 $s => s'$)(定义 2.5)。一个状态 s 是一个在本体之上的布尔表达($be(O)$)(定义 2.6),例如,“一个对象的一个特定策略必须带有一个特定的值”。一个情境用一个状态(s)、一个动作的历史($A_{si}^{\leftarrow}$)(为了到达状态 s 所执行的那些动作)、可以从状态 s 执行的动作 A_{si},以及一个可选的最终发生从而到达状态 s 的事件历史 $E_{si}^{\leftarrow}$来表达(定义 2.8)。

理想上,策略被规约用来处理特定的情境,情境可以触发策略的应用。一个策略通过在环境或系统本身中生成的动作,来展示一个行为。特定的条件决定哪些特定的动作(在与该策略相关的动作中——定义 2.2)应当被执行。这些条件经常是一般化的,可能与触发策略的情境不同。这样,行为不仅依赖于一个策略来规约要处理的特定的情境,还依赖于额外的条件。这些条件可以被按照这样的方式组织:允许不同的情境在同一个策略上的同步。当一个策略被应用时,它检测哪些特定的条件被满足,并执行映射的动作(见 map(N_π, A_π, [Z]))(定义 2.2)。一个可选的概率分布可以附加地限制动作的执行。尽管初始得到规约,在映射和关系层次上的概率分布在执行了任何涉及的动作之后被重新计算。重新计算是基于动作执行的顺序,使得可以加强学习。

2.5.4.3 概率评估

用于建模自适应行为的 KnowLang 方法要求计算当特定动作得到执行后,终结于可能的状态的概率值。在本节中,我们给出一个适用于计算该概率值的概率评估模型。在我们的方法中,概率评估是一个 AS(如 ExoMars)可能采取的执行路径数目的指示,意味着在自主行为中的可能性(过剩熵)。为了在实现之前对行为进行评估，理解系统部件之间以及与外围环境（空间）之间的交互就很重要。这可以通过建模单个反应式部件的行为，以及环境因素（如太阳风暴、行星重力等）的行为，以及作为离散时间马尔可夫链[18]的全局系统行为，并通过计算响应模型中的状态转移的概率，来评估概率级别，从而获得。我们假设部件交互以及环境－系统的交互是马尔可夫过程，其中事件不是由 AS 控制的，因而它们的概率被认为是相等的。

我们的概率评估模型的理论基础是马尔可夫链的性质，该性质是说：给定整个航天器系统的当前状态，它的未来状态独立于其历史，这也是反应式和自主航天器[57,59]的主要特性。

马尔可夫链的一个代数表示是一个矩阵（称为转移矩阵）（表 2.2），其中的行和列对应状态，在第 i 行、第 j 列的项 p_{ij} 是从状态 i 转移到状态 j 的转移概率。我们需要构建这样一个转移矩阵，将系统部件和影响系统行为的环境因素都考虑进去。以下属性对于计算的概率是成立的：

$$\sum_j z_{ij} = 1$$

表 2.2　转移矩阵 **Z**

	s_1	s_2	…	s_j	…	s_n
s_1	p_{11}	p_{12}	…	p_{1j}	…	p_{1n}
s_2	p_{11}	p_{11}	…	p_{2j}	…	p_{2n}
…	…	…	…	…	…	…
s_i	p_{i1}	p_{i2}	…	p_{ij}	…	p_{in}
…	…	…	…	…	…	…
s_n	p_{n1}	p_{n2}	…	p_{nj}	…	p_{nn}

我们主张概率应当从马尔可夫链的稳定状态进行计算。一个稳定状态（或平衡状态）就是：在该状态下，在一个转换之前和之后，处于一个状态的概率随着时间的推进是一样的。这里，我们将一个由 k 个部件组成的并纳入 x 个环境因素的航天器系统的概率，定义为用源过剩熵量化的确定性级别，如下：

$$P_{\text{SCE}} = \sum_{i=1,k} H_i + \sum_{e=1,x} H_e - H$$

$$H_i = -\sum_j p_{ij}\log_2(p_{ij})$$

$$H_e = -\sum_j p_{ej}\log_2(p_{ej})$$

$$H = -\left(\sum_i v_i \sum_j p_{ij}\log_2(p_{ij}) + \sum_e v_e \sum_j p_{ej}\log_2(p_{ej})\right)$$

这里：

(1) H 是一个在对应整个 AS 系统的马尔可夫链中,量化不确定性级别的熵;

(2) H_i 是对应一个自主的系统部件的马尔可夫链中的不确定性级别;

(3) H_e 是对应一个环境因素的马尔可夫链中的不确定性级别,如对地基站的距离、太阳风暴、行星重力等;

(4) $\boldsymbol{v}$ 是一个对应马尔可夫链的稳定状态分布向量;

(5) p_{ij}值是建模第 i 个部件的行为的扩展的状态机中的转移概率;

(6) p_{ej}值是建模第 e 个环境因素的扩展的状态机中的转移概率。

注意,对于转移矩阵 $\boldsymbol{P}$,稳定状态分布向量 $\boldsymbol{v}$ 满足属性 $\boldsymbol{v} * \boldsymbol{P} = \boldsymbol{v}$,并且其分量 v_i 的总和等于 1。

2.5.4.4 使用 KnowLang 建立谋划式控制器

KnowLang 为谋划式控制器同时提供了规约结构和运行时结构(推理器)(见 2.4.2.1 节)。它提供了一个综合的知识表示机制,并支持基于集成贝叶斯网络的逻辑和统计推理。而且,类似于 ASSL,KnowLang 也隐含分层(就是说,它可以被用于处理分层的控制器体系结构,见 2.4.2.3 节),用于功能和计算结构的结构化,在面向目标的自主性中实现推理。KnowLang 通过其 KnowLang 推理器,提供了一个谋划式体系结构控制器。推理器被作为运行在自主系统中一个部件提供,因此它与其他系统部件一样运行在系统的操作环境中。然而,它运行在知识表示上下文(KR 上下文)和 KR 符号(所表示的知识)上。系统通过特定的 ASK 和 TELL 操作与推理器会话,实现知识查询和知识更新(图 2.10)。在接到命令时,KnowLang 推理器也可以建立和返回一个自适应行为模型——一个将在环境或系统中实现的动作链。

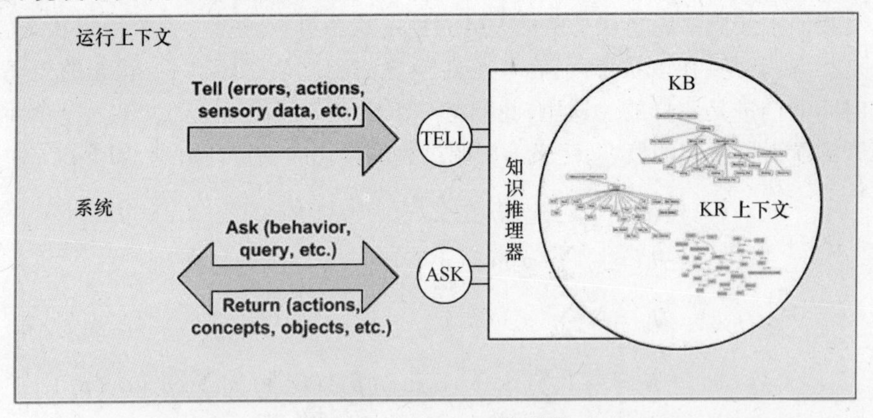

图 2.10 KnowLang 推理器

KnowLang 提供了预先定义的一组 ASK 和 TELL 操作，用于与 KB 进行通信。TELL 操作为 KR 上下文提供重要的信息，由错误、执行的动作、新的敏感器数据等驱动，从而帮助 KnowLang 推理器用系统和执行环境中的最新变化更新 KR。系统用 ASK 操作来接收建议的行为，其中知识被用于根据对世界的感知，生成与目标和信念相符合的合适动作。此外，ASK 操作可以为系统提供基于感知的、关于系统或环境的当前状态的结论，以及理想情况下提供自适应的行为模型。

2.6 实例研究：规约自主性需求

在本节中，我们给出三个使用 KnowLang 和 ASSL 捕捉自主性需求的实例研究。前两个实例是使用 KnowLang 开发的 E4 级自主行为的理论模型，第三个实例是使用 ASSL 处理 E3 级自主性的具体例子。

2.6.1 使用 KnowLang 处理自主性需求

KnowLang 可以被用作一个面向目标的方法处理自主性需求。该实例使用 KnowLang 目标以及处理这些目标的策略进行规约，从而表达自主性需求（见 2.5.4.2 节）。注意，KnowLang 可以被成功用于处理 ESA 所举出的全部四级的自主性需求，包括 E4 级，E4 级被认为代表了面向目标的自主性（见 2.1.2 节）。

2.6.1.1 实例研究：ExoMars 的自主性需求

为了展示基于该方法的自主的自适应行为，我们详细说明 ExoMars（图 2.11）实例，假设该机器人型巡视器发现一块感兴趣的岩石，并收到一条来自地球的指令对其进行取样。

最终，在收到该指令之后，巡视器失去了与地球的通信，继而开始以自主模式进行操作，遵从 KnowLang 表达的自主性行为需求。

假设我们已经使用 KnowLang 规约了 ExoMars 的自主性需求，以及其他的显式知识，我们还规约了策略 *p*1（见下面的 KnowLang 代码）。尽管我们省略了设计的动作、目标、情境和关系的基本规约，我们可以得出结论——当前的情境 *si*1：发现了一块巨大的岩石，将触发一个策略 *p*1：如果关系 *r*1（*si*1，*p*1）具有较高的概率信任度，则去往岩石的位置。

图 2.11 ExoMars 计划 2016—2018 的组成,图出自 ESA

```
CONCEPT_POLICY p1 { //go to rock
  CHILDREN {} PARENTS {SC.Thing..Policy}
  SPEC {
    POLICY_GOAL {Goal.g1} //get to the rock location
    POLICY_SITUATIONS {Situation.si1} //rock is discovered
    POLICY_RELATIONS {Relation.r1} //relates p1 and si1
    POLICY_ACCTIONS {Action.Turn, Action.Move}

    POLICY_MAPPINGS {
      MAPPING {
        CONDITIONS {ExoMars.Battery.level >= 0.5 AND Action.GetPriorityTasks (ExoMars) = 0}
        DO_ACTIONS { Action.Turn(Action.GetObjectAngle), Action.Move}
        PROBABILITY {1}
      }
    }
  }
}

CONCEPT_POLICY p2 { //avoid obstacle
  CHILDREN {}
  PARENTS {SC.Thing..Policy}
  SPEC {
    POLICY_GOAL {Goal.g2} //free road
    POLICY_SITUATIONS {Situation.si2} //road is blocked
    POLICY_RELATIONS {Relation.r1} //relates p2 and si2
    POLICY_ACCTIONS {Action.TurnRight, Action.TurnLeft, Action.Move}
    POLICY_MAPPINGS {
      MAPPING {
        DO_ACTIONS {Action.TurnRight, Action.Move}
        PROBABILITY {0.6}
      }
      MAPPING {
        DO_ACTIONS {Action.TurnLeft, Action.Move}
        PROBABILITY {0.4}
      }
    }
  }
}
```

*p*1 策略将实现动作 Turn 和 Move,如果巡视器的电池充电到至少 50% ,并且

没有另一个更高优先级的任务需要首先完成(正在进行或已被调度)。理想地,自主行为将由一个动作序列产生,如{Action. Turn(Action. GetSignalAngle), Action. Move}。

ExoMars 将执行生成的动作,并开始向岩石移动。假设在移动中,在某个点上,巡视器将遇到一个地面裂缝,从而进入一个情境 *si*2: 路途被阻。根据规约,这个情境与策略 *p*2:规避障碍(见上面的 KnowLang 代码)关联。根据映射段中的初始概率分布(见上面的 KnowLang 代码),策略 *p*2 将强制巡视器右转和移动。最终,巡视器将到达裂缝上的一个桥,因而将达到 *p*2 的目标:自由路径。然后巡视器将回到初始情境 *si*1:发现一块巨大的岩石,从而触发策略 *p*1: 去往岩石位置,于是巡视器将重新开始向定位的岩石移动。

假设在去往定位的岩石的路径上有更多的裂缝,那么每当 ExoMars 进入情境 *si*2: 路径被阻,就将连续应用 *p*2 策略,从右侧规避裂缝,直到它在右侧遇到一个非常长的裂缝,则进入情境 *si*3: 跟踪的目标丢失。这个新的情境将触发另一个策略 *p*3: 返回,直到目标出现。这将使巡视器回到一个能够重新定位岩石的点,于是它将返回到情境 *si*2 和策略 *p*2。按照策略 *p*2,它又会进入 *si*3 和回到 *si*2。然而,每当策略 *p*2 不能达到其目标 *g*2: 自由路径,KnowLang 推理器就重新计算映射段中的概率分布(见上面的 KnowLang 代码),这最终会导向一个点,在那里应用策略 *p*2 时,巡视器将左转移动,就是说,它将自适应于当前的情境,试图从左侧规避裂缝。

注意,在该实例中,我们给出了在一个策略中的条件映射级别上的适应性,正如用于自适应行为的 KnowLang 模型中所表示的。

2.6.1.2 实例研究:一个运输机器人的自主性需求

在这个实例中,我们演示如何使用 KnowLang 处理一个运输机器人的自主性需求,这个机器人使用两条可能的路径——路径 1 和路径 2(图 2.12),将物品从 A 点运到 B 点。

与前面的实例相似(见 2.6.1.1 节),我们通过规约 KnowLang 策略、目标和情境,以及伴随的动作、事件等,来规约自主性行为的自主性需求。我们假设规约了一个情境 *si*1: 机器人位于 A 点并装载了物品。这将触发一个策略 $\pi 1$:通过路径 1 去往 B 点,如果关系 $r(si1, \pi 1)$ 具有更高的概率信任度(假设这个这个信任度已经初始赋给这个关系,因为路径 1 更短——图 2.12(a))。

每次当机器人进入情境 *si*1 时,它将持续应用 $\pi 1$ 策略,直到它进入情境 *si*2: 路径 1 受阻。情境 *si*2 将触发一个策略 $\pi 2$:回到 *si*1,然后应用策略 $\pi 3$(图 2.12(b))。策略 $\pi 3$ 被定义为:通过路径 2 去往 B 点。策略 $\pi 1$ 的不成功应用将会

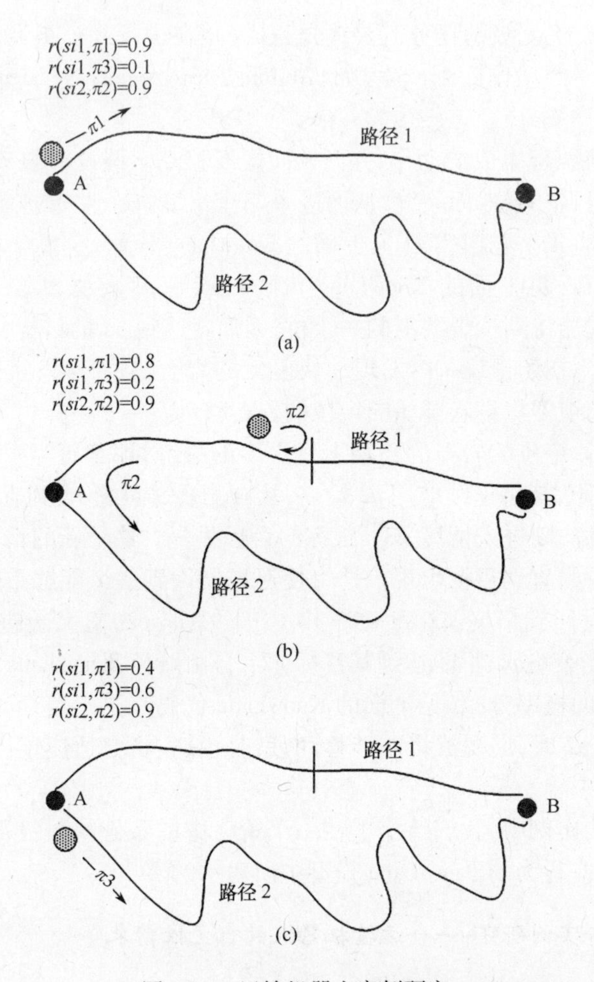

图 2.12　运输机器人案例研究

降低关系 $r(si1,\pi1)$ 的概率信任度,策略 $\pi3$ 的成功应用将会增加关系 $r(si1,\pi3)$ 的概率信任度(图 2.12(b))。因而,如果路径 1 在将来持续被阻,关系 $r(si1,\pi3)$ 将会具有比关系 $r(si1,\pi1)$ 更高的概率信任度,于是机器人将改变自己的行为,选择路径 2 作为主路径(图 2.12(c))。相似地,这个情境可以响应外部激励而变化,如路径 2 被阻,或者机器人收到一个"路径 1 障碍清除"的消息。

注意,在这个实例中,我们给出在情境 - 策略关系层面上的适应性,如同在用于自适应行为的 KnowLang 模型中给出的那样(见 2.5.4.2 节)。

2.6.2　使用 ASSL 规约 Voyager 的自主性需求

在本节中,我们演示如何使用 ASSL 框架规约一个无人任务的 self - * 需求。

我们描述的是旅行者(Voyager)航天器的器上图像处理系统[41]。为了进行拍照,Voyager Ⅱ携带了两台器上电视摄像机——一台用于宽视角图像,一台用于窄视角图像,每台摄像机记录800×800像素分辨率的图像。两台摄像机都只能记录黑白图像,但是各自都装备有一组色彩过滤器,可以帮助重建全彩色的图像。为了将图像传回地球,Voyager Ⅱ使用12英尺碟形天线[41]发送像素流。它使用与雷达相同的微波频率。然而,由于距离超长,根据基本物理定律,无线电信号的强度按比例衰减,到达地球天线的信号强度只有200亿分之一[8]。为了解决这个问题,使用分布在澳大利亚、日本、加州以及西班牙的大量天线进行组网信号接收,从Voyager Ⅱ收到的所有微弱信号由地面上的Voyager任务基地组合和处理,降低电子噪声、混合、过滤,得到合成图像。

2.6.2.1 Voyager图像处理行为算法

当要拍摄一张图片并发送到地球时,Voyager航天器要采取一个特定的自主性行为。下面描述我们使用ASSL规约Voyager任务中的图像处理行为的算法。

(1) Voyager Ⅱ航天器:

① 使用其照相机监视空间目标,并决定拍照的时机;

② 使用其宽视角相机或窄视角相机拍摄一张图片;

③ 向地球上的天线发出"图像接收期开始"消息,说明一个图像传输将要启动;

④ 应用每个色彩过滤器,发送每个过滤器的像素流到地球;

⑤ 向地球上的天线发出"图像接收期结束"消息,说明一个期间的结束。

(2) 地球上的天线:

① 由"图像期间开始"消息启动接收图像(对于每个应用的过滤器一个天线);

② 接收图像像素;

③ 由"图像期间结束"消息终止图像期间;

④ 发送收集的图像到Voyager任务地球基地。

(3) Voyager任务地球基地接收来自天线群的图像信息。

2.6.2.2 使用ASSL规约Voyager任务

为了规约2.4.2.1节中描述的算法,我们应用ASSL多层规约模型(见2.5.3节),在三个主要的ASSL层上规约Volayer Ⅱ任务——AS(自主系统)层、AS1P(自主系统规约协议)层以及AE(自主元素)层。因而,在我们的规约中,我们将Voyager Ⅱ航天器和地球上的天线规约为AE,它们遵从规定的自主行为,并在预先定义的ASSL通信信道上交换预先定义的ASSL消息。Voyager任务的自主行为在AS和AE层都进行规约,作为一个称为IMAGE_PROCESSING

的自管理策略。这样,Voyager Ⅱ任务的全局自主行为可以由每个 AE 以及全局 AS 层上的策略的规约决定。完整的规约见附录 A。

1) AS 层规约

在该层,我们规约 Voyager 任务的全局 AS 层自主行为。该行为编码在一个 IMAGE_PROCESSING 自管理策略规约中。在该层,该策略规约了一个发生在地球上的四部天线(位于澳大利亚、日本、美国加州和西班牙)的图像接收过程。事实上,如在 AS 层所规约的,该策略形成 Voyager 任务地球基地的自主图像处理行为。这里,我们规约四个"inProcessingImage_"流态(每天线一个),它由收到一个图像的事件启动,由收到的图像已被处理的事件终止。进而,所有四个流态被映射到一个 processImage 动作。以下规约样例显示了一个流态的规约,以及它的映射:

```
FLUENT inProcessingImage_AntSpain {
 INITIATED_BY { EVENTS.imageAntSpainReceived }
 TERMINATED_BY { EVENTS.imageAntSpainProcessed }
}
MAPPING {
 CONDITIONS { inProcessingImage_AntAustralia }
 DO_ACTIONS { ACTIONS.processImage(''Antenna_Australia'') }
}
```

在这里,启动和终止该流态的事件的规约如下:

```
EVENT imageAntSpainReceived {
 ACTIVATION { RECEIVED { ASIP.MESSAGES.msgImageAntSpain }
 }
}
EVENT imageAntSpainProcessed { }
```

注意,processImage 动作是一个 IMPL 动作[54,55],就是说,它是一种抽象动作,没有对将要执行的任务语句进行规约。ASSL 框架将 IMPL 动作作为在代码生成之后"将被手工实现"。以下是这个动作的部分规约:

```
ACTION IMPL processImage {
 PARAMETERS { string antennaName }
 GUARDS {
  ASSELF_MANAGEMENT.OTHER_POLICIES.IMAGE_PROCESSING.inProcessingImage_AntAustralia
   OR
  ASSELF_MANAGEMENT.OTHER_POLICIES.IMAGE_PROCESSING.inProcessingImage_AntJapan
   ....
 }
 TRIGGERS {
  IF antennaName = ''Antenna_Australia'' THEN
   EVENTS.imageAntAustraliaProcessed
  END
  ELSE ....
 }
}
```

在这里,processImage 动作被规约为接收一个参数。这个参数使得该动作可以从全部四部天线处理图像。而且,规约了一个特别的 GUARDS 子句,以防止在四个流态都没有被启动时执行该动作。该动作如果无异常地得到执行,则触发一个 imageAnt[天线名字]Processed 事件。

2) ASIP 层规约

在该层,我们规约 AS 层通信协议——自主系统交互协议(ASIP)(见 2.5.3

节)。该通信协议被规约为可以被四部天线在与 Voyager 任务地球基地通信时使用。我们在这一层规约了四个图像消息(每副天线一个)、一个用于传递这些消息的通信通道,以及通信函数(例如,sendImageMsg 和 receiveImageMsg)用于在该通信通道上发送和接收这些消息。注意,这些通信函数有一个参数,使得可以用同一个函数在不同的天线上发送和接收消息。Voyager ASIP 的 ASSL 规约见附录 A。

3) AE 层规约

在该层,我们规约四个 AE。Voyager Ⅱ航天器和地球上的全部四副天线(位于澳大利亚、日本、美国和西班牙)都被规约为 AE。注意,在这里,我们在单个 AE 层上规约 IMAGE_PROCESSING 自管理策略,然后,该策略被实现在 Voyager 任务规约的所有 AE 上。以下元素给出了该规约的重要细节。完整的规约请参见附录 A。

4) VoyagerAE

为 Voyager Ⅱ航天器规约的 AE 是最复杂的。为了表达该 AE 的 IMAGE_PROCESSING 自管理策略,我们规约了两个流态:inTakingPicture 和 inProcessingPicturePixels。以下 ASSL 代码表示了两个流态和映射段的自管理策略。

```
AESELF_MANAGEMENT {
 OTHER_POLICIES {
  POLICY IMAGE_PROCESSING {
   FLUENT inTakingPicture {
    INITIATED_BY { EVENTS.timeToTakePicture }
    TERMINATED_BY { EVENTS.pictureTaken }
   }
   FLUENT inProcessingPicturePixels {
    INITIATED_BY { EVENTS.pictureTaken }
    TERMINATED_BY { EVENTS.pictureProcessed }
   }
   MAPPING {
    CONDITIONS { inTakingPicture }
    DO_ACTIONS { ACTIONS.takePicture }
   }
   MAPPING {
    CONDITIONS { inProcessingPicturePixels }
    DO_ACTIONS { ACTIONS.processPicture }
   }
  }
 }
} // AESELF_MANAGEMENT
```

在这里,inTakingPicture fluent 由一个 timeToTakePicture 事件启动,由一个 pictureTaken 事件终止。该事件还启动 inProcessingPicturePixels,这个流态由 pictureProcessed 事件终止。两个流态分别被映射到 takePicture 和 processPicture 动作。

此外,我们规约一个 AEIP(自主元素交互协议)(见 2.5.3 节),Voyager AE 使用它与四个天线 AE 通信,以及监视和控制器上的两个相机(宽视角相机和窄视角相机)。这样,我们使用 AEIP 规约:

(1) 发送一个图形像素,同时把一个图像接收期将要开始或结束所需要的 ASSL 消息通知给天线 AE。

(2) 一个专用的通信通道。

(3) 三个在 AEIP 通信通道上发送 AEIP 消息的通信函数。

(4) 两个特别管理的元素(wideAngleCamera 和 narrowAngleCamera),用于规约 Voyager AE 监视和控制两个相机所需要的接口函数。通过接口函数,两个管理元素都被映射到流态 inTakingPicture 和 inProcessingPicturePixels 的动作使用,用于拍摄照片、应用过滤器,以及检测感兴趣的空间目标。

以下样例显示了这些被管理元素之一的部分规约:

```
MANAGED_ELEMENT wideAngleCamera {
 INTERFACE_FUNCTION takePicture { }
 ....
 INTERFACE_FUNCTION countInterestingObjects {
  RETURNS { integer }
 }
}
```

此外,规约了一个 interestingObjects 度量来计算所有检测到的感兴趣目标,Voyager AE 对它们进行拍照。这个度量的来源被规约为一个受管理元素接口函数(countInterestingObjects),即这个度量由该接口函数进行更新。

```
METRIC interestingObjects {
 METRIC_TYPE { RESOURCE }
 METRIC_SOURCE { AEIP.MANAGED_ELEMENTS.wideAngleCamera.countInterestingObjects }
 THRESHOLD_CLASS { integer [ 0~ ) }
}
```

注意,timeToTakePicture 事件(它激活 inTakingPicture 流态)由该度量值的改变而引发。这里,为了模拟这个条件,我们还周期性地每 60s 激活这个事件。

```
EVENT timeToTakePicture {
 ACTIVATION { CHANGED { METRICS.interestingObjects } OR PERIOD { 60 SEC } }
}
```

四个天线 AE 被规约为 Voyager AE 的 friends(在 FRIENDS 子层)。根据 ASSL 语义[54, 55],friends 可以共享私有交互协议。因而,天线 AE 可以使用 AEIP 规约的 Voyager AE 消息和通道。

5) 天线 AE

我们将四个从 Voyager Ⅱ接收信号的天线规约为 AE,即规约四个 AE,命名为 Antenna_Australia、Antenna_Japan、Antenna_California 和 Antenna_Spain。在这里,使用一些 inStartingImageSession 和 inCollectingImagePixel 流态对,来规约用于这些 AE 的 IMAGE_PROCESSING 自管理策略。对每个图像过滤器规约一对这样的流态,当一个图像接收期开始,以及天线 AE 收取图像像素时,确定天线 AE 的状态。

因为 Voyager AE 通过应用不同的过滤器处理图像,并单独发送每个过滤后的图像,我们在 AE 中对每个应用的过滤器规约不同的流态[52](天线 AE 中的完整的 IMAGE_PROCESSING 规约见附录 A)。这使得一个天线 AE 能够同时处理一组多个过滤的图像。注意,根据 ASSL 形式语义,一个流态不能在启动后被重复启动,从而防止同一个流态被同时启动两次或多次[54, 55]。在这里,这些流态被 Voyager AE 通知一个图像接收期开始或结束的消息所特定的 AE 事件启动和终止。以下部分规约显示了两个 IMAGE_PROCESSING 流态。这些流态被映射到对每个过滤的图像接收图像像素的 AE 动作。

```
FLUENT inStartingGreenImageSession {
 INITIATED_BY { EVENTS.greenImageSessionIsAboutToStart }
 TERMINATED_BY { EVENTS.imageSessionStartedGreen }
}
FLUENT inCollectingImagePixelsBlue {
 INITIATED_BY { EVENTS.imageSessionStartedBlue }
 TERMINATED_BY { EVENTS.imageSessionEndedBlue }
}
```

此外,还规约了一个流态 inSendingImage。该流态在一个天线 AE 完成图像接收工作时激活,即全部过滤的图像(对于所有的过滤器)已经被接收后。该流态被映射到一个将过滤后的图像作为一副图像发送给 Voyager 任务地球基地的 sendImage 动作。下面显示了用于启动这些流态的两个事件。

```
EVENT greenImageSessionIsAboutToStart {
 ACTIVATION { SENT { AES.Voyager.AEIP.MESSAGES.msgGreenSessionBeginAus } }
}
EVENT imageSessionStartedBlue {
 ACTIVATION { RECEIVED { AES.Voyager.AEIP.MESSAGES.msgBlueSessionBeginAus } }
}
```

注意,greenImageSessionIsAboutToStart 事件在 Voyager 的 msgGreenSessionBeginSpn 消息被发出时得到激活,imageSessionStartedBlue 事件在 Voyager 的 msgBlueSessionBeginSpn 消息已经被天线收到时激活。另外,每个天线 AE 规约了使得 AE 能够接收 Voyager AE 消息的通信函数(见附录 A),这些通信函数被 AE 动作调用。

2.7 小 结

当前的软件密集系统,例如现代航天器和无人探索平台(如 ExoMars)通常具有一些自主性特征,带来了复杂的行为以及与运行环境的复杂交互,从而带来自适应的需要。为了正确开发这样的系统,正确地处理自主性需求就至关重要。然而,用于 AS 的需求工程显现为一个宽阔的开放研究领域,目前只有少量的方法得到研究。我们认为形式化方法最终可以成功用于捕捉自主性需求。一个专用于 AS 的形式化方法可以给予开发者良好定义的形式语义,使得自主性需求的规约可以成为开发者设计、实现和验证 AS 的基本起点。

在本章中,我们给出了航天任务的一般自主性需求,以及机器人系统的控制器体系结构。进而,我们给出了解决一般自主性需求和控制器体系结构的形式化方法,从而可以奠定一个专门用于包括自主航天任务在内的软件密集系统的自主性特征的、新的自主性需求工程模型(AREM)框架的基础。如所说明的,期望的 AREM 方法最终应当是面向目标的,并基于 KnowLang 和 ASSL 形式化方法。作为一个概念证明,并演示该规约语言的表达能力,我们给出了三个案例研究,其中使用 KnowLang 和 ASSL 捕捉一些扩展的自主性需求，包括 L4 和 L3 级别的自主性。

参考文献

1. Amey, P.: Correctness by construction: better can also be cheaper. CrossTalk Mag. J. Def. Softw. Eng. **2**, 24–28 (2002)
2. Andrei, O., Kirchner, H.: A higher-order graph calculus for autonomic computing. In: Graph Theory, Computational Intelligence and Thought. No. 5420 in Lecture Notes in Computer Science, pp. 15–26. Springer, Heidelberg (2008)
3. Assurance Process for Complex Electronics, NASA: Requirements engineering (2009). http://www.hq.nasa.gov/office/codeq/software/ComplexElectronics/l_requirements2.htm
4. Banâtre, J.P., Fradet, P., Radenac, Y.: Programming self-organizing systems with the higher-order chemical language. Int. J. Unconv. Comput. **3**(3), 161–177 (2007)
5. Beaudette, S.: Satellite Mission Analysis, FDR-SAT-2004-3.2.A. Technical report, Carleton University (2004)
6. Benveniste, A., Caspi, P., Edwards, S., Halbwachs, N., Guernic, P.L., Simone, R.D.: The synchronous languages twelve years later. Proc. IEEE **91**(1), 64–83 (2003)
7. Brachman, R.J., Levesque, H.J.: Knowledge Representation and Reasoning. Elsevier, San Francisco (2004)
8. Browne, W.M.: Technical "Magic" Converts a Puny Signal into Pictures. NY Times (1989)
9. Cheng, B., Atlee, J.: Research directions in requirements engineering. In: Proceedings of the 2007 Conference on Future of Software Engineering (FOSE 2007), pp. 285–303. IEEE Computer Society, Los Alamitos (2007)
10. Cheng, S.W., Garlan, D., Schmerl, B.: Architecture-based self-adaptation in the presence of multiple objectives. In: Proceedings of the 2006 International Workshop on Self-Adaptation and Self-Managing Systems (SEAMS'06), pp. 2–8 (2006)
11. Cortim: LEXIOR: LEXIcal analysis for improvement of requirements. www.cortim.com
12. Dardenne, A., van Lamsweerde, A., Fickas, S.: Goal-directed requirements acquisitions. Sci. Comput. Program. **20**, 3–50 (1993)
13. Devedzic, V., Radovic, D.: A framework for building intelligent manufacturing systems. IEEE Trans. Syst. Man Cybern. C Appl. Rev. **29**, 422–439 (1999)
14. ECSS Secretariat: Space engineering: space segment operability. Technical report, ESA-ESTEC, Requirements and Standards Division, ECSS-E-ST-70-11C, Noordwijk, The Netherlands (2008)
15. Endsley, M.: Toward a theory of situation awareness in dynamic systems. Hum. Factors **37**(1), 32–64 (1995)
16. ESA: Automatic code and test generation (2007). http://www.esa.int/TEC/Software_engineering_and_standardisation/TECOQAUXBQE_2.html
17. ESA: Requirement engineering and modeling, software engineering and standardization (2007). http://www.esa.int/TEC/Software_engineering_and_standardisation/TECLCAUXBQE_0.html
18. Ewens, W.J., Grant, G.R.: Stochastic processes (i): Poison processes and Markov chains. In: Statistical Methods in Bioinformatics, 2nd edn. Springer, New York (2005)
19. Fickas, S., Feather, M.: Requirements monitoring in dynamic environments. In: Proceedings of the IEEE International Symposium on Requirements Engineering (RE 1995), pp. 140–147. IEEE Computer Society, Los Alamitos (1995)
20. Fortescue, P., Swinerd, G., Stark, J. (eds.): Spacecraft Systems Engineering, 4th edn. Wiley, New York (2011)
21. George, L., Kos, L.: Interplanetary Mission Design Handbook: Earth-to-Mars Mission Opportunities and Mars-to-Earth Return Opportunities 2009–2024. NASA,Marshall Space Flight Center. Springfield, Huntsville (1998)

22. Goldsby, H., Sawyer, P., Bencomo, N., Hughes, D., Cheng, B.: Goal-based modeling of dynamically adaptive system requirements. In: Proceedings of the 15th Annual IEEE International Conference on the Engineering of Computer Based Systems (ECBS). IEEE Computer Society, Los Alamitos (2008)
23. Halbwachs, N.: Synchronous Programming of Reactive Systems. Kluwer Academic Publishers, Boston (1993)
24. IBM Corporation: Policy management for autonomic computing—version 1.2. Technical report, IBM Tivoli (2005)
25. IBM: Autonomic computing: IBM's perspective on the state of information technology, IBM autonomic computing manifesto (2001). http://www.research.ibm.com/autonomic/manifesto/autonomic_computing.pdf
26. IEEE Computer Society: IEEE Standard IEEE-Std-830-1998: IEEE Recommended Practice for Software Requirements Specification (1998)
27. Lapouchnian, A., Yu, Y., Liaskos, S., Mylopoulos, J.: Requirements-driven design of autonomic application software. In: Proceedings of the 2006 Conference of the Center for Advanced Studies on Collaborative Research (CASCON 2006), p. 7. ACM, Boston (2006)
28. Madni, A.: Agiletecting: a principled approach to introducing agility in systems engineering and product development enterprises. J. Integr. Des. Process Sci. **12**(4), 1–7 (2008)
29. Mylopoulos, J., Chung, L., Nixon, B.: Representing and using non-functional requirements: a process-oriented approach. IEEE Trans. Softw. Eng. **18**(6), 483–497 (1992)
30. NASA: Deep Space 1 (2010). http://nmp.jpl.nasa.gov/ds1/
31. NASA, Goddard Space Flight Center: The extended mission Earth Observing-1 (2008). http://eo1.gsfc.nasa.gov/
32. Ocón, J. et al.: Autonomous controller—survey of the state of the art, Version 1.3, GOAC, GMV-GOAC-TN01. Technical report, ESTEC/Contract No. 22361/09/NL/RA (2011)
33. ProForum, W.: Web ProForum tutorials. http://www.iec.org
34. Robinson, W.N.: Integrating multiple specifications using domain goals. In: Proceedings of the 5th International Workshop on Software Specification and Design (IWSSD-5), pp. 219–225. IEEE, New York (1989)
35. Savor, T., Seviora, R.: An approach to automatic detection of software failures in real-time systems. In: Proceedings of the IEEE Real-Time Technology and Applications Symposium, pp. 136–147. IEEE Computer Society, Los Alamitos (1997)
36. Scerri, P., Pynadath, D., Tambe, M.: Towards adjustable autonomy for the real-world. J. Artif. Intell. Res. **17**(1), 171–228 (2002)
37. Schmidt, M., Schilling, K.: Satellite constellations and ground networks—a new perspective on distributed space missions. In: Proceedings of 2nd Nano-Satellite Symposium, Tokyo, Japan (2011)
38. Simon, H.: The Sciences of the Artificial, 2nd edn. MIT Press, Cambridge (1981)
39. Soutchanski, M.: High-level robot programming and program execution. In: Proceedings of the ICAPS'03 Workshop on Plan Execution. AAAI Press, Cambridge (2003)
40. Sutcliffe, A., Fickas, S., Sohlberg, M.: PC-RE a method for personal and context requirements engineering with some experience. Requir. Eng. J. **11**, 1–17 (2006)
41. The Planetary Society: Space topics: Voyager—the story of the mission (2010). http://planetary.org/explore/topics/space_missions/voyager/objectives.html
42. Truszkowski, W., Hallock, L., Rouff, C., Karlin, J., Rash, J., Hinchey, M., Sterritt, R.: Autonomous and Autonomic Systems—with Applications to NASA Intelligent Spacecraft Operations and Exploration Systems. Springer, Berlin (2009)
43. UBM Tech: Cittio's WatchTower 3.0 (2014). http://www.networkcomputing.com/careers-and-certifications/cittios-watchtower-30/d/d-id/1218255?
44. University of Chicago: Nimbus (2014). http://www.nimbusproject.org
45. van Lamsweerde, A., Darimont, R., Letier, E.: Managing conflicts in goal-driven requirements engineering. In: IEEE Transactions on Software Engineering, Special Issue on Inconsistency Management in Software Development (1998)

46. van Lamsweerde, A.: Requirements engineering in the year 00: a research perspective. In: Proceedings of the 22nd IEEE International Conference on Software Engineering (ICSE-2000), pp. 5–19. ACM, Boston (2000)
47. Vassev, E., Hinchey, M., Balasubramaniam, D., Dobson, S.: An ASSL approach to handling uncertainty in self-adaptive systems. In: Proceedings of the 34th annual IEEE Software Engineering Workshop (SEW34), pp. 11–18. IEEE Computer Society, Los Alamitos (2011)
48. Vassev, E., Hinchey, M., Paquet, J.: Towards an ASSL specification model for NASA swarm-based exploration missions. In: Proceedings of the 23rd Annual ACM Symposium on Applied Computing (SAC 2008)—AC Track, pp. 1652–1657. ACM, Boston (2008)
49. Vassev, E., Hinchey, M.: Knowledge representation and awareness in autonomic service-component ensembles—state of the art. In: Proceedings of the 14th IEEE International Symposium on Object/Component/ Service-Oriented Real-time Distributed Computing Workshops, pp. 110–119. IEEE Computer Society, Los Alamitos (2011)
50. Vassev, E., Hinchey, M.: Knowledge representation for cognitive robotic systems. In: Proceedings of the 15th IEEE International Symposium on Object/Component/Service-Oriented Real-time Distributed Computing Workshops (ISCORCW 2012), pp. 156–163. IEEE Computer Society, Los Alamitos (2012)
51. Vassev, E., Hinchey, M.: Knowledge-based self-adaptation. In: Proceedings of the 6th Latin-American Symposium on Dependable Computing (LADC 2013), Rio de Janeiro, Brazil, pp. 11–18. SBC - Brazilian Computer Society Press, Rio de Janeiro (2013)
52. Vassev, E., Hinchey, M.: Modeling the image-processing behavior of the NASA Voyager Mission with ASSL. In: Proceedings of the 3rd IEEE International Conference on Space Mission Challenges for Information Technology (SMC-IT'09), pp. 246–253. IEEE Computer Society, Los Alamitos (2009)
53. Vassev, E.: KnowLang grammar in BNF, lero-tr-2012-04. Technical report, Lero, University of Limerick (2012)
54. Vassev, E.: Towards a framework for specification and code generation of autonomic systems. Ph.D. thesis, Computer Science and Software Engineering Department, Concordia University, Quebec, Canada (2008)
55. Vassev, E. (ed.): ASSL: Autonomic System Specification Language—A Framework for Specification and Code Generation of Autonomic Systems. LAP Lambert Academic Publishing, Saarbrucken (2009)
56. Vassev, E., Hinchey, M.: ASSL: a software engineering approach to autonomic computing. IEEE Comput. **42**(6), 106–109 (2009)
57. Vassev, E., Hinchey, M.: The challenge of developing autonomic systems. IEEE Comput. **43**(12), 93–96 (2010)
58. Vassev, E., Hinchey, M.: Awareness in software-intensive systems. IEEE Comput. **45**(12), 84–87 (2012)
59. Vassev, E., Sterritt, R., Rouff, C., Hinchey, M.: Swarm technology at NASA: building resilient systems. IT Prof. **14**(2), 36–42 (2012)
60. Wei, C., Hindriks, K.V.: An agent-based cognitive robot architecture. In: Proceedings of Programming Multi-Agent Systems (ProMAS) Workshop Affiliated with AAMAS 2012, Valencia, Spain, pp. 55–68 (2012)
61. Wertz, J., Larson, W. (eds.): Space Mission Analysis and Design, 3rd edn. Microcosm Press, Dordrecht (1999)
62. Wood, L.: Satellite constellation networks. In: Yongguang Zhang (ed.) Internetworking and Computing Over Satellite Networks, pp. 13–34. Kluwer Academic Publishers, Dordrecht (2003)

第3章 自主性需求工程

摘要:本章基于前面两章的讨论和结果,定义和描述一个自主性需求工程(ARE)方法。ARE 的目标是通过提供一个用于导出和表达自主性需求的机制和方法,在无人的航天任务中集成和提升自主性。ARE 使用面向目标的需求工程方法来得出和定义系统目标,然后利用一般自主性需求模型来导出和定义辅助的和最终备选的目标。系统可以在出现威胁初始目标的因素时,追求这些“self - *”目标。自主性需求一旦得到识别,则可以使用 Knowlang 语言进行规约。本章给出并详细讨论了一个概念证明实例研究,展示 ARE 处理自主性需求的能力。给出的实例研究是 ESA 的 BepiColombo 任务的自主性需求的发现和表达。

3.1 引 言

在无人的航天任务中集成和提升自主性是一个极有挑战性的工作。在工程师必须克服的众多挑战中,包括自主性需求的导出和表达。本章在前面两章的讨论和结果的基础上,定义和描述一个自主性需求工程(ARE)方法,并给出一个概念证明实例研究,展示 ARE 处理自主性需求的能力。给出的实例研究是一个需求工程实例,是关于 ESA 的 BepiColombo 任务的自主性需求的发现和表达[11, 12, 16, 23, 26, 39]。注意,该实例研究既给出了 ARE 方法,还以一个特别的目标模型和自主性需求的形式,给出了一个概念证明,它可以被进一步用于设计和开发 BepiColombod 的自主性特征。

BepiColombo 是 ESA 的一个里程碑式的水星探测任务[32](图 3.1),计划于 2015 年发射①。BepiColombo 将通过多次探测,绘制水星的不同波长的完整地图。它将绘制这颗行星的矿物和元素组成,确定该行星的内部是否为融化态,并探查水星磁场的范围和起源。该任务包含两个部件:水星轨道飞行器(MPO)和

① Bepicolombo 的发射计划已经多次推迟,飞行时长也将超出初始设计。根据 ESA 网站(sci. esa. int)2016 年 11 月 25 日的报道,计划的发射时间改为了 2018 年 10 月,相应到达水星的时间是 2025 年 12 月。——译者

水星磁场轨道飞行器(MMO)。该航天器将经过6年的星际飞行到达水星,使用太阳能电推进以及月球、金星和水星引力辅助。在2022年1月到达时,MPO和MMO将会被水星捕获进入极地轨道。在向水星飞行的过程中,两个轨道器组合为一个组合模块和一个转移模块(包含电推进和传统化学火箭),形成单个运载航天器。在2022年到达水星时,转移模块将被分离,组合模块将使用火箭发动机和一个称为弱稳定边界捕获的技术,将自己带入绕水星的极地轨道。当到达MMO轨道时,MPO将分离,降低高度到自己的运行轨道。在轨观测将持续至少一个地球年。

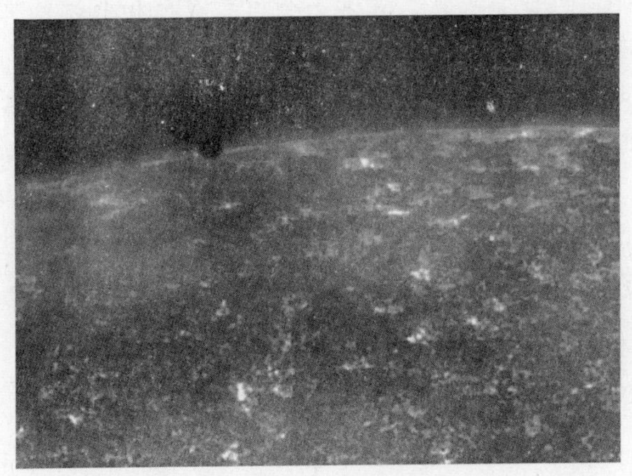

图3.1　TRACE卫星看到的水星,图出自NASA

3.2　ARE:自主性需求工程

如第2章所解释的,一个综合和高效的ARE方法应当考虑到目标系统的所有的自主性方面,在考虑航天器系统的传统的功能需求和非功能需求(如安全性需求)时,强调所谓的self-*需求。

在我们的方法中,ARE依赖于面向目标的需求工程(GORE)来导出和定义系统目标,继而使用一般自主性需求(GAR)模型,在航天任务的上下文(见第2章)中导出和定义辅助的和最终备选的目标,这些目标是在出现威胁初始系统目标的情况时,系统可以追求的目标。一旦得到识别,包含self-*目标的自主性需求可以用符合GAR的语言(如ASSL[37]或KnowLang[36])进一步规约。

我们提出的ARE方法是一个软件工程过程,帮助确定对于一个特别的航天任务,将要开发什么自主特征,以及生成支持这些特征的自主性需求。注意,ARE的输出(目标模型、需求规约等)是自主性特征设计的一个前提。

3.2.1 GAR：一般自主性需求

尽管在应用领域和功能上有所不同，所有的自主系统都具有自主行为（自主性）的能力，受到一个或多个自管理目标的驱动。因此，自主系统的开发是受自管理目标（也可以称为自适应目标）和属性的驱动，这就引入了称为 self - * 需求的特别需求。注意，该需求自然涉及：①自诊断，用于分析一个问题情境和确定一个诊断；②自适应，用于修复发现的故障。执行足够的自诊断的能力很大程度上依赖于系统关于其当前状态的知识的质量和数量，即系统的感知性。基于 self - * 需求，GAR 定义了一组一般自主性需求（见第 2 章）：

（1）自主性（self - * 目标）——自主性是自主系统的核心特性之一。self - * 目标用于自主行为（如自配置、自治愈、自优化和自保护）。

（2）知识——一个自主系统预期要具有感知能力，基于良好结构化的知识和对知识进行操作的算法。

（3）感知——知识表示、推理和监视的一个产物。

（4）监视——通过一组传感器或事件获得原始数据的过程。

（5）适应性——在可观察的行为或结构中实现改变的能力。适应性可以要求在功能、算法、系统参数或结构中进行改变。自适应是该属性的放大。

（6）动态性——在运行时实施一个改变的技术能力。例如，去除、增加或交互服务和部件的技术能力。

（7）健壮性——在执行中应对错误的能力。

（8）弹性——作为系统弹性和敏捷性前提的质量属性。与安全性密切相关，弹性使得系统能够从非预测的干扰“弹回”原来状态。

（9）移动性——一个展现了什么在系统中移动的属性，包括设计时和运行时。

此外，GAR 定义了构建自主系统的重要考虑：

（1）自主系统必须在其上下文中持续地监视变化，并相应进行响应。

（2）这样的系统应当监视环境的哪些方面？——显然，系统不能监视所有的东西。

（3）当系统检测到环境中的不理想的条件时，到底要做什么？

（4）系统需要维护一组高层目标，无论环境情况如何，这些目标都应满足。

（5）最后，非关键的目标可能不那么严格，从而允许系统在运行中有一定的灵活性。

在第 2 章中，我们在航天任务的上下文中给出了 GAR。这帮助我们在 ARE 模型中导出用于航天任务的 GAR（GAR-SM）。

3.2.2 用于 ARE 的 GORE

面向目标的需求工程(GORE)[35]通过增加一个称为早期需求分析的新的阶段,向上游扩展了软件开发过程。用于导出面向目标形式的分析的基础概念是目标(goal)和参与者(actor)。为了满足一个利益相关方的目标,GORE 帮助工程师分析备选空间,这使得生成功能需求和非功能(质量)需求的过程更系统化,因为设计者要遍历一个显式表示的备选空间。GORE 提供了代表系统目标及其相互关系的目标模型。目标通常用自身的特征来建模,如它们的类型、参与者和目标体(target)①,以及与其他目标和需求模型中的其他元素(如约束)的链接。目标可以被分级组织和排定优先级,其中高层目标(如任务目标)可以包含相关的、低层的子目标,它们被组织起来从而提供获得高层目标的不同备选。

在第1和第2章有 GORE 的详细描述,展现了 GORE 如何处理 GAR。在我们的 ARE 模型中,我们将 GORE 与 GAR-SM 相融合,获得一个目标模型,其中的系统目标由 self-* 目标支持,self-* 目标提升了系统行为中的自主性。

3.2.3 理解 ARE

ARE 方法组合了一般自主性需求(GAR)和面向目标的需求工程(GORE)。使用该方法,软件工程师可以确定对于一个特别的航天任务,要开发什么自主特征,以及该过程要产生什么制品(如目标模型和需求规约)。该方法需要的输入是任务目标和反映任务类别特点(如行星际任务)的领域特定的 GAR。

开发任何新的软件密集系统的第一步,是确定系统的功能需求和非功能需求。功能需求定义了系统将要实际做什么,非功能需求则说明其质量(如性能),以及系统运行的任何约束。尽管应用领域和功能不同,所有的自主系统与通常的软件密集系统相比,都是向上游扩展了特别的自管理目标(self-* 目标)。基本上,self-* 目标提供了系统自动发现、诊断和解决各种问题的能力。该能力依赖于系统自主性的程度、知识的质量和数量、感知和监视能力,以及质量特性,如适应性、动态性、健壮性、弹性和移动性。基本而言,自主性需求是作为 self-* 目标得到识别,self-* 目标是由 GAR 模型列举的不同的能力和质量特性支持,这是 ARE 方法的基础。

目前,该方法是用于解决自主性需求的导出和规约问题的唯一完整和综合的解决方案。注意,该方法专门将 self-* 目标作为显式地确定和定义自主性需

① 参与者是该目标涉及的各种实体,它们对目标具有影响或支持等各种作用。目标体是该目标关乎的对象,或者说是该目标所要实现的事物。——译者

求的唯一手段。因此，它不是用于处理系统的通常功能和非功能需求，而是认为那些需求可以由传统的需求工程方法处理，如 use case 建模、领域建模、约束建模（对象约束语言 OCL）等。功能需求和非功能需求可以被 ARE 方法捕捉，但只是作为self - * 目标导出的一部分，就是说，一些 GAR 的需求可以被作为功能和非功能需求。

ARE 方法的第一步是建立目标模型，该模型代表与任务相关的系统目标和它们的关系。为此，我们使用 GORE 方法，其中 ARE 目标一般用自身的特征来建模，如类型、参与者和目标体，以及与其他目标和需求模型中的约束之间的链接。目标模型可以针对任务特点和工程师对任务目标的理解，用不同的方式组织。由此可以有：分级的结构，其中目标位于不同的粒度层次上；并行的结构，其中目标被认为是并行的；等等。目标模型不是形式化的，我们使用自然语言和类似 UML 的图示来记录它们。

ARE 方法的第二步是针对每个系统目标，连同导出的环境约束，得出为该特别系统行为提供自主性需求的 self - * 目标。在该阶段，把我们的 GAR 模型应用到一个任务目标，用于导出自主性需求，表现为目标的支持性的和备选的 self - * 目标，以及必要的能力和质量特性。在该阶段的第一部分，我们用自然语言记录 GAR 模型。在第二部分，我们使用一个形式化符号系统来更精确地表达该模型。注意，该模型带有比自主性需求更多的细节，可以被进一步用于不同的分析活动，包括需求确认和验证。然而，形式化模型在该方法中不是强制的，我们也可以简单地用自然语言编写需求细节。当然，形式化模型比自然语言有巨大优势，因为自然语言中带有模糊性，而形式化符号语义可以提供数学精确性。

ARE 可以被用在从启始一个任务概念，到构建和发射一个航天器的工作流程中的多个阶段：

（1）如同 BepiColombo 任务（见 3.3 节 ~3.5 节）实例研究所展示的，高层任务目标可以与一般的 GAR 模型联合使用，生成一个融合了自主性需求（self - * 目标）的高层模型。该模型可以与一个推理机相结合，用于检测是否所有的需求是相互兼容的。它还可以被用于交流需求，工程师可以看到当一个任务遵从一个特定的目标和置于某种环境下时，需要什么备选的行为。

（2）该模型可以被用于帮助形成系统需求规约文档中的自主性需求（AR）章节。该章节由目标模型，以及对每个目标导出的自主性需求组成。这最终可以帮助容易地导出一些与监视活动、知识和 AR 质量属性相关的功能和非功能需求。如前面指出的，形式化部分可以被省略，代以自然语言编写详细的 AR。

（3）编写 AR 的过程也可以被用于为 ARE 模型增加进一步的细节。

（4）如果需要形式化模型，通过必要的工具支持，可以对 AR 进行形式化的确认和验证。如果使用适当的工具,从自然语言编写的 AR 导出形式化模型也是可以的。

(5) 如果软件工程师可以同时拿到自然语言编写的 AR 以及形式化模型,可以有助于确保得到更准确和更少隐错(bug)的软件实现。

3.2.4 从目标到 self - * 目标

3.2.4.1 系统目标和目标模型

"目标"被认为是需求工程(RE)过程中的核心元素。如 Ross 和 Schoman 在其开创性的论文中所述:"需求定义必须说出基于当前或者预见的情况,一个系统为何是需要的,这些情况可以是内部的操作或外部的市场。它必须说明什么系统特征将服务于和满足这种上下文,还必须说明系统将如何被构建[31]。"为了导出系统目标,对当前系统(以及系统将要被用于的任务)在其组织、操作和技术设置下进行分析,指出问题并识别出机会,识别高层目标并进行精化,以解决这些问题和实现这些机会,而后详细阐述需求,以满足这些目标。这样一种自然的实践已经促使需求编挡标准要求一个特定的章节,用于描述系统应当满足的目标(参见 IEEE-Std-830/1993 标准)。

目标的识别不会是一件简单的工作[2, 17, 30, 34]。有时,目标可以被利益相关方明白地阐述,或者存在于需求工程师能够得到的初始材料,如任务说明中。然而在更经常情况下,它们是隐含的,因此必须进行目标导出的工作。对当前系统(以及该系统将要完成的任务)的初步分析,是目标识别的一个重要来源。该分析通常产生一个准确表达的问题与不足的列表。对这些表达的否定式就形成了未来系统将要满足的目标的第一个列表。以我们的经验,目标也可以通过在提供的初始文档(如任务说明中)搜索意图性的关键词,进行系统化的识别。一旦获得一组初始的目标和目标相关的约束,并由利益相关方进行确认,就可以通过精化和抽象,识别出许多其他目标,方法是只需要对已有的目标/约束询问"如何"(HOW)和"为何"(WHY)问题[35]。通过解决目标之间的冲同,或者目标实现的障碍,可以识别出其他目标。进而,这些目标可能会最终被定义为 self - * 目标。

目标一般通过自身的特征(如其类型和属性),以及它们与其他目标和需求模型中的其他元素之间的链接来建模。目标可以被分级地组织和排定优先级,其中高层的目标(如任务目标)可以包含相关的、下层的子目标,这些可以被组织为提供获得高层目标的不同备选。在 ARE 中,目标用普通文本表述,带有特征,包括参与者、目标体和理由。此外,目标之间的关系是通过目标模型捕捉的,该模型将所有的目标连同相关的约束放置在一起。ARE 的目标模型使用类似 UML 的图示表示。目标模型可以帮助我们以多种方式,连贯地捕捉自主性需求:

(1) 一个 ARE 目标模型可以提供捕捉自主性需求的起点,方法是通过分析未来系统的环境、识别在那个环境中存在的问题,以及所开发的系统为了达到其目标所要满足的需要。

(2) ARE 目标模型可以被用于提供一个手段,表示系统可以满足其目标的备选方式,并基于质量考虑和其他约束(如环境约束)来分析和评价这些备选:

① 这使得可以在设计时遍历和分析备选的系统行为。

② 如果起始与系统一起发布的备选运行良好,就不需要在自主部件之间进行自主行为的复杂交互。

③ 不是所有的备选都可以在设计时得到识别。在一个开放和动态的环境中,新的和更好的备选可能自己出现,而一些已经识别和实现的备选可能变得不现实。

④ 在某些情况下,将不得不在运行时由系统发现和实现新的备选。然而,在运行时发现、分析和实现新备选的过程是复杂和容易出错的。通过在设计时遍历备选空间,可以将这种复杂工作的需要降到最低。

(3) ARE 目标模型可以提供从设计到需求的追踪机制。当在运行时检测到需求中的一个变化时(例如,在全局任务目标中的一个主要改变),目标模型可以被用于针对新的需求重新评价系统行为备选,从而确定是否需要进行系统的重新配置:

① 如果需求中的一个变化影响到模型中的一个特定目标,就可以看到该目标是如何分解的,以及系统的哪些部分因此受到影响,这些部分实现为了满足该目标而需要的功能。

② 通过分析一个目标模型,可以识别一些特定目标的实现失败如何影响系统的整体目标。

③ 带有大量变化点的目标模型可以用于对当前选择的系统配置实现可视化,包括其备选,并在高层意义上向用户提供配置变化的建议。

(4) ARE 模型通过将分配给系统单个部分(通常表达为目标的参与者和目标体)的目标关联到高层系统目标和质量关注点,提供了系统的一个统一的意图视图[①]:

① 高层目标和质量关注点作为自主系统的各部分(或部件)之间为了获得

---

① 意图视图,是用于表达系统的意图的视图。——译者

全局系统优化而共享的公共知识。在这种方式下,系统可以避免由于只依赖于局部优化而失去全局优化配置的缺陷。

② 目标模型可以被用于识别各部分的知识需求,如参与者或目标体。

此外,目标模型可以被用于管理多个目标之间的冲突,包括 self - * 目标。目标被认为提供了从根本上检测需求之间的冲突,以及最终解决冲突的机制[29, 33]。注意,通过解决目标之间的冲突,或者消除妨碍目标之获得的障碍,可能产生新的目标(或者 self - * 目标)。

3.2.4.2 Self - * 目标和自主性辅助需求

ARE 使用目标模型作为基础,帮助对每个系统(任务)目标导出 self - * 目标,方法是对每个系统目标应用一个一般自主性需求(GAR)模型。self - * 目标表示的是,在出现一个威胁初始系统目标的因素时,系统可以追求的辅助和最终备选的目标。图 3.2 表示了从一个未来系统的目标模型导出 self - * 目标的过程。基本上,一个上下文特定的 GAR 模型提供了一些初始的 self - * 目标,它们应当在特定系统目标的上下文中被进一步分析和精化,以观察它们的可行性。例如,对于不同类型航天任务(见 2.3 节)的上下文特定的 GAR 模型,给出了预先定义的一组 self - * 目标,对每类航天任务。这些 self - * 目标针对的是航天器在执行一类特定任务时必须克服的约束和挑战。例如,对于极地低轨(LEO)/遥感卫星任务(见 2.3.2.1 节),GAR 定义了以下 self - * 目标:

(1) 自轨道——自主地进入目标轨道,适应轨道扰动;

(2) 自保护——自主地检测辐射的存在,并机动规避;

(3) 自调度——基于运行目标和系统知识及其环境,自主地确定后续要执行的工作;

(4) 自修复——基于性能降级或失效,进行操作重规划。

如图 3.2 所示,ARE 过程除了导出 self - * 目标,还产生自主性辅助需求。这些需求(也定义为适应性辅助属性)初始由 GAR 模型定义(见 2.3 节),其作用是支持 self - * 目标的获得。自主性辅助需求可以如下定义:

(1) 知识——基本上,是需要被结构化用于高效推理的数据需求。

(2) 感知——一类功能需求,其中知识被用作一类输入,连同事件或传感器信号,用于导出特定的系统状态。

(3) 弹性和健壮性——一类软目标。例如,针对地球静止轨道(GEO)任务(见 2.3.2.3 节)的该类需求被定义为:健壮性——对通信延迟健壮;弹性——弹性的 GEO 定位。这些需求可以被规约为软目标,引导系统趋向于“降低和解决通信延迟,以及保持 GEO 位置优化”。一个软目标将得到“满意”而不是“达

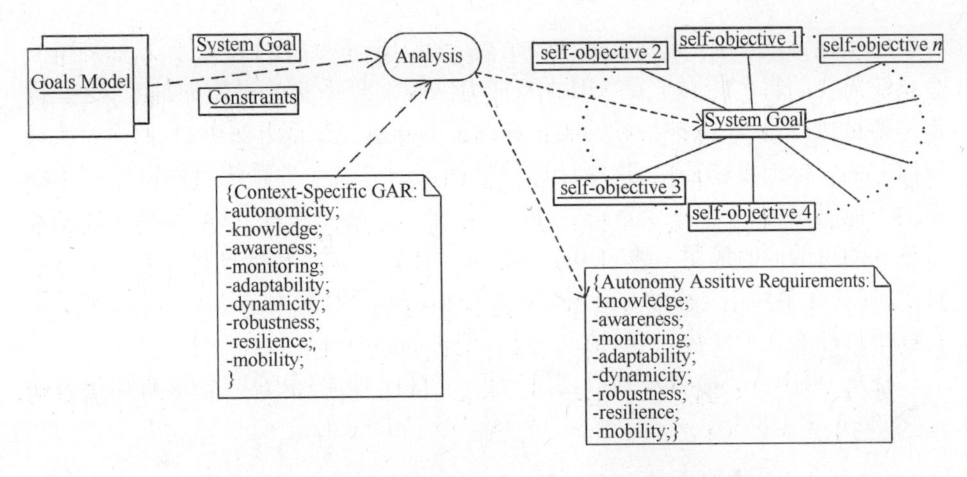

图 3.2　对每个系统目标导出 self - * 目标的 ARE 过程

到”。注意,软目标的规约不是一件容易的事。问题在于对软目标没有界限分明的满足条件。软目标与“满意”的概念相关。与通常目标不同,软目标很少能够“达到”或者“满足”。对于软目标,我们最终是寻找足够好的解决方案,使得软目标可以满意到一个足够的程度。因此,当规约健壮性和弹性自主需求时,我们需要设置想要的满意程度,如通过概率的方式。

(4) 监视、移动、动态和适应性——这些也可以被定义为软目标,但是有相对较高的满意度。这三类自主性需求代表了系统为了使得自主性成为可能,所需要的重要质量需求。因此,它们的满意程度应当相对较高。最终,适应性目标可以作为硬目标对待,因为它们决定了系统的哪些部分可以被进行适应(以及如何适应)。

3.2.4.3　约束和 self - * 目标

除了从上下文特定的 GAR 模型导出的 self - * 目标,更多的 self - * 目标可以从与所建系统的目标相关的约束导出。注意,图 3.2 中的分析步骤使用上下文特定的 GAR 模型,并同时对系统目标和与之相关的约束进行详细说明。通常环境约束会引入可能违反系统目标的因素,因而需要用 self - * 目标来克服这些约束。实际上,约束代表了获得目标的障碍。从目标约束构造 self - * 目标的过程,可以被看作一种形式的“约束编程”,其中用一个非常抽象的逻辑句子描述一个目标,包括其参与者和目标体(也可以用一种自然语言描述),被扩展到包含来自“约束满足”和“系统能力”的概念,这些概念使得目标能够满足。任务分析[20]被作为一种识别系统能力的好方法提出。任务分析可以被定义为是对系统被要求做什么的研究,形式是为了获得一个给定目标而进行的动作或认知过程。特别地,分级的任务分析是将一个高层能力向下分解到最低层,从而列举一个系统需要的每个能力。在 ARE 中,能力实际上是系统的操作的抽象,这些操作需要被执行,从而维护目标的满足和约束的满意。在该方法中,我们需要质询所面向的目标的可验证性,这些目标包括约束。如果一个系统目标由于一个约束而不能满足,则导出一个 self - * 目标,作为一个辅助系统目标,保持原始系统目标和约束的同时满足。来自 BepiColombo 案例的一个很好的例子表示了这个过程,在 3.5 节给出。在该例子中,高温和辐射都是环境约束,它们帮助确定了自保护目标的各个变体,从而辅助了 BepiColombo 的科学目标。

注意,当用自然语言规约或记录 self - * 目标时,约束影响到策略和场景的定义(见 3.2.5.2 节)。

3.2.4.4 航天任务分析和 self - * 目标

在航天任务领域,用于确定 self - * 目标的分析可以是航天任务分析的一部分。航天任务分析活动将诸如载荷操作需求和航天器系统约束等方面作为输入,生成一个任务规约作为输出。该过程的一个关键方面是选择任务参数,如弹道参数。注意,任务规约引出对航天器系统和子系统的设计需求。航天任务分析与设计(SMAD)过程包含以下步骤[15, 38]:

(1) 定义目标:

① 定义宽泛的目标和约束;

② 估计定量的任务要求和需求。

(2) 刻画任务:

① 定义备选的任务概念;

② 定义备选的任务体系结构;

③ 对每个体系结构,识别系统驱动;

④ 刻画任务概念和体系结构。

(3) 评价任务:

① 识别关键需求;

② 评价任务效用;

③ 定义基线任务概念。

(4) 定义需求:

① 定义系统需求;

② 分配需求到系统元素。

典型的功能需求与以下方面相关:

(1) 飞行:影响该需求的因素包括主任务目标、载荷大小、轨道、指向;

(2) 覆盖:影响因素包括轨道、卫星数量、调度;

(3) 响应性:影响因素包括通信体系结构、处理延迟、操作;

(4) 副任务目标(如果适用)。

典型的操作需求包括:

(1) 持续时间:影响该需求的因素包括任务的性质(试验性的还是运营性的)、冗余程度、轨道(如高度);

(2) 可用性:影响因素包括冗余程度;

(3) 可存活性:影响因素包括轨道、严格性、电子器件;

(4) 数据分布:影响因素包括通信体系结构;

(5) 数据内容、形式和格式:影响因素包括用户需要、处理的级别和位置、载荷;

(6) 地面站可见性;

(7) 地影持续时间:考虑航天器在地球轨道上的地影时段;

(8) 发射窗口:一个航天器的发射时间经常受到轨道动力学或者系统需求的约束。

典型的约束包括:

(1) 成本:影响该约束的因素包括航天器数量、大小和复杂性、轨道;

(2) 进度安排:影响因素包括技术准备程度、项目大小;

(3) 政治:影响因素包括赞助组织(客户)、是否为国际项目;

(4) 接口:影响因素包括用户和操作者基础设施的层次;

(5) 开发约束:影响因素包括赞助组织。

典型地,SMAD 对每个系统目标集成 ARE 过程以导出 self - * 目标,SMAD 帮助表示系统目标、功能和约束。在该方法中,该过程的分析步骤(图 3.3)也可以使用其他输入,例如,定量的任务需要、备选的任务概念、任务效用、执行和其他约束,以及运行需求(如持续时间、可用性、可存活性)。注意,尽管有不同的输入参数,驱动分析步骤的全局不变量总是定义为:

> 当系统目标不能简单地通过执行操作指令得到满足的时候,系统(一个任务中的航天器)应该做什么?

SMAD 还可以与提供给分析步骤的 SMAD 输入(图 3.3)一起,被用来提供用于导出额外的 self - * 目标的信息,这些目标与以下方面相关:

(1) 准确性目标——非功能目标,要求系统部件和环境对象的状态准确反映相应的受监视/控制的对象的状态,包括系统中的对象和环境中的对象。注意,该目标经常在 RE 过程中被忽视,它们的违背可能引起重大的失效[21]。

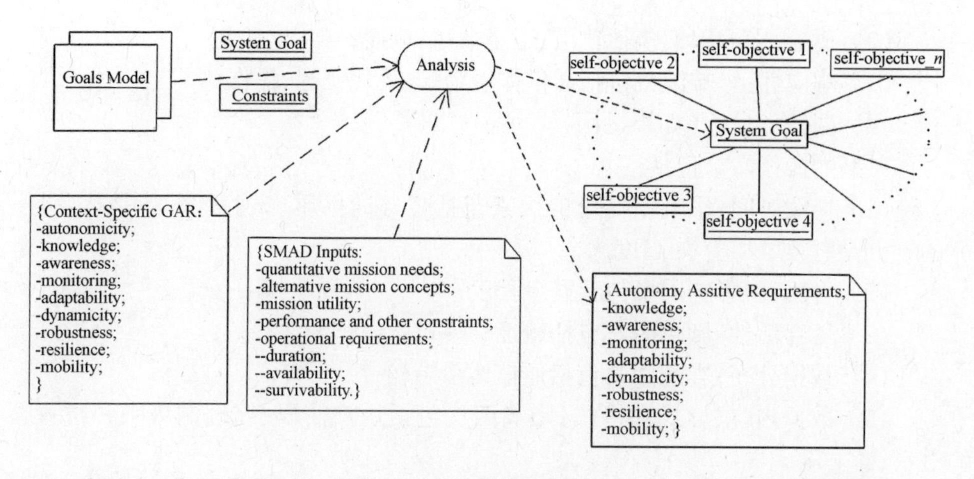

图 3.3 作为 SMAD 的一部分,“对每个系统目标导出 self - * 目标”的 ARE 过程

(2) 性能目标——特定化为时间和空间性能目标,前者又特定化为响应时间和吞吐量目标[25]。

(3) 安全保密目标——特定化为机密性、完整性和可用性目标[1]。注意,后者可以再被特定化,直至达到领域特定的安全保密目标。

(4) 满足性目标——考虑的是满足 Agent 请求(操作人员或系统部件)。

(5) 信息目标——考虑的是保持特定的 Agent 了解其他对象的状态[8]。

(6) 获得(resp. cease)目标——与某些要求的属性相关的系统行为,这些属性在将来一些状态下应当最终得到满足(resp. denied)。

(7) 维持(resp. avoid)目标——与某些要求的属性相关的系统行为,这些属性在将来各种状态下都永久得到满足(resp. denied),除非一些其他属性成立。

(8) 优化目标——比较和优选那些能够更好保证某个软目标属性的行为。

3.2.4.5 安全性和 self - * 目标

对于 NASA/ESA 的许多系统,安全性(safety)是一个特别重要的需求来源。需求工程师可以将安全性需求表达为一组特征和规程,它们确保了系统在正常和异常条件下的可预测的系统表现。更进一步,ARE 可以依赖于安全性需求来导出 self - * 目标,这些目标控制了计划外事件或事故发生的后果。安全性标准可以作为安全性需求,并继而是安全性相关的 self - * 目标的一个很好来源。这些 self - * 目标可以提供容错行为、限制失效概率,以及遵循得到检验的实践和标准。因此,在该方法中,容错可以通过 self - * 目标表达,这些目标必须用所有可能的危险来发掘。显式的安全性需求提供了维护关于“什么对于安全性是重要的”这样的 ARE 知识的一个关键方式。在典型实践中,安全性相关的自主性需求可以通过一个四阶段过程导出：

（1）危险识别——系统呈现的所有危险得到识别。一个危险可以被认为是可能导致一个事故的条件——形势、事件等。

（2）危险分析——系统危险的可能起源得到发掘和记录。本质上，该步骤识别所有可以从一个"正常"或"安全"状态转向一个事故的过程、事件组合、序列。该步骤的成功意味着我们此时理解了系统是如何走向一个事故的。

（3）识别安全性能力——一个关键步骤是识别系统为了达到其目标和维持安全而需要具有的能力。很可能一些能力已经为了其他的 self - * 目标而得到识别。

（4）需求导出——一旦危险集合已知，并且它们的起源得到理解，工程师可以导出安全性需求。通过 self - * 目标，这些需求可以防止危险发生，或者缓解事故结果。

对于危险识别和分析，我们可以使用能量踪迹和势垒分析（ETBA）技术，这是一个基于事故的能量模型的初步危险分析（PHA）技术，其中事故被看作系统的非预期的能量释放的结果，该释放会导致危害[22]。该技术基于这样的原则：如果可以识别一个系统中的能量的来源，就可以通过使用一些形式的势垒，防止该能源的一个不想要的或者不受控的、可能引起伤害的释放。危险识别的另一个技术是场景功能失效分析（FFA）[28]，这是一个在场景上进行危险分析的方法。FFA 技术对系统功能的不同失效模式进行分析。

3.2.5 记录 self - * 目标

3.2.5.1 自主性需要：抽象 self - * 目标

为了记录自主性需求，ARE 同时依赖于自然语言和形式化符号。对self - * 目标的一个自然语言描述具有如下格式：

自保护_1：自主地检测高强太阳辐射的存在，并保护（最终关闭或遮盖）探测器上的电子器件和仪器。

（1）辅助系统目标：BepiColombo 转移目标。

（2）参与者：BepiColombo 转移模块，太阳、地面基地、BepiColombo 组合模块（MPO 和 MMO）、太阳辐射、遮盖罩、电源系统。

（3）目标体：电子器件和仪器。

注意，该描述是抽象的，没有说明 self - * 目标将如何被达到。基本上，self - * 目标定义了系统的"自主性需要"。这些需要将如何被满足，是由self - * 目标的更详细描述提供的，后者被更详细地形式化规约。

3.2.5.2 形式化符号和自然语言、自主性功能，以及需求簇

ARE 使用 KnowLang 语言（见 2.5.4 节）对导出的自主性需求进行形式化规约（见 3.5.3 节）。3.3～3.5 节提供了一个很详细的案例研究，其中使用 KnowLang 对 BepiColombo 的自主性需求进行规约。self－* 使用特别的策略进行规约，这些策略与目标、特别情境、动作（最终识别为系统能力）、度量等相关。因此，self－* 目标是用策略表示的，这些策略在一个抽象层次上描述当特别情况发生时航天器要做什么。这些情况用于表示需要满足的条件，为的是系统在追求一个系统目标时，切换到一个 self－* 目标。

注意，这些策略依赖于动作，这些动作被预先定义为航天器的功能（也可以认为是系统的能力，见 3.2.4.3 节），如 moveSpacecraftUp、moveSpacecraftDown 等。在实例中，这些功能还没有定义，所需的功能应当被看作自主性功能，并且它们的实现将由 ARE 的所选的 self－* 目标说明其合理性。ARE 不描述也不规约航天器将要如何执行这些动作，这超出了 ARE 方法的范围。基本上，任何需求工程方法都是描述软件要做什么，而不是要如何做。

一般地，一个使用自然语言的更详细的描述可能先于对导出的自主性需求的形式化规约。这样的描述可以被编写为一个场景，描述为了达到所关注的 self－* 目标，所需的条件和执行的动作序列。注意，一个 self－* 目标可能与多个场景关联。一个 self－* 目标与一个场景的组合被定义为一个 ARE 需求簇（图 3.5）。一个需求簇可以用自然语言记录如下：

（1）自保护_1：自主地检测高强太阳辐射的存在，并保护（最终关闭或遮盖）探测器上的电子器件和仪器。

① 辅助系统目标：BepiColombo 转移目标；

② 参与者：BepiColombo 转移模块，太阳、地面基地、BepiColombo 组合模块（MPO 和 MMO）、太阳辐射、遮盖罩、电源系统；

③ 目标体：电子器件和仪器。

（2）场景：如果太阳辐射水平低于 90Sv，则 MMO 航天器遮盖设备和关闭器上的电子器件。在辐射水平等于或高于 90Sv 时，MMO 执行以下操作之一：①将航天器机动到一个更高轨道；②将航天器机动到一个更低轨道；③航天器自己决定要如何做。

3.2.5.3 ARE 的逆向需求工程

一种逆向需求工程可以被用于从 KnowLang 已经规约的策略导出场景。在这种情况下，从 POLICY_SITUATINS 和 MAPPING. CONDITIONS 的规约导出该

场景的条件,从策略动作(DO_ACTIONS 规约簇)导出动作的序列。例如,如果我们假设以下策略:

```
CONCEPT_POLICY BringMMOToOrbit {
 SPEC {
  POLICY_GOAL { MMO..MMOOrbit_Placement_Done }
  POLICY_SITUATIONS { MMO..ArrivedAtMercury }
  POLICY_RELATIONS { MMO..Policy_Situation_2}
  POLICY_ACTIONS { MMO..Action.GoToPolarOrbit }
  POLICY_MAPPINGS {
   MAPPING {
    CONDITIONS { MMO..Metric.OutsideTemperature.VALUE > 300 }
    DO_ACTIONS { MMO..Action.ShadeInstruments,
                 MMO..Action.StartCoolingSystem,
                 MMO..Action.GoToPolarOrbit }
   }
   MAPPING {
    CONDITIONS { MMO..Metric.OutsideTemperature.VALUE <= 300 }
    DO_ACTIONS { MMO..Action.GoToPolarOrbit }
   }

  }
 }
}
```

则可以导出以下场景:

场景:如果航天器已经到达水星,并且外部温度高于300℃(航天器位于水星的阳照面),则 MMO 依次执行以下操作:①遮盖设备;②启动制冷系统;③将航天器机动到一个极地轨道。注意,从 KnowLang 策略规约导出 ARE 需求簇的逆向需求工程过程可以是自动化的。

3.2.5.4 将自主性需求纳入软件需求规约文档

软件需求规约文档是对系统开发者的要求的正式描述。该文档应当同时包含用户需求的定义和系统需求的规约。它不是一个设计文档,因此只要可能,它就应当设定系统应当做什么而不是应当怎样做。self-*目标可以用丰富的目标模型(既包含系统目标又包含 self-*目标,见 3.5.2 节)的形式记录,并且作为 ARE 需求簇(命名为 Self-*目标),放在专用于描述系统目标的那一节(见 IEEE-Std-830/1993 标准)的一个子节中。辅助自主性需求(监视、适应性等)可以被记录在软件需求规约文档的非功能需求节中的一个专门的子节(称为辅助自主性需求)。相似地,自主性功能可以被记录在功能需求节中的一个子节。最后,在这三节中所描述的自主性需求的形式化规约可以放在一个称为“自主性规约”的附录中。

3.2.6 ARE 中的变化点和目标满足程度

3.2.6.1 ARE 中的变化点

GAR 模型显式地支持在目标模型中引入“变化点”，这提供了 self－* 目标的实现，为系统主目标提供了备选的和支持的行为。此外，这些目标得到 GAR 的适应性辅助属性的显式支持，纳入了我们需要考虑的方面和质量，如适应性、动态性、弹性等。例如，适应性需求（系统中什么是可以调整的）和动态性需求（什么是可以被去除的）以及环境约束，引入了“变化点”，并辅助了设计驱动要素的实现。

如果我们建立更详细的目标模型，其中抽象目标可以被分解为更具体的子目标，则可以引入更多的变化点。在该实例中，一个主目标作为一个“根目标”（或父目标），它被分解为通过与/或（AND/OR）关系关联的子目标。与/或关系受启发于人工智能中的与/或图[6, 8, 24, 30]，分别用于捕捉目标向更具有操作性的目标和备选目标的分解。

在 AND 分解中，为了满足父目标，所有的子目标必须满足。而在 OR 分解中，只要一个备选目标满足，则父目标可以满足。例如，在 BepiColombo 任务中，目标 Transfer 可以被分解为四个子目标：Fly by Earth、Fly by Venus、Fly by Mercury 和 Arrive at Mercury（图 3.4）。这四个目标是 Transfer 的子目标，当四个子目标都满足时，Transfer 目标才满足。进而，子目标也可以分解为子子目标等。当使用 OR 关系时，我们得到的是可以满足父目标的备选项。

例如，Use Chemical Engine 和 Use Electric Engine 是子目标，提供了 Use Engine 目标的备选项（图 3.4）。如果两个备选项中的一个得到满足，则 Use Engine 目标满足。AND 和 OR 关系也可以加上否定使用。

在该方法中，目标间的关系被扩展用于支持目标之间的正向/负向影响的捕捉。一个子目标被称为部分地对父目标做出贡献。这导致了目标的“满足”的概念，子目标可以正向贡献（AND/OR）或负向贡献（NOTAND/OR）地满足父目标。在这里，目标的满足可以用目标的 AND/OR 图来表示，其中目标之间的关系捕捉了目标之间的正向/负向影响（图 3.4）。这里，每个目标应当与一些场景（在 KnowLang 中表达为 Policies 和 Situations）关联，“目标－场景”对（或需求簇，RC）可以通过组合、备选和精化关系组合在一起（图 3.5）。前两个导致了 RC 的 AND 和 OR 关系，最后一个导致了 RC 组织为不同粒度的簇层级。RC 之间的 AND 关系是对簇的补充，因为每个 RC 都需要其他的 RC，从而定义了覆盖一个主目标的完整的功能场景。通过 OR 关系连接的 RC 代表满足同一个目标

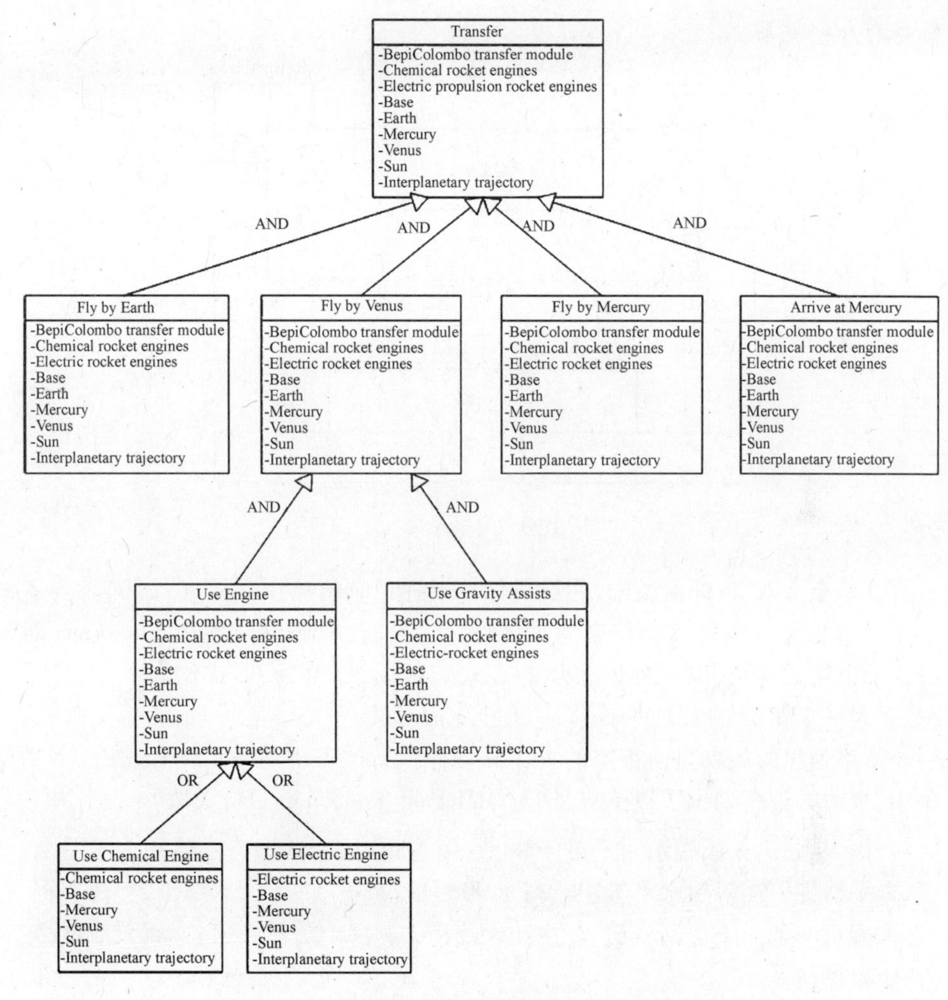

图 3.4　通过变化点，将转移目标分解到子目标

的备选方式。通过精化关系连接的 RC（在图 3.5 中用继承箭头表示）是在不同层次上的抽象。在内部，场景可以通过从 GAR 的需求导出的条件需求，如监视、适应性、动态性、弹性和健壮性，引入额外的变化点。例如，我们可以在一个与“Use Electric Engine”目标（图 3.4）关联的场景中，引出一个基于监视的条件需求，如下：

“如果可以检测到太阳，则启动电子发动机。”在 ARE 模型中可以使用的另一种目标之间关系是 Conflict 关系。这些关系被引入文献［27］用于捕捉这样的事实：一个目标可能会阻止另一个目标的满足。例如，在 BepiColombo 任务的上下文中，一个 self-protection 目标可能与一个要求高性能和使用大量资源的主目标具有冲突关系。

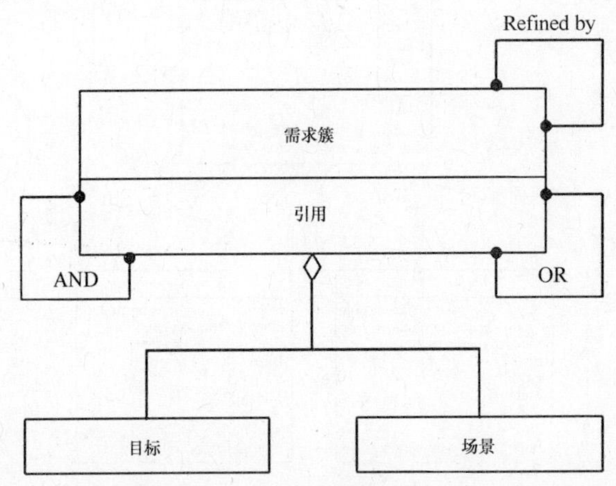

图 3.5　需求簇

在一个 ARE 目标模型中，假设目标是带有相应的动作，一个（外部）参与者或系统本身可以执行该动作来满足该目标。当前，ARE 通过使用 KnowLang 对形式和策略的规约，以一种形式化的方式处理场景。在该形式化表示中，一个 AC 是对一个策略的规约——前面讲过，Knowlang 策略是与一个目标关联的。一个策略列出的场景是由策略的动作和动作执行的条件驱动。例如，在以下例子中，规约的策略列出了以下场景（与 MMOSelf_Protection 目标关联）：

场景：如果太阳辐射水平低于 90Sv，则 MMO 航天器遮盖仪器和关闭器上的电子器件。在辐射水平等于或高于 90Sv 时，MMO 执行以下操作之一：①将航天器机动到一个更高轨道；②将航天器机动到一个更低轨道；③航天器自己决定要如何做。

```
CONCEPT_POLICY MMOProtect_Spacecraft {
 SPEC {
  POLICY_GOAL { MMO..MMOSelf-Protection }
  POLICY_SITUATIONS { MMO..HighIrradiation }
  POLICY_RELATIONS { MMO..Policy_Situation_3 }
  POLICY_ACTIONS {
   MMO..Action.CoverInstruments, MMO..Action.TurnOffElectronics,
   MMO..Action.MoveSpacecraftUp, MMO..Action.MoveSpacecraftDown }
  POLICY_MAPPINGS {
   MAPPING {
    CONDITIONS { MMO..Metric.SolarRadiation.VALUE < 90 }
    DO_ACTIONS { MMO..Action.ShadeInstruments, MMO..Action.TurnOffElectronics } }
   MAPPING {
    CONDITIONS { MMO..Metric.SolarRadiation.VALUE >= 90 }
    DO_ACTIONS { MMO..Action.MoveSpacecraftUp }
    PROBABILITY {0.5} }
```

```
MAPPING {
 CONDITIONS { MMO..Metric.SolarRadiation.VALUE >= 90 }
 DO_ACTIONS { MMO..Action.MoveSpacecraftDown }
 PROBABILITY {0.4} }
MAPPING {
 CONDITIONS { MMO..Metric.SolarRadiation.VALUE >= 90 }

     DO_ACTIONS { GENERATE_NEXT_ACTIONS(MMO..MMO_Spacecraft) }
     PROBABILITY {0.1} }
   }
  }
 }
```

在该例子中,操作选择取决于由成功率决定的当前首选。初始的选择是在设计时设定的,是将航天器机动到一个较高轨道。

注意,操作的选择引入了另一个层次的变化点,即场景也可能包含用于确定在场景内的备选路径的变化点。此外,操作的首选引入另一个层次的变化点,其中公共的条件可能允许执行多个操作,这些操作由它们的成功率和初始首选进行评定分级。

3.2.6.2 ARE 中的目标满足

根据目标满足程度来评价备选项的问题,是通过定性[5,7]和定量推理技术[19,21]解决的。其思想是揭示一个目标的不同备选项的正向和负向影响。目标的"部分满足"这一概念的核心是如何定义"部分"。为此,关键是定义何时一个目标是达到(完全满足)的,即如果不知道"完全满足"的含义,就没法定义"部分满足"的含义。在定量方法中,我们需要一个度量,用于表达(完全)满足(满足度量)。该度量用一个偏序来赋值,使得系统能够确定一个目标是否接近完全满足。该度量可以称作一个目标的渐进度量,将其表示为一个带有偏序($\leqslant$)的集合 A[18]。则一个目标指定一个最小值 $a_{\min} \in \mathrm{A}$(也称为完成值)。当达到该值时,才能确定该目标被完全满足。例如,目标 Use Engine(图 3.4)的渐进度量可以用时间进行定义,表示当发动机已经被使用 xh 时,一个完全满足就达到了(时间被估计为达到了重力辅助的点);或者该度量可以被定义为一个布尔命题,例如"发动机已经得到使用";或者可以用子目标满足的数目来定义,其中完全满足意味着至少一个子目标得到满足(根据 OR 关系)。

我们可以考虑许多独立于领域的度量,如时间、效用、子目标数等。此外,还可以定义特定于领域的度量,如在 Transfer 目标中的飞越的行星数、太阳距离、水星距离等。除了选作渐进度量的度量,需求工程还可能关注其他度量。例如,进展可以用旅行距离定义,而流逝时间可以是一个额外的相关因素,用于评价 Transfer 目标的满足。

对目标的部分满足性的一个基本推理是所谓的进展评价[14]。在该方法中，系统应该能够使用一个进展度量，确定其在一个特定情形下针对目标的满足度达到了哪里。例如，如果时间是一个进展度量，系统需要能够确定其为了一个目标已经花费了多少时间。针对时间，计算从当前状态到另一状态所花费的时间是较为直接的。对于其他度量，其计算则可能更为复杂。例如，针对效用，可能需要更多的计算，以其他的可测量的方式来确定效用的当前评价值，就是使用除了进展度量之外的其他度量。然而，在各种情况下，系统都能够基于其对当前状态的理解，至少估计一个目标的进展值。注意，KnowLang 用一个到达状态以及一个可选的离开状态来表达目标（见附录 A 中的 BepiColombo 的 KnowLang 规约模型）。此外，KnowLang 支持对形式和度量的规约。然而，该语言当前不支持进展度量，这个不足最终可以被弥补，方法是通过对一个进展度量的有序集合中的每个成员的多个度量的规约来实现。

3.3 BepiColombo 任务中的航天器

BepiColombo 任务的空间段包含两个轨道器：水星轨道器（MPO）和水星磁场轨道器（MMO）（图 3.6）。起初，这两个轨道器被装入一个特别的组合模块，用于将这两个轨道器送入合适的轨道。为了将这两个轨道器送到水星，组合模块装备一个额外的电推进模块，共同形成一个转移模块。转移模块的作用是通过使用电推进发动机和借助月球、金星和水星的引力，完成从地球到水星的长距离飞行。注意，水星的环境对航天器的设计提出了很高要求，特别是对暴露于太阳和水星的部分：太阳能电池组机构、天线、多层绝缘、保温涂层以及散热器。

图 3.6 BepiColombo 到达水星，图出自 ESA[10]

3.3.1 行星轨道器

水星轨道器（MPO）是一个指向天底的三轴稳定航天器。该航天器应当以一个较低的高度绕水星飞行,并将执行一系列与水星遥感和无线电科学有关的实验。MPO 将装备两个火箭发动机,分别装入两个推进模块:一个太阳能电推进模块(SEPM)和一个化学推进模块(CPM)。另外,为了执行科学实验,该航天器还将携带一套 11 个高度复杂的仪器[4]:

(1) BepiColombo 激光高度计(BELA)——测量水星的地貌和表面形态。

(2) 水星轨道器无线电科学实验(MORE)——确定水星的重力场,以及水星地核的大小和物理状态。

(3) 意大利弹簧加速度计(ISA)——ISA 的作用与 MORE 实验密切相关。它们可以共同给出水星内部结构的信息,以及对爱因斯坦的广义相对论进行验证。

(4) 水星磁力计(MERMAG)——具体测量水星的磁场及其来源,从而更好理解该星球内部的起源、演化和当前状态,以及水星磁层与水星自身以及太阳风的关系。

(5) 水星热红外频谱仪(MERTIS)——提供关于水星表层矿物组成的详细信息,还将提供水星全球温度图。

(6) 水星 γ 射线和中子频谱仪(MGNS)——确定水星表面和地下的元素组成,还确定极地地区的不稳定沉积物的地区分布,该地区永远处于太阳的阴影下。

(7) 水星成像 X 射线频谱仪(MIXS)——使用 X 射线荧光分析方法,生成一个高的空间分辨率的表面原子组成的全球分布。

(8) 使用紫外线光谱学探测赫曼外大气层(PHEBUS)——该频谱仪用于描述水星的外大气层组成和动力学。它将寻找高纬度环形山的永久阴影区的表面冰层。

(9) 为外逸层回填和发射的中性丰度搜索(SERENA)——在水星表面、外逸层、磁层和太阳风之间研究气体间的相互作用。

(10) 用于 MPO BepiColombo 综合观测系统的频谱仪和成像仪(SYMBIO-SYS)——将提供水星表面的全球、高分辨率和 IR 图像。检测水星表面地质学、火山活动、全球构造地质学、表面年代,以及组成和地质物理。

(11) 太阳强烈 X 射线频谱仪(SIXS)——以高的时间分辨率和非常宽阔的视场,进行 X 射线以及太阳粒子的测量。

3.3.2 水星磁层轨道器

水星磁层轨道器(MMO)是一个自旋稳定航天器,运行在一个相对偏心轨道,它携带仪器开展的科学实验大多与场(如水星磁场)、波和粒子有关。与

MPO 相似，MMO 也装配两个推进模块：一个太阳电推进模块（SEPM）和一个化学推进模块（CPM）。MMO 具有高度控制能力，但是没有轨道控制能力。MMO 的主要结构包括两个面板（上面板和下面板）、一个中央控制柱（推力管）和四个隔离壁（图 3.7）[39]。两个面板都是八角形的，并由一个侧板连接。侧板被分为两部分——上部和下部。上部覆盖太阳能电池（54%）和次面镜（SSM）（46%），下部完全覆盖 SSM。仪器安装在两个面板上。MMO 航天器将携带 5 个高级科学实验，如下所述[4]：

（1）仪器科学目标水星磁力计（MERMAG-MGF）——提供水星磁层以及它与行星磁场和太阳风的一个详细描述。

（2）水星等离子粒子实验（MPPE）——研究磁层中的低能和高能粒子。

（3）水星等离子波仪器（PWI）——对磁层的结构和动力学进行一个详细分析。

（4）水星钠大气光谱成像（MSASI）——测量水星外大气层中的钠的充裕度、分布和动力学。

（5）水星灰尘监视器（MDM）——在水星轨道中研究行星间灰尘的分布。

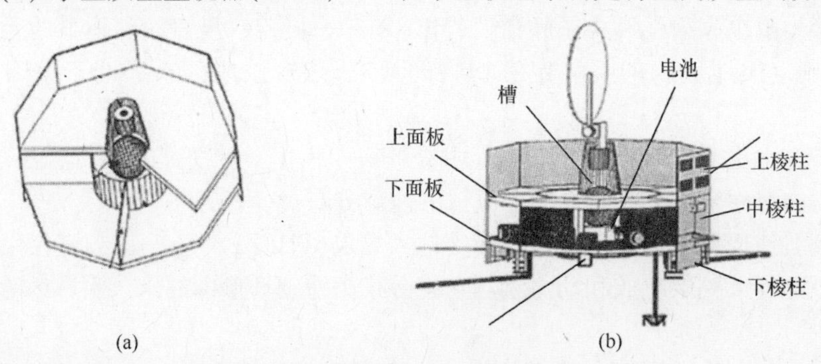

图 3.7　MMO 结构[39]

大多数仪器安装在侧板上（图 3.7）。在中央柱中安装电池、一个章动阻尼器①、一个 UHF 天线，以及一个用于冷却燃气喷气系统的槽（GN2 槽）。侧板和两个面板形成一个八角柱体，分为三部分：上部、中部和下部（图 3.7(a)）[39]。

3.3.2.1　通信

UHF 天线用于与 MPO 的通信。一个高增益天线（HGA）安装在上面板的中

① 章动阻尼器是自旋航天器上的一个器上设备，用于降低扰动扭矩引起的运动幅度。章动阻尼器不但减小章动，还减小岁差。

间。HGA 是一个螺旋阵列天线(80cm 直径)。HGA 必须指向地球,通过一个特别的天线指向机构(APM)的帮助。APM 由一个天线消旋马达(ADP)和一个高程控制机构(ECM)组成。此外,在下面板上安装一个中增益天线(MGA)(双向反射器类型天线)。MGA 由一个特别的可伸长机构提供。

3.3.2.2 温度控制

水星(距离太阳 0.31AU)附近环境严酷,在 MMO 航天器上的太阳辐射强度有地球上的 11 倍。因此,需要提供一个温度控制系统来维持一个合适的器上温度,对仪器进行保护。实现了两个设计方案来辅助温度控制:被动温度控制技术,以及由一个温控系统控制的主被动结合的方法。被动温控由以下部分组成:SSM、温度遮板、特别绝缘涂层、绝缘薄层以及多层绝缘毯(MLI)。所有的外部表面都是导电的。上面板由 MMI 覆盖,下面板由 SSM 覆盖(就是说,温度特性是低吸收和高放射的)。下面板的作用如同一个散热器。电池和 GN2 槽都由 MLI 覆盖,并安装在中央柱里面,该柱里面也是用 MLI 覆盖。太阳能电池和 SSM 覆盖在上柱面。中柱面的外部覆盖 SSM,里面覆盖 MLI。下柱面的里外都覆盖 SSM,以反射直接太阳辐射流。最后,大部分内部部件都涂黑,以获得高放射表面。温度控制系统提供对电池的温度控制,依赖于电池面板上的散热器和加热器,安装在中央柱的底部[39]。

MMO 被设计为一个自旋稳定的水星轨道航天器,在巡航阶段可获得有限的太阳光照。MMO 在到达水星时被启动。一旦启动,它的温度控制系统就需要在整个任务阶段中维持器上设备和航天器结构体的适宜温度范围。

3.3.3 组合模块(MPO 和 MMO)

BepiColombo 组合模块将 MPO 和 MMO 装配在一起。这样的好处是在执行水星捕获和入轨任务时使用的是单个控制机构。组合模块是 MPO-CPM-SEPM 和 MMO-CPM-SEPM。在到达水星之前,MPO 和 MMO 被作为休眠的载荷附着在组合模块上。

3.3.4 转移模块

BepiColombo 转移模块是 BepiColombo 组合模块(3.2.3 节)和一个额外的火箭发动机——一个 SEPM(太阳能电推进模块)——的组合体。火箭发动机在转移模块的行星巡航和水星轨道捕获中提供辅助作用。实际上,SEPM 提供的电推进是和金星、水星以及甚至月亮引力一起提供辅助。作为转移模块的一部分,MMO 和 MPO 仍然处于休眠模式,两个航天器中都不启动主动温控。因此,为了维护仪器和内部结构的适宜温度,转移模块在行星际巡航阶段的姿态应当保持使得太阳光不会进入 MMO 和 MPO 的上面板,即使是一个用于安全保持模式的姿态[39]。并且,在飞往水星的过程中,MMO 和 MPO 都使用太阳遮板覆盖。太阳遮板已经通过高达 350℃高温的测试[39]。

3.3.5 运载航天器

BepiColombo 将使用阿里亚娜 5 火箭发射[3,9]。BepiColombo 的发射重量约为 4400kg。航天器将以超过 3.36km/s 的双曲线速度飞离地球。转移模块将被安装在阿里亚娜 5 的上面级,在发射器投放之后,将开始向水星飞行。

3.4 BepiColombo 任务的面向目标需求工程

我们通过将 GORE 应用于 ARE(见 3.2.2 节),建立可以帮助我们依次导出和组织 BepiClombo 的自主性需求的目标模型。在我们的方法中,模型提供了 BepiColombo 的 ARE 的起始点,用于定义任务必须实现的目标、系统的运行环境(太空、水星、临近太阳等),以及识别环境中存在的问题、支持任务目标的紧前目标、系统需要解决的约束。同时,GORE 帮助我们识别任务参与者(任务航天器、航天器部件、环境元素、基站等)。在本案例中,我们不对目标的参与者进行分类,但是对于一个更综合的需求工程,参与者必须根据角色或重要性分类(例如,主要的、支持的和后台的参与者)。进而,需求目标模型可以被用作对系统进行确认的一个基线。

3.4.1 任务目标

BepiColombo 的主目标是探测水星及其环境。在多次探测中,BepiColombo 将制作不同波长的完整水星地图。它将记录水星的矿物和元素组成,确定该行星的内部是否为融化状态,并探测水星的磁场的强度和起源。此外,BepiColombo 任务将关注文献[16]中描述的基本科学和小天体问题。

3.4.1.1 高层任务目标

ESA 对 BepiColombo 赋予了三个高层任务目标:

(1) 研究水星:收集关于水星形成于最初太阳星云的最热部分的支持数据。

① 参与者:MPO 航天器、MMO 航天器、太阳、地面基站。

② 目标体:水星。

(2) 研究相对论:以前所未有的精度,收集数据用于验证广义相对论,并探测万有引力的其他测量理论的局限。

① 理由:打破广义相对论的任何发现对于理论物理和天体学都会产生根本性的影响。

② 参与者:MPO 航天器、MMO 航天器、太阳、地面基站。

(3) 可能影响:观察半主轴小于 1AU 的小天体(称为 Atens 和 Inner-Earth 物体),它们可能影响地球。

① 参与者:MPO 航天器、MMO 航天器、地面基站。

② 目标体:半主轴小于 1AU 的小天体。

3.4.1.2 中层任务目标

中层任务目标提供了高层任务目标的具体实现(见 3.4.1.1 节)。这样,一个高层任务目标可以向下分解为几个中层任务目标,它们继承高层目标的属性。以下是对中层目标的详细说明:

(1) 不可见半球:发现(照相和分析)水星的不可见半球。

① 理由:水星的不可见半球可能呈现出与已知部分的很大不同(类似月亮那样)。

② 参与者:MPO 航天器、MMO 航天器、水星、地球基站。

③ 目标体:除了对不可见半球进行照相,一个辅助的目标体是该半球上的一个巨大穹顶(一个地基的雷达观测给出了一个轮廓)。

(2) 地质演化:收集关于水星地质演化的数据。研究火山间平原、陡坡、断层和线性构造。

① 理由:水星表面有各种外生过程(撞击)和内生过程的痕迹。

② 参与者:MPO 航天器、MMO 航天器、水星、地球基站。

③ 目标体:大陡坡、断层和线性构造(由一些现象引起,如赤道膨胀的缓和,由于外层的冷却导致的收缩,以及由于大偏心行星轨道引起的潮汐压力)。

(3) 构造活跃:确定水星是否仍然是构造活跃的。

① 参与者:MPO 航天器、MMO 航天器、水星、地球基站。

② 目标体:行星外壳。

(4) 化学分析:进行水星表面的化学成分分析,建立一个表面矿物和元素的组成图。

① 理由:提供区分行星起源和演化的各种模型的手段。

② 参与者:MPO 航天器、MMO 航天器、水星、地球基站。

③ 目标体:硅酸盐的的氧化铁成分(是在行星的成长中的太阳星云的凝缩温度的指示器);关键元素的浓缩率,如钾、铀、钍(在实体自然增长的地方的冒

口补缩区的温度水平的指示器)。

(5) 水星密度:研究水星高密度的特殊性。

① 理由:水星的密度与其他陆地行星很不一样,包括月球。对由于尺寸引起的压缩进行校正后,它的密度是最高的。

② 参与者:MPO 航天器、MMO 航天器、水星、地球基站。

③ 目标体:在水星表面不同区域的铁浓度(猜测在水星增长的供给区更大);金属氧化物(猜测由于接近太阳,氧化物被降解为金属化形式);由于高冷凝温度带来的物质浓度(猜测年轻的太阳的温度足够升华和去除硅酸盐,从而只留下具有较高冷凝温度的物质);巨大影响的痕迹(猜测水星的初始成分已经被巨大影响而大大改变,其中地幔的大部分被削除)。

(6) 内部结构:分析水星的内部结构,发现是否有一个液体外核。

① 理由:高密度意味着一个相对大的铁内核,聚集了行星质量的 70% ~ 80%,并且意味着一个低的转动惯量系数。

② 参与者:MPO 航天器、MMO 航天器、水星、地球基站。

③ 目标体:水星表面的硫磺的聚集(该元素呈现的小比例为 1% ~5%,可以说明融化的地壳,因为该元素可以降低核混合物的冰点);球体形状、重力场和旋转状态(需要用这些参数来估计核的半径和质量)。

(7) 磁场:研究水星磁场的来源。

① 理由:水星磁场的存在是由水手 10 号探测器发现的[16]。该磁场相对较弱(在赤道上是几个 100nT,相当于地球上的百分之一),并且可能是由一个内部的磁流体发电机在一个液体壳的驱动下产生的,在外壳上大约 500km 厚[16]。

② 参与者:MPO 航天器、MMO 航天器、水星、地球基站。

③ 目标体:磁场、内部发电机(磁场的详细影像可以提供内部发电机的结构和机制的必要约束)。

(8) 太阳风:研究在没有任何电离层的情况下,太阳风对水星磁场的影响。

① 理由:水星的磁层(爱马仕磁层)暴露在一个太阳风密度和行星间磁场(IMF)中,比在 1AU 时大 4 ~9 倍。

② 参与者:MPO 航天器、MMO 航天器、水星、太阳、地球基站。

③ 目标体:太阳风、水星磁层、磁层电流(由于没有电离层,并且在太阳面的大量光电放射,电流的地质学可能与地球上观测到的很不相同);磁层亚暴(可能被 IMF 翻转或内部不稳定而触发);IMF 翻转和 IMF 变化;可能的辐射带(可能引起行星磁场的扰动);磁力线共振;水星表面的反射特性(可能引起磁力线共振)。

(9) 水冰:在极地地区永久阴影的火山口寻找水冰。

① 理由:水星是一个具有极端温度的世界。在日下点的表面温度达到700K(427℃),而在阴影区可以低到100K(-173℃)。

② 参与者:MPO 航天器、MMO 航天器、水星、地球基站。

③ 目标体:水星的两极地区、水冰、硫磺(1992 年通过雷达观测获得一个重大发现,在靠近两极的永久阴影火山口,可能存在水冰或硫磺,由陨石或水星外壳的扩散或下陷形成)。

(10) 外大气层:寻找组成水星外大气层的挥发物。

① 理由:水星没有稳定的大气。水星的气体环境可以描述为外大气层,即一个稀薄的介质,它的中性成分从不碰撞。

② 参与者:MPO 航天器、MMO 航天器、水星、地球基站。

③ 目标体:氧、氢、氖、钠和钾(由"水手"10 号探测器以及地球观测,在水星的外大气层中发现);其他元素以及接近两极的可能的冰(可以使用刻度 UV 分光镜观测来检测);微陨星降落(太阳照片和离子溅射,影响蒸发可以被用于研究该陨星)。

(11) 验证相对论:借助临近太阳的特点,更高精度地验证广义相对论。

① 理由:水星轨道器提供了测试广义相对论以及替代引力理论的特有机会。

② 参与者:MPO 航天器、MMO 航天器、太阳、水星、地球基站。

③ 目标体:掩日法(掩日法可以提供经典测试,这些测试可以重复进行,精度不断提高;由于靠近太阳,以及水星轨道的大偏心率,可以开展基于不同的可观测数量的新实验);太阳对无线电波的扰曲,无线电信号的时间延迟(可以被用于经典测试,当水星位于近日点时);水星近日点(进行相对论测试的最佳时间);位置跟踪、水星重力场、辐射压引起的非重力加速(这些因素影响重力实验,例如,需要一个精确的航天器跟踪,以及非重力加速的精确测量,特别是辐射压和水星重力场)。

(12) 宇宙学影响:研究来自宇宙影响的对地球的可能威胁。

① 理由:BepiColombo 具有从太阳的距离观察小到 0.4AU 的宇宙影响的能力。

② 参与者:MPO 航天器、MMO 航天器、水星、地球、地球基站。

③ 目标体:水星和地球之间的小空间目标。

3.4.1.3 低层任务目标

该层覆盖初始层或者说支持性目标,这些目标支持中层目标。低层目标是:

(1) 发射:将航天器带出地球轨道。

① 理由:BepiColombo 的一个飞行期的发射机会是由地球、金星和水星的位置决定的,使之可以沿着复杂的轨道飞行。飞往水星的下一个机会是 2015 年 8 月,计划中的飞行器完工时间,包含余量,与此是相符的。

② 参与者:发射火箭(阿丽亚娜 5)、BepiColombo 飞行器(转移模块、MPO 和 MMO)、地球、金星、水星、地球基站。

③ 目标体:初始飞行轨道(BepiColombo 飞行器脱离发射火箭的地球轨道,它由此开始其水星之旅)。

(2) 转移:将 BepiColombo 航天器运送到水星。

① 理由:包含长期巡航阶段,包括电推进和中立辅助机动的组合(一次通过地球辅助、两次通过金星辅助、四次通过水星辅助[12])。在飞往水星的航行中,两个轨道器和运载飞行器,包括电推进和传统的化学火箭单元,将形成一个单独的组合航天器。

② 参与者:BepiColombo 转移模块、化学火箭发动机、电推进火箭发动机、地球、金星、水星、太阳、地球基站、BepiColombo 组合模块(MPO 和 MMO)。

③ 目标体:行星际轨道。

(3) 轨道放置:MPO 和 MMO 都必须放入环绕水星的轨道才能完成任务目标。

① 理由:当接近水星时,运送器将分离,组合飞行器将使用火箭发动机和一个称为弱稳定性边界捕获的技术,将其带入围绕水星的极地轨道。当到达 MMO 轨道时,MPO 将分离,并降低高度到自己的运行轨道。在轨观测将进行至少一个地球年。

② 参与者:BepiColombo 转移模块、电推进火箭发动机、化学火箭发动机、水星、太阳、地球基站、BepiColombo 组合模块(MPO 和 MMO)、MPO、MMO。

③ 目标体:MPO 轨道、MMO 轨道。

图 3.8 描绘了 BepiColombo 任务的目标模型。该图将本节描述的所有目标绘制在一起,通过特定的关系将它们关联在起来,如继承和依赖关系。目标用方框表示,并描述目标的参与者和目标体①。如图所示,低层目标(见 3.4.1.3 节)是在处理中层目标(见 3.4.1.2 节)之前需要满足的初始目标。进而,中层目标是高层目标(见 3.4.1.1 节)的具体派生。

BepiColombo 的目标模型提供了自主性需求的追踪机制。当在运行中检测到需求中的一个变化(如在全局任务目标中的一个主要变化)时,目标模型可以

① 注意,目标体可以看作单独的一类参与者。

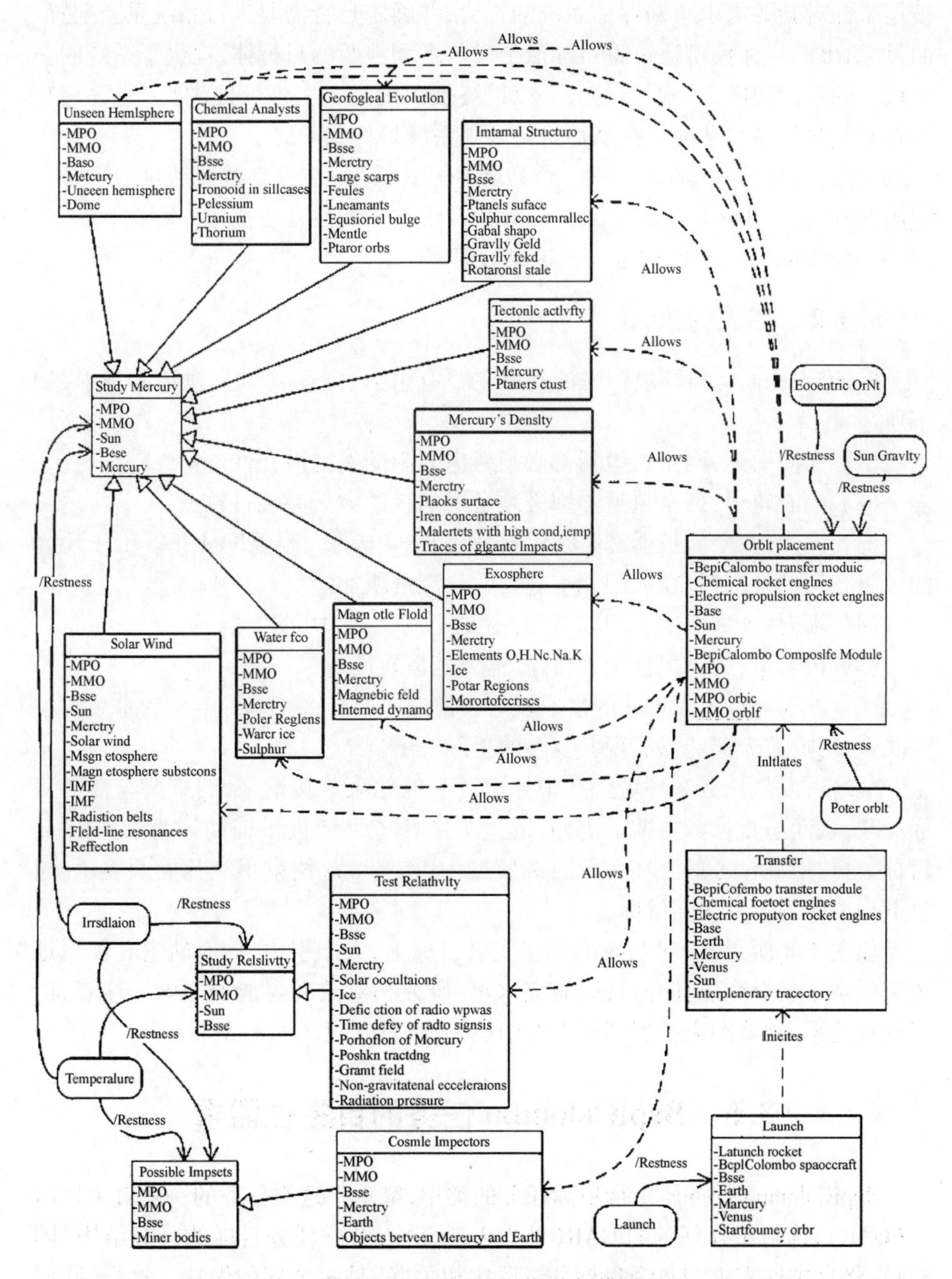

图 3.8　BepiColombo 的目标模型

被用于针对新的需求重新评估系统的行为,并确定是否需要进行系统重新配置。而且,给出的目标模型通过将目标赋予参与者和涉及的目标体,提供了系统的一个统一的意图视图。一些参与者可以最终被识别为自主性部件(自主元素),它们在需要时提供自适应行为从而维持高层系统目标。

注意,这是 BepiColombo 的一个初始 GORE 模型,它没有覆盖从自主性需求引出的 self - * 目标和其他目标。在把航天任务一般性自主需求(见第 2 章)应用到 BepiColombo 后,它们可以被集成到模型中。

3.4.2 环境约束

BepiColombo 运行环境带来的约束主要有引力、温度、辐射、轨道和发射,如下所述:

(1) 太阳引力:两个轨道器都必须考虑太阳的引力潜在性。

(2) 偏心轨道:两个轨道器都必须考虑水星的大偏心绕日轨道。

(3) 温度:两个轨道器都必须考虑轨道周期中的大副温度变化。由于反射的太阳光和红外辐射,在太阳面上有大的热流量增加。

(4) 辐射:水星上的太阳辐射①比地球上高大约 10 倍[18]。

(5) 极轨道:为了保证全球覆盖,需要是极轨道。

(6) 发射:BepiColombo 的发射机会通常是一个月,由地球、金星和水星的位置决定,使得航天器能够实现其复杂的星际轨道。

最终可以从任务和环境规约中导出更多的约束。接下来,约束要与任务目标关联,从而防止任务失败。进而,通过为主任务目标提供辅助行为的 self - * 目标,对约束进行考虑。在系统目标模型中(图 3.8),约束用灰色椭圆表示,通过 Restricts 链接关联到目标。

如图 3.8 所示,发射约束附加在发射目标上,太阳引力、偏心轨道和极轨道约束限制了三个高层任务目标:研究水星、研究相对论和可能的影响。注意,由于继承关系,这些约束扩展到所有的中层任务目标(见 3.4.1.2 节)。

3.5 BepiColombo 任务的自主性需求

BepiColombo 任务属于行星际任务的类型,继承了这类任务的一般自主性需求(GAR),即行星际任务的 GAR(见 2.3.3 节)。考虑任务目标的分级结构(图 3.8),将自主性需求与每个目标分级层次相关联,是一个好的做法。这样,我们

---

① 在给定时间单位内,传输到地球大气表面的太阳辐射总和。

可以有自主性需求（包括 self - * 目标）与转移目标、轨道放置目标（见 3.4.1.3 节）以及科学目标关联，将所有的中层目标进行了分组（见 3.4.1.2 节）。

3.5.1 对航天任务应用 GAR

行星际任务的一般自主性需求（GAR）被应用到 BepiColombo，从而导出以下自主性需求。

3.5.1.1 转移目标的自主性需求

行星际任务涉及多个空间目标体（行星、太阳、卫星）。BepiColombo 的转移目标体包括地球、金星和水星、月亮和太阳（见 3.4.1.3 节），因此，转移轨道的设计需要考虑由于太阳和行星的重力影响而产生的可能摄动。我们通过考虑转移目标体的特点，并将一般自主性需求（GAR）应用于行星际任务（见 2.3.3 节），导出该目标的自主性需求：

1）self - * 需求（自主性）

（1）自轨道：自主地获得到达水星的最优化轨道；适应由于太阳、月亮、地球、金星和水星的引力影响带来的轨道摄动。

（2）自保护：自主地检测强太阳辐射，并且

① 保护器上的电子设备和仪器；

② 在可能时，通过使用电推进和/或化学推进改变高度；

③ 在星际巡航中的转移模块的高度应当保持，使得没有太阳光照到 MMO 和 MPO 的上表面。

（3）自调度：自主地确定何时需要一个借助引力的机动：

① 近地球（在发射后的转移开始点）；

② 近金星（两次）；

③ 近水星（四次）。

（4）自修复：自主地恢复中断的通信链路；当不正常工作时，在可能的地方自主地修复部件。

2）知识

（1）任务目标（转移目标）；

（2）载荷运行需求；

（3）器上仪器以及它们的特性（可以接受的辐射水平）；

（4）地球基站；

（5）推进系统（电推进火箭、化学推进火箭）；

（6）通信链路、数据传输格式、地影期间、高度、器上通信机制；

(7) 引力(地球引力、月球引力、金星引力、太阳引力和水星引力)。

3) 感知

(1) 轨道感知;

(2) 辐射感知;

(3) 仪器感知;

(4) 热激励敏感;

(5) 引力感知;

(6) 速度感知;

(7) 通信感知。

4) 监视

(1) 器上电子部件;

(2) 周围环境(如辐射级别、行星、太阳和其他空间目标);

(3) 计划的操作(状态、进度、可行性等)。

5) 适应性

(1) 适应性的任务参数,考虑转移目标(例如,为了满足转移目标,什么可以适应调节);

(2) 操作再规划(适应性)的可能性;

(3) 能源中断的适应性;

(4) 高辐射的适应性;

(5) 微弱星地通信链路的适应性;

(6) 低能源的适应性。

6) 动态性

动态通信链路。

7) 健壮性

(1) 对温度的改变健壮;

(2) 对巡航轨道摄动健壮;

(3) 对通信中断健壮。

8) 弹性

(1) 能源中断是可恢复的;

(2) 对辐射的弹性。

9) 移动性

(1) 信息进出;

(2) 变化的轨道。

3.5.1.2 轨道放置目标的自主性需求

轨道放置目标是将 MMO 和 MPO 放入它们围绕水星的运行轨道。在接近水星时,通过启动其 SEPM,BepiColomo 转移模块将被分离。然后,BepiColombo 组合模块将使用 MMO 的火箭发动机(主要是 CPM)(见 3.3.3 节)和弱稳定边界捕获机制,将航天器移动到水星的极地轨道。当到达 MMO 轨道时,MPO 将分离,并降低其高度,到达自己的运行轨道。

为了导出辅助该目标的自主性需求,我们需要识别将要应用的一般自主性需求的适当分类。考虑轨道放置目标,BepiColombo 任务属于使用小推力轨道的行星际任务(见 2.3.3.2 节)。这样的任务使用航天器进行静止轨道上和低轨道上的阻力补偿、行星轨道任务,以及彗星和小行星任务上的轨道控制活动。这些任务经常有一个复杂的任务剖面,使用离子推进,组合多个引力辅助轨道机动(相似于 BepiColombo)。因此,我们通过考虑轨道放置目标的特点,并将 GAR 应用于使用小推力轨道的行星际任务,导出该目标的自主性需求。

1) self - * 需求(自主性)

(1) 自投放:当到达正确的投放姿态时,转移模块应当自动地启动 SEPM;当到达极地轨道时,组合模块应当自动地释放 MMO。

(2) 自捕获:组合模块应当自主地确定一个操纵率,使用小推力在水星周围获得捕获。

(3) 自逃逸:组合模块应当自主地获得逃逸过程,并在必要时使用它离开水星。

(4) 自小推力轨道:对一个推力向量自主地确定一个操纵率,并使用小推力将组合模块带入极地轨道;对一个推力向量自主地确定一个操纵率,并使用小推力将 MPO 带入其轨道。

(5) 自保护:组合模块和 MPO 都应当自主地检测高太阳辐射,并且

① 保护器上的电子器件和仪器;

② 在可能时,使用电推进或化学推进改变高度。

(6) 自温控:MMO 和 MPO 都应当对器上的设备和航天器结构保持在正常的温度范围。

(7) 自调度:在获得轨道放置目标的过程中,组合模块和 MPO 都应当自主地确定下一步执行的任务:

① 投放;

② 发动机开和关;

③ 使用推进器旋转;

④ 使用推进器移动。

2）知识

（1）中央力场物理；

（2）弱稳定边界捕获的操纵率模型；

（3）MMO 轨道；

（4）MPO 轨道；

（5）MMO 和 MPO 的最大轨道能量改变率；

（6）MMO 和 MPO 的最大轨道倾角改变率；

（7）器上仪器及其特性（可接受的辐射水平）；

（8）地球基站；

（9）推进系统（化学推进火箭）；

（10）通信链路、数据传输格式、器上通信机制；

（11）引力（太阳引力和水星引力）。

3）感知（对组合模块和 MPO）

（1）水星捕获感知；

（2）水星逃逸感知；

（3）轨道速度感知；

（4）水星磁场感知；

（5）水星引力感知；

（6）太阳引力感知；

（7）感知航天器在投影的轨道摄动上的位置；

（8）辐射感知；

（9）仪器感知；

（10）热激励感知；

（11）数据传输感知；

（12）速度感知；

（13）通信感知。

4）监视（对组合模块和 MPO）

（1）水星周围环境（如辐射级别、水星、太阳）；

（2）计划的操作（状态、进度、可行性等）。

5）适应性（对组合模块和 MPO）

适应小推力轨道与在轨或高度摄动。

6）动态性（对组合模块和 MPO）

（1）动态近天体环境；

（2）动态轨道跟踪过程（可能需要轨道机动）；

（3）动态通信链路。

7）健壮性（对组合模块和 MPO）：

（1）对太阳辐射健壮；

（2）对温度的改变健壮（大温度范围）；

（3）对轨道放置摄动健壮；

（4）对通信中断健壮。

8）弹性（对组合模块和 MPO）：

对磁场的改变具有弹性。

9）移动性（对组合模块和 MPO）：

规避轨道和/或高度摄动的轨道机动。

3.5.1.3 科学目标的自主性需求

BepiColombo 的科学目标关注水星表面的科学实验和探索。科学目标属于另一类 GAR——小目标体在轨任务的 GAR（见 2.3.3.1 节）。尽管水星不被认为是一个“小目标体”，BepiColombo 的科学目标具有与小目标体在轨任务相似的特性，这帮助我们进行调整导出 BepiColombo 的科学目标的自主性需求。注意，在这个过程中还使用了相关环境约束（见 3.4.2 节）。

1）self - * 需求（自主性）（对 MMO 和 MPO）

（1）自轨道：自主地获得最优的轨道；适应由于可能的高热融化或太阳辐射引起的轨道摄动。

（2）自保护：自主地检测强太阳辐射的存在，并且

① 保护器上的电子器件和仪器；

② 在可能时，使用电推进或化学推进改变高度；

自主地检测大热流量的存在，并且：

① 保护器上的和仪器；

② 在可能时，使用电推进或化学推进改变高度。

（3）自调度：在获得轨道放置目标的过程中，自主地确定下一步执行的任务；

2）知识（对 MMO 和 MPO）

（1）科学目标（中间层目标，见 3.4.1.2 节）；

（2）载荷操作需求；

（3）器上仪器及其特性（辐射的可接受级别）；

（4）地球基站；

(5) 推进系统(化学推进火箭);
(6) 通信链路、数据传输格式、地影周期、高度、器上通信机制;
(7) 引力(太阳引力和水星引力);
(8) 水星物理;
(9) 太阳物理;
(10) 辐射;
(11) 热流量。
3) 感知(对 MMO 和 MPO)
(1) 辐射感知;
(2) 热融化感知;
(3) 水星引力感知;
(4) 水星磁场感知;
(5) 太阳引力感知;
(6) 水星旋转感知;
(7) 水星速度感知;
(8) 航天器高度感知;
(9) 航天器轨道速度感知;
(10) 航天器轨道周期感知。
4) 监视(对 MMO 和 MPO)
(1) 周围环境;
(2) 水星表面;
(3) 太阳爆发。
5) 适应性(对 MMO 和 MPO)
(1) 系统操作适应任务目标;
(2) 适应周围环境(轨道操作必须考虑轨道和高度摄动)。
6) 动态性(对 MMO 和 MPO)
动态近天体环境。
7) 健壮性(对 MMO 和 MPO)
(1) 对太阳辐射健壮;
(2) 对高热融化健壮。
8) 弹性(对 MMO 和 MPO)
对磁场的变化具有弹性。
9) 移动性(对 MMO 和 MPO)
轨道机动。

3.5.2 BepiColombo 包含 Self-*目标的目标模型

从 3.5.1 节给出的 self-*需求(自主性),我们可以导出 self-*目标,为 BepiColombo 任务目标(图 3.8 和 3.4 节)提供任务行为备选。

3.5.2.1 BepiColombo 转移目标的 self-*目标

以下元素描述的是辅助 BepiColombo 转移目标的 self-*目标(从 3.5.1.1 节的 self-*需求导出)。

(1) 自轨道_1:自主地获得到达水星的最优轨道。

① 参与者:BepiColombo 转移模块、化学火箭发动机、电推进火箭发动机、地球、金星、水星、太阳、地球基站、BepiColombo 组合模块(MPO 和 MMO)。

② 目标体:优化的行星际轨道。

(2) 自轨道_2:自主地适应由于太阳、月亮、地球、金星和水星引力影响产生的轨道摄动。

① 参与者:BepiColombo 转移模块、化学火箭发动机、电推进火箭发动机、地球、金星、水星、太阳、地球基站、BepiColombo 组合模块(MPO 和 MMO)、轨道摄动、引力影响。

② 目标体:行星际轨道。

(3) 自保护_1:自主地检测高太阳辐射,并保护(最终关闭或遮盖)器上的电子器件和仪器。

① 参与者:BepiColombo 转移模块、太阳、地球基站、BepiColombo 组合模块(MPO 和 MMO)、太阳辐射、遮盖、能源系统。

② 目标体:电子器件和仪器。

(4) 自保护_2:自主地检测太阳辐射,并在可能时,使用电推进或化学推进离开。

① 参与者:BepiColombo 转移模块、化学火箭发动机、电推进火箭发动机、地球、金星、水星、太阳、地球基站、太阳辐射。

② 目标体:空间安全位置。

(5) 自保护_3:在行星际巡航中,自主地维持转移模块的一个适当高度,使得没有太阳光照到 MMO 和 MPO 的上表面。

① 参与者:BepiColombo 转移模块、化学火箭发动机、电推进火箭发动机、地球、金星、水星、太阳、地球基站、太阳入射。

② 目标体:安全高度。

(6) 自调度_1:自主地确定何时需要一个靠近地球的引力辅助机动。

① 参与者:BepiColombo 转移模块、地球、地球引力影响。

② 目标体:引力辅助机动、行星际轨道。

(7) 自调度_2:自主地确定何时需要一个靠近金星的引力辅助机动。

① 参与者:BepiColombo 转移模块、地球、金星引力影响。

② 目标体:引力辅助机动、行星际轨道。

(8) 自调度_3:自主地确定何时需要一个靠近水星的引力辅助机动。

① 参与者:BepiColombo 转移模块、地球、水星引力影响。

② 目标体:引力辅助机动、行星际轨道。

(9) 自修复_1:自主地恢复中断的通信链路。

① 参与者:BepiColombo 转移模块、BepiColombo 组合模块(MPO 和 MMO)、通信链路(状态:中断)。

② 目标体:通信链路(状态:可操作)。

(10) 自修复_2:如果可能,自主地修复不能正常工作的部件。

① 参与者:BepiColombo 转移模块、BepiColombo 组合模块(MPO 和 MMO)、部件(状态:不正常工作)。

② 目标体:部件(状态:可操作)。

图3.9 描绘了部分目标模型,显示了转移目标和辅助的 self - * 目标的关系,提供了针对转移目标的任务行为备选。如图所示,大多数辅助 self - * 目标继承于转移目标,因而,主要目标(任务的行星际轨道)保留在所有的 self - * 目标中。当需要备选的自主性行为时(如太阳发出高辐射),任务切换到辅助目标之一。

3.5.2.2 BepiColombo 轨道放置目标的 self - * 目标

以下元素描述的是辅助 BepiColombo 的轨道放置目标的 self - * 目标(从 3.5.1.2 节给出的 self - * 需求导出):

(1) 自投放_1:当到达正确的投放姿态时,自主地释放 SEPM。

① 参与者:BepiColombo 转移模块、SEPM、水星、太阳、地球基站。

② 目标体:BepiColombo 组合模块。

(2) 自投放_2:当到达极地轨道时,自主地释放 MMO。

① 参与者:BepiColombo 组合模块、MMO、水星、太阳、地球基站。

② 目标体:MPO、极地轨道。

(3) 自捕获:自主地确定一个操纵率,并使用小推力,在水星周围获得捕获。

① 参与者:BepiColombo 组合模块、CPM、水星、太阳、地球基站。

② 目标体:操纵率、水星捕获。

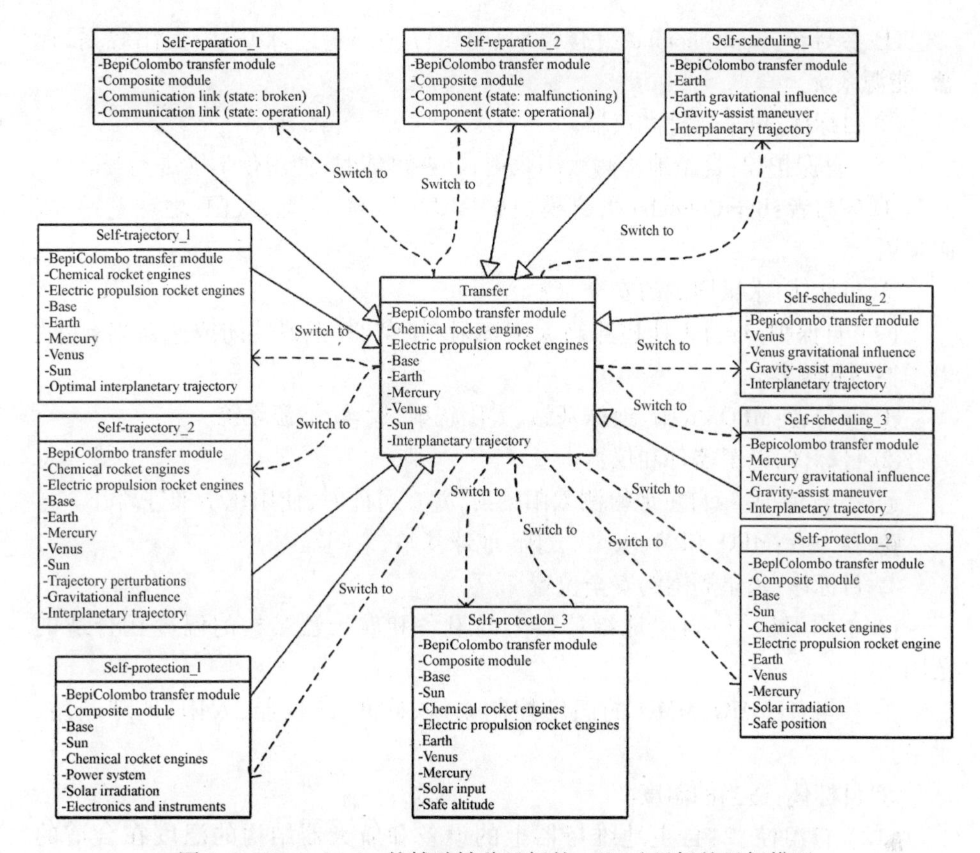

图 3.9　Bepicolombo 的辅助转移目标的 self－* 目标的目标模型

(4) 自逃逸:如果必要,自主地获得逃逸程序,并使用它离开水星。

① 参与者:BepiColombo 组合模块、CPM、水星、太阳、地球基站。

② 目标体:逃逸程序、水星离开。

(5) 自小推力轨道_1:自主地确定一个推力向量的操纵率,并使用小推力,将组合模块带入极地轨道(MMO 的轨道)。

① 参与者:BepiColombo 组合模块、CPM、水星、太阳、地球基站。

② 目标体:操纵率、推力向量、MMO 的轨道。

(6) 自小推力轨道_2:自主地确定一个推力向量的操纵率,并使用小推力,将 MPO 模块带入它的轨道。

① 参与者:MPO、CPM、水星、太阳、地球基站。

② 目标体:操纵率、推力向量、MPO 的轨道。

(7) 自保护_1:自主地检测强太阳辐射,并保护(最终关闭或遮盖)器上的电子器件和仪器。

① 参与者:BepiColombo 组合模块(MMO)、太阳、地球基站、太阳辐射、遮盖、能源系统。

② 目标体:电子器件和仪器。

(8) 自保护_2:自主地检测太阳辐射,并在可能时,使用化学推进离开。

① 参与者:BepiColombo 组合模块(MMO)、CPM、水星、太阳、地球基站、太阳辐射。

② 目标体:水星周围的安全位置。

(9) 自保护_3:自主地检测高太阳辐射,并保护(最终关闭或遮盖)器上的电子器件和仪器。

① 参与者:MPO、太阳、地球基站、太阳辐射、遮盖、能源系统。

② 目标体:电子器件和仪器。

(10) 自保护_4:自主地检测太阳辐射,并在可能时,使用化学推进离开。

① 参与者:MPO、CPM、水星、太阳、地球基站、太阳辐射。

② 目标体:水星周围的安全位置。

(11) 自温控_1:自主地维持器上的设备和航天器结构的温度在合适的范围。

① 参与者:MMO、MMO 的温度控制系统、MMO 的仪器、太阳、地球基站、水星。

② 目标体:适当的温度。

(12) 自温控_2:自主地维持器上的设备和航天器结构的温度在合适的范围。

① 参与者:MPO、MPO 的温度控制系统、MPO 的仪器、太阳、地球基站、水星。

② 目标体:适当的温度。

(13) 自调度_1:在获得一个轨道放置目标的过程中,自主地确定下一个要执行的任务。

① 参与者:BepiColombo 组合模块、CPM、水星、太阳、地球基站。

② 目标体:任务投放、启动发动机、关闭发动机、机动。

(14) 自调度_2:在获得一个轨道放置目标的过程中,自主地确定下一个要执行的任务。

① 参与者:MMO、CPM、水星、太阳、地球基站。

② 目标体:任务启动发动机、关闭发动机、起旋、机动。

(15) 自调度_2:在获得一个轨道放置目标的过程中,自主地确定下一个要执行的任务。

① 参与者:MPO、CPM、水星、太阳、地球基站。

② 目标体:任务控制发动机、起旋、移动。

图 3.10 描绘了另一部分的目标模型,显示了轨道放置目标和辅助的self - * 目标之间的关系,提供了针对轨道放置目标的任务行为备选。一些辅助的 self - * 目标继承于轨道放置目标,因此,主要目标(将 MMO 和 MPO 都带入轨道)保持在所有那些 self - * 目标中。当必须执行一个特别的任务(如投放),或者需要执行备选的自主行为(如太阳发出高辐射)时,任务将切换到辅助目标之一。

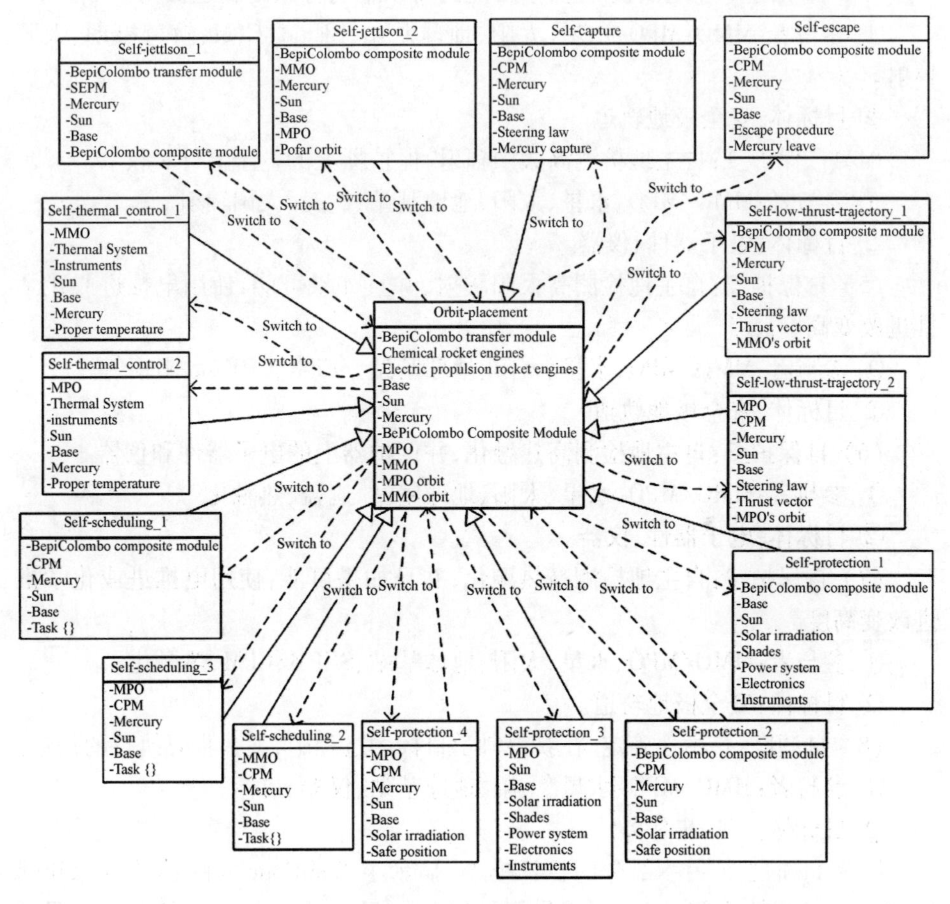

图 3.10 Bepicolombo 的辅助轨道放置目标的 self - * 目标的目标模型

3.5.2.3 BepiColmbo 科学目标的 self - * 目标

以下元素描述的是辅助 BepiColombo 的科学目标的 self - * 目标(从 3.5.1.3 节给出的 self - * 需求导出):

(1) 自轨道_1:自主地获得最优的轨道。

① 参与者:MMO/MPO、水星、太阳、地球基站、SEPM、CPM。

② 目标体:最优的极地轨道。

(2) 自轨道_2:自主地适应由于可能的高热融化导致的轨道摄动。

① 参与者:MMO/MPO、水星、太阳、地球基站、SEPM、CPM、轨道摄动。

② 目标体:安全极地轨道。

(3) 自轨道_3:自主地适应由于可能的太阳辐射导致的轨道摄动。

① 参与者:MMO/MPO、水星、太阳、地球基站、SEPM、CPM、轨道摄动、太阳辐射。

② 目标体:安全极地轨道。

(4) 自保护_1:自主地检测高太阳辐射,保护器上的电子器件和仪器。

① 参与者:MMO/MPO、水星、太阳、地球基站、遮盖、太阳辐射。

② 目标体:电子器件、仪器。

(5) 自保护_2:自主地检测高太阳辐射,并且如果可能,使用电推进或化学推进改变高度。

① 参与者:MMO/MPO、水星、太阳、地球基站、SEPM、CPM、太阳辐射。

② 目标体:安全极地轨道。

(6) 自保护_3:自主地检测高热融化,并保护器上的电子器件和仪器。

① 参与者:MMO/MPO、水星、太阳、地球基站、遮盖、热融化。

② 目标体:电子器件、仪器。

(7) 自保护_4:自主地检测高热融化,并且如果可能,使用电推进或化学推进改变高度。

① 参与者:MMO/MPO、水星、太阳、地球基站、SEPM、CPM、热融化。

② 目标体:安全极地轨道。

(8) 自调度:自主地确定,在获得科学目标的过程中,下一步要执行的任务。

① 参与者:MMO/MPO、水星、太阳、地球基站、仪器、目标。

② 目标体:下一步任务。

图 3.11 描绘了另一部分的目标模型,显示了 BepiColombo 的科学目标和辅助的 self - * 目标之间的关系,提供了针对科学目标的任务行为备选。如图所示,所有的 BepiColombo 科学目标是由一个科学目标抽象的(可以称为元层系统目标),提供了所有的中间层任务目标(见 3.4.1.2 节),所以,图 3.11 中显示的 self - * 目标对每个科学目标(中间层任务目标)提供辅助。

如图 3.11 所示,并且与其他目标模型相似,一些 self - * 目标需要一个临时目标切换(或转换)(见"Switch to"链接),并且其他 self - * 目标是主任务目标

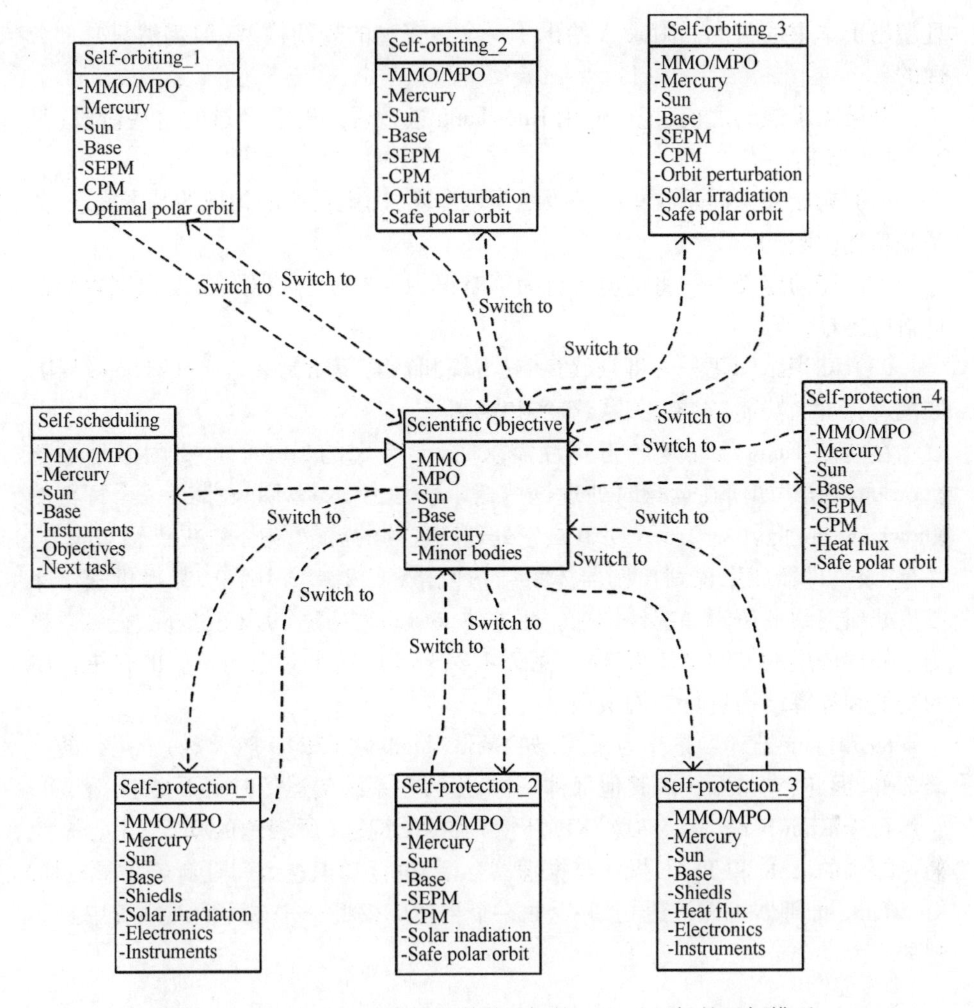

图 3.11　Bepicolombo 的辅助科学目标的 self－* 目标的目标模型

（如自调度目标）的下属，并继承主目标的目标体。当必须执行一个特别任务（如防护太阳辐射），或者需要备选的自主行为时，任务将切换到辅助目标之一。

3.5.3　使用 KnowLang 规约自主性需求

对每个任务目标（见 3.5.1 节和 3.5.2 节）导出自主性需求之后，下一步是对这些需求进行规约，这可以看作是一种形式化的规约或者需求记录。在本节中，我们给出 BepiColombo 自主性需求的 KnowLang 规约。注意，本节给出的规约模型和伴随的理由说明都只是部分的，用于展示 KnowLang 如何用于不同的自主性需求。BepiColombo 的一个完整规约模型过于庞大，无法在这里给出，并且超出了本书的目的。附录 A 给出了一个更完整的规约模型(但仍然只是部分性的)。

开始需求规约之前,记住使用 KnowLang 进行规约时要经过的这些阶段(见 2.5.4.1 节):

(1) 初始知识需求收集——吸纳领域专家,确定关注的领域的基本概念、关系和功能(操作)。

(2) 行为定义——将情境和行为策略识别为“控制数据”,帮助识别重要的自适应场景。

(3) 知识结构化——将领域实体、情境和行为策略封装进 KnowLang 结构,如概念、属性、功能、对象、关系、事实和规则。

在使用 KnowLang 规约自主性需求时,要考虑的另一个重要因素是了解 KnowLang 框架如何在运行时处理这些需求。注意,KnowLang 带有一个特别的 KnowLang 推理器(见 2.5.4.4 节),它处理所规约的需求,为系统提供感知能力。并且,该推理器使用谋划控制器体系结构风格(见 2.4.2.1 节),并提供基于集成贝叶斯网络的逻辑和统计推理。此外,KnowLang 隐含分层(就是说,它可以被用于处理分层的控制器体系结构,见 2.4.2.3 节),用于对面向目标的自主性中的功能和计算结构进行结构组织。

KnowLang 推理器是作为系统(如 BepiColombo 的 MMO 航天器)中运行的一个部件,因此,它与系统的其他部件一样,运行在系统的运行时上下文中。然而,它运行于 KnowLang 表示环境(KR 环境)和 KR 符号(所表示的知识)上。系统通过特别的 ASK 和 TELL 操作与推理器会话,进行知识查询和更新。在需要时,KnowLang 推理器可以被建立,并返回一个自适应模型——在环境或系统中要实现的一串动作。

3.5.3.1 知识

KnowLang(见 2.5.4 节)是专门用于知识规约的,知识被规约为一个知识库(KB),该库由许多知识结构组成,如本体、事实、规则和约束。在这里,为了规约 BepiColombo 的自主性需求,第一步是规约用于表示 BepiColombo 任务的外部世界(空间、水星和太阳等)和内部世界(航天器系统——MMO、MPO 等)的知识。BepiColombo KB 应当包含一些本体,对 MMO、MPO、BepiColombo 组装模块、BepiColombo 转移模块,以及 BepiColombo 的运行环境(空间)的知识领域进行结构化。注意,这些概念是用领域相关的概念和对象(概念实例)并通过关系连接描述的。为了处理显式的概念(如形势、目标和策略),我们赋予一些领域概念显式的状态表达(一个状态表达是在本体上的一个布尔表达)。注意,作为自主性需求的一部分,知识在这些自主性需求的表达中起到了重要作用:这些需求即GAR(见3.2.1节)列出的自主性、知识、感知、监视、适应性、动态性、健壮性、弹性和移动性。为了表达 BepiColombo 的自主性需求,我们对必要的知识进行规约如下。图3.12给出了 MMOThing 概念树的一个图形表示,它把 MMO 本体中的大多数概念关联在一起。注意,一个概念树中的关系是"is-a"(继承)关系,就是说,Part 是一个 Entry,Tank 是一个 Part,连带地也是一个 Entry,等等。

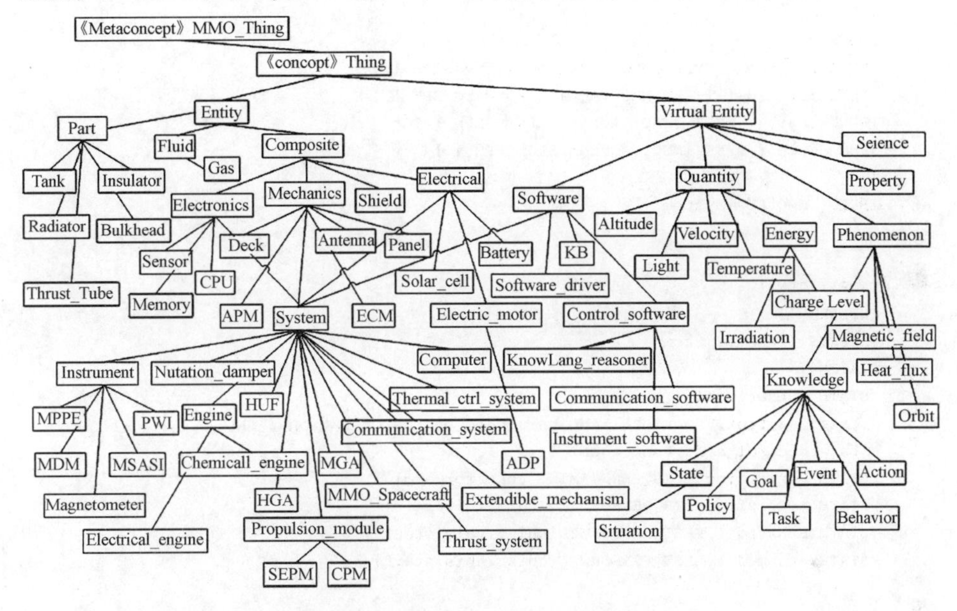

图3.12 MMO本体:MMO事物概念树

以下是一个 Knowlang 规约的例子,表示的是 MMO 推进模块的概念:SEPM 和 CPM。在该规约中,在概念树中的概念可以具有其他概念的属性、功能(与该概念关联的动作)、状态(确认一个特定状态的布尔表达)等。IMPL{}规约指向概念的实现,即在以下例子中,SEPMSystem 是 MMO 的 SEPM 的软件实现(假设一个 C++类)。

```
// Propulsion modules
CONCEPT SEPM {
 CHILDREN {}
 PARENTS { MMO..System }
 STATES {
  STATE Operational {
   this.solar_cells.Functional AND this.gas_tank.Functional
   AND  this.el_engine.Operational AND this.control_soft.Functional }
  STATE Forwarding { IS_PERFORMING(this.forward) }
```

```
  STATE Reversing { IS_PERFORMING(this.forward) }
  STATE Started { LAST_PERFORMED(this, this.start) }
  STATE Stopped { LAST_PERFORMED(this, this.stop) }
 }
 PROPS {
  PROP solar_cells { TYPE {MMO..Solar_cell} CARDINALITY {200} }
  PROP gas_tank { TYPE {MMO..Tank} CARDINALITY {1} }
  PROP el_engine { TYPE {MMO..Electrical_Engine} CARDINALITY {1} }
  PROP control_soft { TYPE {MMO..Control_Software} CARDINALITY {1} }
 }
 FUNCS {
  FUNC reverse { TYPE {MMO..Action.ReverseSEPM } }
  FUNC forward { TYPE {MMO..Action.ForwardSEPM } }
  FUNC start { TYPE {MMO..Action.StartSEPM } }
  FUNC stop { TYPE {MMO..Action.StopSEPM } }
 }
 IMPL { MMO.SEPMSystem }
}

CONCEPT CPM {
 CHILDREN {}
 PARENTS { MMO..System }
 STATES {
  STATE Operational {
   this.gas_tank.Functional AND this.chem_engine.Operational AND
   this.control_soft.Functional }
  STATE Forwarding { IS_PERFORMING(this.forward) }
  STATE Reversing { IS_PERFORMING(this.forward) }
  STATE Started { LAST_PERFORMED(this, this.stop) }
  STATE Stopped { LAST_PERFORMED(this, this.start) }

 }
 PROPS {
  PROP gas_tank { TYPE {MMO..Tank} CARDINALITY {1} }
  PROP chem_engine { TYPE {MMO..Chemical_Engine} CARDINALITY {1} }
  PROP control_soft { TYPE {MMO..Control_Software} CARDINALITY {1} }
 }
 FUNCS {
  FUNC reverse { TYPE {MMO..Action.ReverseCPM } }
  FUNC forward { TYPE {MMO..Action.ForwardCPM } }
  FUNC start { TYPE {MMO..Action.StartCPM } }
  FUNC stop { TYPE {MMO..Action.StopCPM } }
 }
 IMPL { MMO.CPMSystem }
}
```

如前面指出的,状态被规约为布尔表达式。例如,当推进模型在执行反向功能时,Forwarding 状态为真。如果一个动作当前正在执行,KnowLang 操作符 IS_PERFORMING 评价动作并返回真。相似地,如果一个动作是由概念的实现所执行的最后成功执行的动作(一个概念的实现就是该概念实例化的一个对象,如 SEPM

对象或 CPM 对象),操作符 LAST_PERFORMED 评价动作并返回真。一个复杂的状态可以被表达为其他状态的一个函数。例如,Operational 状态被表达为其他一些状态的一个布尔函数,特别是概念属性的状态,例如,如果 CPM 的燃气槽是可工作的、化学发动机是可工作的,并且控制软件是可工作的,则 CPM 就是可工作的:

```
this.gas_tank.Functional AND this.chem_engine.Operational AND this.control_soft.
Functional
```

如前面指出的,state 对于目标、情境和策略的规约非常重要。例如,状态帮助 KnowLang 推理器在运行时确定一个系统是否处在一个特别情境,或者一个特别的目标已经被达到。

MMO_Thing 概念树(图 3.12)是 MMOOntology 的一个主概念树(该本体的一个部分的 KnowLang 规约见附录 A)。注意,由于篇幅限制,图 3.12 没有显示树分支的全部概念。另外,该树中的一些概念是其他树的根。例如,Action 概念,表达可以被 MMO 实现的所有动作的公共概念,是图 3.13 的概念树的根。如图所示,Action 通过与之关联的子系统(或部分)分组。例如,HGA(高增益天线)(见 3.3.2.1 节)动作是 PointHGA、SendHGA、ReceiveHGA、StopHGA 和 StartHGA。

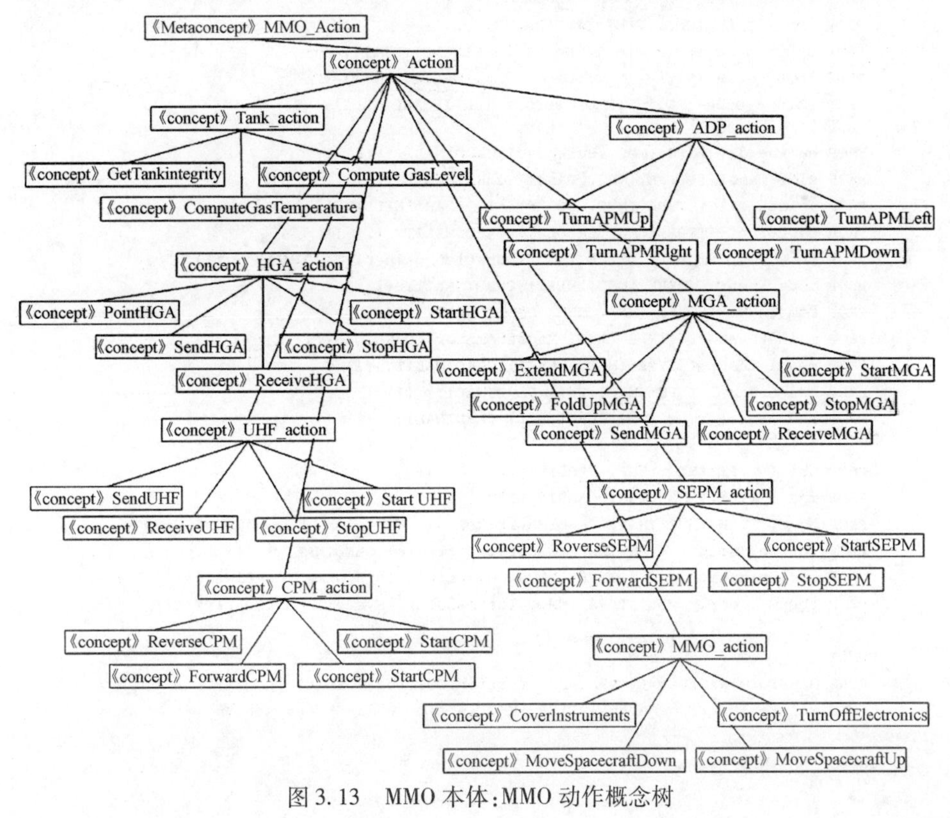

图 3.13 MMO 本体:MMO 动作概念树

以下是 MMOSpacecraft 概念的一个部分规约。注意，这个概念是一个（“is-a”）系统，即它继承于系统的概念。一个系统，根据 MMOOntology（图 3.12），是一个复杂的概念，将四个其他概念的属性连接在一起：Electronics、Mechanics、Electrical 和 Software。注意，为了规约 MMO 状态，我们使用度量。度量的作用是处理“监视”这个自主性需求（见 3.5.3.3 节）。

```
CONCEPT MMO_Spacecraft {
 CHILDREN {}
 PARENTS { MMO..System }
 STATES {
  STATE Orbiting {}
  STATE InTransfer {}
  STATE InOrbitPlacement {}
  STATE InJettison {}
  STATE InHighIrradiation { MMO..Metric.OutsideRadiation.VALUE > 50 }
  STATE InHeatFlux { MMO..Metric.OutsideTemp.VALUE > 150 }
  STATE AtPolarOrbit { LAST_PERFORMED(this, this.moveToPolarOrbit) }
  STATE ArrivedAtMercury { MMO..Metric.MercuryAltitude.VALUE = 0.39 }
  STATE EarthCommunicationLost { MMO..Metric.EarthSignal.VALUE = 0 }
 }
 PROPS {
  PROP sepm { TYPE {MMO..SEPM} CARDINALITY {1} }
  PROP cpm { TYPE {MMO..CPM} CARDINALITY {1} }
  PROP upper_deck { TYPE {MMO..Deck} CARDINALITY {1} }
  PROP lower_deck { TYPE {MMO..Deck} CARDINALITY {1} }
  PROP thrust_tube { TYPE {MMO..Thrust_Tube} CARDINALITY {1} }

  PROP bulkhead { TYPE {MMO..Bulkhead} CARDINALITY {4} }
  PROP side_panel { TYPE {MMO..Panel} CARDINALITY {1} }
  PROP solar_cell { TYPE {MMO..Solar_cell} CARDINALITY {200} }
  PROP battery {  TYPE {MMO..Battery} CARDINALITY {1} }
  PROP nutation_damper {  TYPE {MMO..Nutation_damper} CARDINALITY {1}
  PROP mppe_instr { TYPE {MMO..MPPE} CARDINALITY {1} }
  PROP mdm_instr { TYPE {MMO..MDM} CARDINALITY {1} }
  PROP magnetometer { TYPE {MMO..Magnetometer} CARDINALITY {1} }
  PROP msasi_instr { TYPE {MMO..MSASI} CARDINALITY {1} }
  PROP pwi_instr { TYPE {MMO..PWI} CARDINALITY {1} }
  PROP radiator { TYPE {MMO..Radiator} CARDINALITY {1} }

  PROP uhf { TYPE {MMO..UHF} CARDINALITY {1} }
  PROP mga { TYPE {MMO..MGA} CARDINALITY {1} }
  PROP hga { TYPE {MMO..HGA} CARDINALITY {1} }
  PROP control_soft { TYPE {MMO..Control_Software} CARDINALITY {1} }
  PROP communication_sys { TYPE {MMO..Communication_system} CARDINALITY {1} }
  PROP thermal_ctrl_sys { TYPE {MMO..Thermal_Ctrl_System} CARDINALITY {1} }
 }
 FUNCS {
  FUNC moveToPolarOrbit { TYPE {MMO..Action.GoToPolarOrbit} }
  FUNC waitForInstrFromEarth { TYPE {MMO..Action.WaitForInstructions} }
 }
 IMPL { MMO.MMOSystem }
}
```

在 KnowLang 规约模型中,概念实例被作为对象,用对象树进行结构化。后者概念化的是:存在于所关注的世界中的对象是如何相互关联的。一个对象树中的关系是基于这样的原则:对象有属性,属性的值是另一个对象,这个对象又有属性。因此,对象树是本体域(如 MMO)中的概念的实现。为了更好理解概念和对象之间的关系,我们可以认为概念类似于面向对象程序设计(OOP)中的类,而对象是这些类的实例。图 3.14 显示了 KnowLang 规约的 HGA 对象树的一个图形表示。因而如图所示,在 MMO 域,有一个 HGA 的实例,称作 hga_antenna_1。以下是 hga_antea_1 对象树的规约。

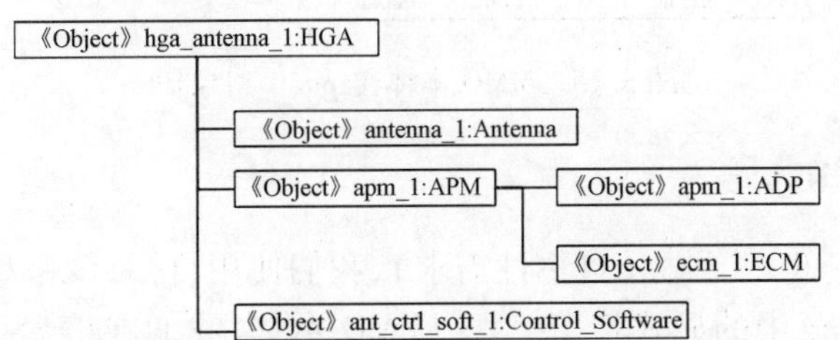

图 3.14 MMO 本体:hga_antenna_1 对象树

```
// hga_antenna_1 object tree
 FINAL OBJECT antenna_1 {
  INSTANCE_OF { MMO..Antenna }
 }
 FINAL OBJECT adp_1 {
  INSTANCE_OF { MMO..ADP }
 }
 FINAL OBJECT ecm_1 {
  INSTANCE_OF { MMO..ECM }
 }
 FINAL OBJECT apm_1 {
  INSTANCE_OF { MMO..APM }
  PROPS {
   PROP adp { MMO.OBJECT_TREES.adp_1 }
   PROP ecm { MMO.OBJECT_TREES.ecm_1 }
  }
 }
 FINAL OBJECT ant_ctrl_soft_1 {
  INSTANCE_OF { MMO..Control_software }
 }
 FINAL OBJECT hga_antenna_1 {
  INSTANCE_OF { MMO..HGA }
  PROPS {
   PROP hga_antenna { MMO.OBJECT_TREES.antenna_1 }
   PROP apm { MMO.OBJECT_TREES.apm_1 }
   PROP control_soft { MMO.OBJECT_TREES.ant_ctrl_soft_1 }
  }
  IMPL { MMO.HGAAntennaModule }
 }
```

图3.15 显示了 SEPM 的对象树。概念实例 sepm_1 表示 MMO 的 SEPM。如图所示,SEPM 有 solar cells(假设200个)、一个 gas tank、一个 eletrical engine 以及 control software。

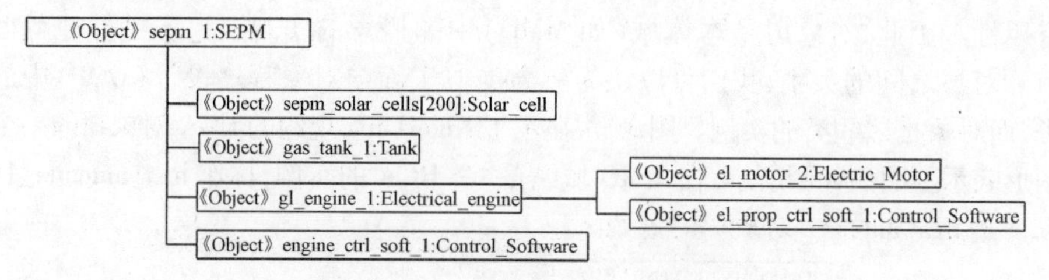

图3.15　MMO 本体:sepm_1 对象树

3.5.3.2　自主性

为了规约 self - * 目标(自主性需求),我们使用目标、策略和情境。它们被定义为 KnowLang 中的显式情境,对于 MMO 本体,我们在概念 Virtual_entity→Phenomenon→Knowledge 之下规约它们(图3.12)。图3.16 表示了一个与 MMO 相关的一些目标的概念树。注意,这些目标大多数是直接从目标模型插入的(见3.4节和3.5.1节),并且更确切地说,是从辅助轨道放置目标的 self - * 目标的目标模型插入的(见3.5.2.2节)。

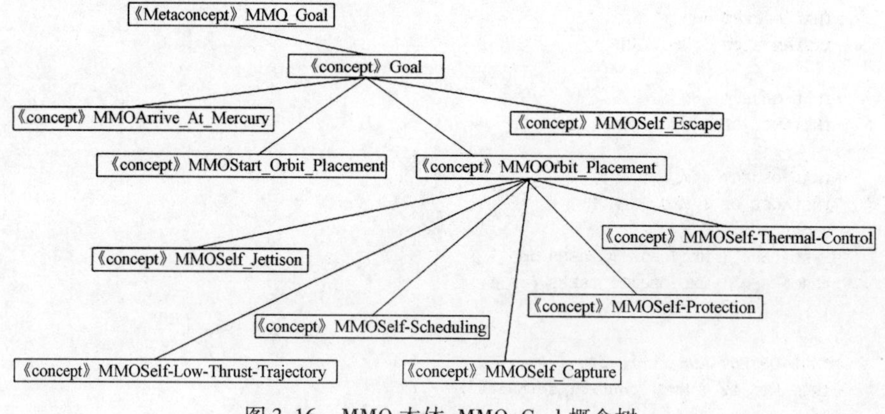

图3.16　MMO 本体:MMO_Goal 概念树

KnowLang 将目标规约为状态函数,其中可以涉及状态的任何组合。一个目标有一个到达状态(状态的布尔函数)和一个可操作的离开状态(状态的另一个布尔函数)。一个具有离开状态的目标是更严格的,即只有当系统从特定目标的离开状态离开时,才能满足。以下代码样例表示了三个简单目标的规约。注意,它们的到达和离开状态是单个 MMO 状态,但也可以是涉及多个状态的布尔函数。前面讲过,用于规约这些目标的状态是作为 MMO_Spacecraft 概念的一部分规约的(见 3.5.3.1 节)。

```
//
//==== SC Goals ==========================================================
//

CONCEPT_GOAL MMOOrbit_Placement {
 SPEC {
  DEPART { MMO_Spacecraft.STATES.InOrbitPlacement }
  ARRIVE { MMO_Spacecraft.STATES.AtPolarOrbit }
 }
}
CONCEPT_GOAL MMOArrive_At_Mercury {
 SPEC { ARRIVE { MMO_Spacecraft.STATES.ArrivedAtMercury } }
}
CONCEPT_GOAL MMOStart_Orbit_Placement {
 SPEC {
  DEPART { MMO_Spacecraft.STATES.ArrivedAtMercury }
  ARRIVE { MMO_Spacecraft.STATES.InOrbitPlacement }
 }
}
```

下面的代码样例表示了一个目标的规约,其中的到达状态被表达为两个 MMO_Spacecraft 状态的一个布尔函数:InHighIrradiation 和 AtPolarOrbit。

```
//protect from solar radiation
CONCEPT_GOAL MMOSelf-Protection {
 SPEC {
  ARRIVE { NOT MMO_Spacecraft.STATES.InHighIrradiation AND MMO_Spacecraft.STATES.
  AtPolarOrbit}
 }
}
```

为了满足规约的目标,我们需要规约触发可以改变系统状态的动作的策略,使得目标所要求的预期状态可以生效。KnowLang 中所有的策略都是显式的 Policy 概念的后代。注意,策略使得能够规约自主行为(自主行为可以与自主需求关联)。作为一个规则,我们需要对每个目标至少规约一个策略,即一个将要提供为了满足目标所必要的行为的策略。当然,我们可以用多个策略处理同一个目标——对于 self-* 目标经常是这种情况,并由系统考虑当前的情境和条件,决定使用哪个策略。

以下是策略规约的一个形式化表示(见 2.5.4.2 节)。前面讲过策略(Π)被规约为一个提供行为(经常是并发的)的概念。一个策略 π 有一个目标(g)、策略情境(Si_π)、策略情境关系(R_π),以及情境条件(N_π)映射到策略动作(A_π),其中对 N_π 的评估可以最终(带有一定程度的概率)意味着动作的启动(指 $N_\pi \xrightarrow{[Z]} A_\pi$,见定义 3.2)。一个条件是本体上的一个布尔函数(定义 3.4),例如某个事件的发生。

定义 3.1　$\Pi := \{\pi_1, \pi_2, \ldots, \pi_n\}, n \geqslant 0$ (Policies)

定义 3.2　$\pi := < g, Si_\pi, [R_\pi], N_\pi, A_\pi, map(N_\pi, A_\pi, [Z]) >$

$A_\pi \subset A, N_\pi \xrightarrow{[Z]} A_\pi$ ($A\pi$—Policy Actions)

$Si_\pi \subset Si, Si_\pi := \{si_{\pi_1}, si_{\pi_2}, \ldots, si_{\pi_n}\}, n \geqslant 0$

$R_\pi \subset R, R_\pi := \{r_{\pi_1}, r_{\pi_2}, \ldots, r_{\pi_n}\}, n \geqslant 0$

$\forall r_\pi \in R_\pi \cdot (r_\pi := < si_\pi, [rn], [Z], \pi >), si_\pi \in Si_\pi$

$Si_\pi \xrightarrow{[R_\pi]} \pi \rightarrow N_\pi$

定义 3.3　$N_\pi := \{n_1, n_2, \ldots, n_k\}, k \geqslant 0$ (Conditions)

定义 3.4　$n := be(O)$ (Condition—Boolean Expression)

策略情境(Si_π)是可以触发(或隐含)一个策略 π 的情境,与策略 - 情境关系 R_π 相符合(指 $Si_\pi \xrightarrow{[R_\pi]} \pi$),这样意味着对策略条件 N_π 的评价(指 $\pi \rightarrow N_\pi$)(定义 3.2)。所以,可选的策略 - 情境关系 R_π 表明了一个策略和相关的情境之间的关系的合理性(定义 3.2)。此外,自适应行为要求这些关系的规约将策略与情境在一个可选的概率分布(Z)上进行联结,其中一个策略可以被关联到多个情境,或者反之。概率分布被用来支持概率化推理,帮助 KnowLang 推理器选择最正确的"情境 - 策略"对。因此,我们可以规约连接一个特定情境到不同策略的多个关系,当系统处于特定情境时,在这些关系(与同一情境相关)上的概率分布可以帮助 KnowLang 推理器决定选择哪个策略(指 $Si_\pi \xrightarrow{[R_\pi]} \pi$,见定义 3.2)。这样,在映射和策略关系上的概率信任代表了策略执行的概率化,这会随时间而变化。

以下是一个规约样例,显示了一个简单的策略,叫做 BringMMOToOrbit。顾名思义,该策略的目的是将 MMO 带到极地轨道。该策略被规约为处理目标 MMOOrbit_Placement_Done,并由情境 ArrivedAtMercury 触发。进而,该策略无条件地(CONDITIONS{}指令为空)触发 GoToPolarOrbit 动作的执行。

```
CONCEPT_POLICY BringMMOToOrbit {
 SPEC {
  POLICY_GOAL { MMO..MMOOrbit_Placement_Done }
  POLICY_SITUATIONS { MMO..ArrivedAtMercury }
  POLICY_RELATIONS { MMO..Policy_Situation_2 }
  POLICY_ACTIONS { MMO..Action.GoToPolarOrbit }
  POLICY_MAPPINGS {
   MAPPING {
    CONDITIONS {}
    DO_ACTIONS { MMO..Action.GoToPolarOrbit }
   }
  }
 }
}
```

如上所述，策略是由情境触发。因此，当规约处理系统目标的策略时，我们需要考虑可能触发这些策略的重要情境。一个策略必须被关联到至少一个情境，但是对于处理 self - * 目标的策略，我们最终需要多个情境。实际上，由于策略 - 情境关系是双向的，可能更准确的说法是，一个情境可能需要多个策略，用于提供备选的行为。

图 3.17 描绘了一个情境概念树。这个局部的树图表示了 MMO 可能处于的一些可能的和重要的情境。前面讲过情境的重要性，因为它们可能影响任务的目标。图 3.17 描绘的四个情境用以下 KnowLang 代码规约：

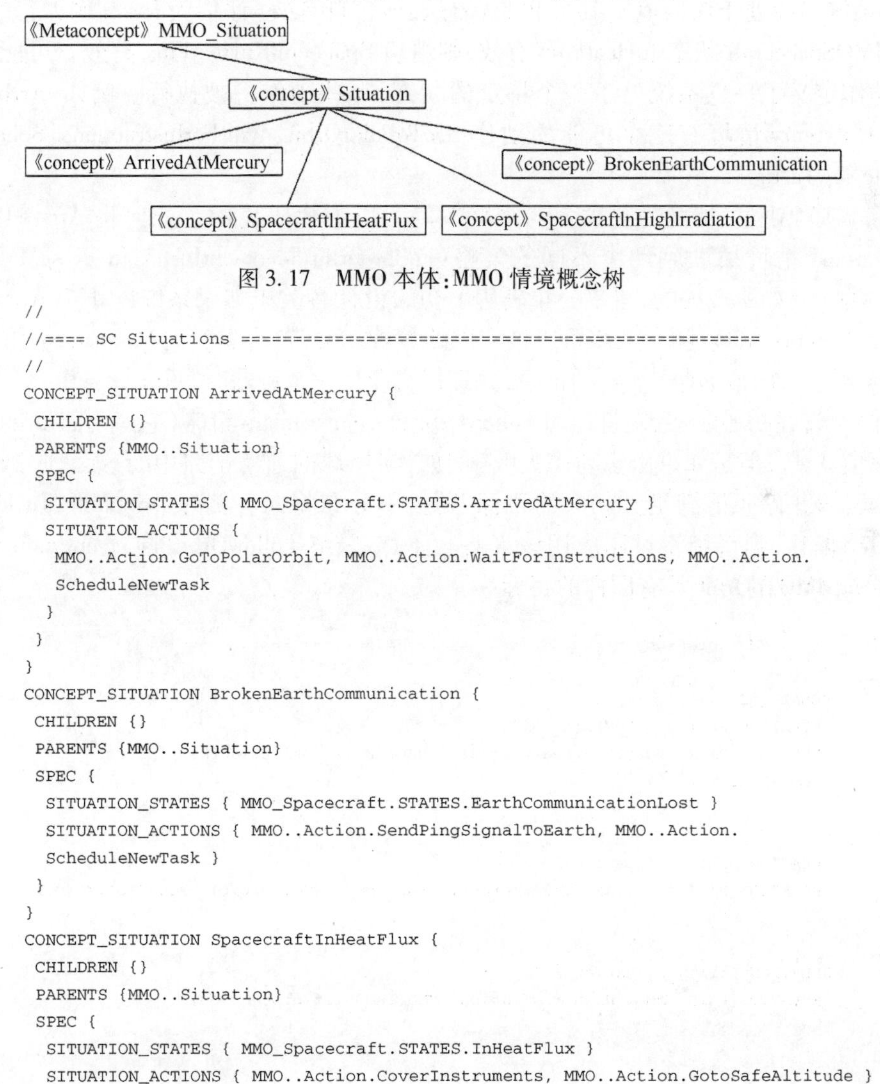

图 3.17　MMO 本体：MMO 情境概念树

```
//
//==== SC Situations ====================================================
//
CONCEPT_SITUATION ArrivedAtMercury {
 CHILDREN {}
 PARENTS {MMO..Situation}
 SPEC {
  SITUATION_STATES { MMO_Spacecraft.STATES.ArrivedAtMercury }
  SITUATION_ACTIONS {
   MMO..Action.GoToPolarOrbit, MMO..Action.WaitForInstructions, MMO..Action.
   ScheduleNewTask
  }
 }
}
CONCEPT_SITUATION BrokenEarthCommunication {
 CHILDREN {}
 PARENTS {MMO..Situation}
 SPEC {
  SITUATION_STATES { MMO_Spacecraft.STATES.EarthCommunicationLost }
  SITUATION_ACTIONS { MMO..Action.SendPingSignalToEarth, MMO..Action.
  ScheduleNewTask }
 }
}
CONCEPT_SITUATION SpacecraftInHeatFlux {
 CHILDREN {}
 PARENTS {MMO..Situation}
 SPEC {
  SITUATION_STATES { MMO_Spacecraft.STATES.InHeatFlux }
  SITUATION_ACTIONS { MMO..Action.CoverInstruments, MMO..Action.GotoSafeAltitude }
```

```
  }
}
CONCEPT_SITUATION SpacecraftInHighIrradiation {
 CHILDREN {}
 PARENTS {MMO..Situation}
 SPEC {
  SITUATION_STATES { MMO_Spacecraft.STATES.InHighIrradiation }
  SITUATION_ACTIONS { MMO..Action.CoverInstruments, MMO..Action.GotoSafeAltitude }
 }
}
```

如所显示的,情境是用状态和可能的动作进行规约。为了使一个情境有效(系统当前处于该情境),其关联的状态必须各自有效(评估为真)。例如,如果MMOSpacecraft 状态 InHeatFlux 有效,则情境 SpacecraftInHeatFlux 有效。可能的动作定义了一旦系统处于一个特定的状态,哪些动作将被执行。例如,ArrivedAtMercury 情境有三个可能的动作:GoToPolarOrbit、WaitForInstructions、ScheduleNewTask。

前面讲过,情境通过关系与策略关联。以下代码显示了如何将 ArrivedAtMercury 情境关联到两个不同的策略:FollowOrbitPlacementInstrs 和 BringMMOToOrbit。如所规约的,概率分布表达了初始设计者关于如果系统终止于 ArrivedAtMercury 情境,哪个策略可以被应用的偏好。注意,在运行时,KnowLang 推理器维护一个所有动作执行的记录,并且每当应用一个策略时,重新计算概率。这样,尽管在初始时,系统将应用 FollowOrbitPlacementInstrs 策略(它具有最高的概率值 0.9),但是如果由于动作失败(例如,与地球的通信链路中断,无法收到指令),该策略不能满足其朝向的目标,则概率分布将向着偏好 BringMMOToOrbit 策略偏移,则系统将试图应用该策略。注意,最终 FollowOrbitPlacementInstrs 和 BringMMOToOrbit 具有同样的目标。

```
//
//==== MMO Relations ============================================
//
 RELATIONS {
  RELATION Policy_Situation_1 {
  RELATION_PAIR {MMO..ArrivedAtMercury, MMO..FollowOrbitPlacementInstrs}
  PROBABILITY {0.9}
 }

 RELATION Policy_Situation_2 {
  RELATION_PAIR {MMO..ArrivedAtMercury, MMO..BringMMOToOrbit} PROBABILITY {0.1}
 }

 RELATION Policy_Situation_3 {
  RELATION_PAIR {MMO..HighIrradiation, MMO..MMOSelf-protection}
 }

}
```

在情境-策略关系层上的概率分布可以被省略,假如该关系不会随时间而改变(见上面代码中的第三个关系)。也可以在一个策略内赋予概率分布,其中概率值被设置在动作执行层上。以下代码规约了 MMOProtect_spacecraft 策略,使用相似的概率分布处理 MMOSelf_Protectin 目标。每当动作执行后,将重新计算概率,因而行为就随之改变。

```
CONCEPT_POLICY MMOProtect_Spacecraft {
 SPEC {
  POLICY_GOAL { MMO..MMOSelf-Protection }
  POLICY_SITUATIONS { MMO..HighIrradiation }
  POLICY_RELATIONS { MMO..Policy_Situation_3 }
  POLICY_ACTIONS {
   MMO..Action.CoverInstruments, MMO..Action.TurnOffElectronics,
   MMO..Action.MoveSpacecraftUp, MMO..Action.MoveSpacecraftDown }
  POLICY_MAPPINGS {
   MAPPING {
    CONDITIONS { MMO..Metric.SolarRadiation.VALUE < 90 }
    DO_ACTIONS { MMO..Action.ShadeInstruments, MMO..Action.TurnOffElectronics }
   }
   MAPPING {
    CONDITIONS { MMO..Metric.SolarRadiation.VALUE >= 90 }
    DO_ACTIONS { MMO..Action.MoveSpacecraftUp }
    PROBABILITY {0.5}
   }
   MAPPING {
    CONDITIONS { MMO..Metric.SolarRadiation.VALUE >= 90 }
    DO_ACTIONS { MMO..Action.MoveSpacecraftDown }
    PROBABILITY {0.4}
   }
   MAPPING {
    CONDITIONS { MMO..Metric.SolarRadiation.VALUE >= 90 }
    DO_ACTIONS { GENERATE_NEXT_ACTIONS(MMO..MMO_Spacecraft) }
    PROBABILITY {0.1}
   }
  }
 }
}
```

为了提高面向目标的自主性,在该策略的规约中,我们使用了特别的 KnowLang 运算符 GENERATE_NEXT_ACTIONS,它将自动生成 MMO 航天器将要执行的最合适动作。动作的生成是基于 KnowLang 推理器实现的一个特别的奖赏函数的计算。KnowLang 的奖赏函数(KLRF)检测动作的结果,计算每个可能的动作执行的可能的后续状态,并考虑当前的系统状态(或一组状态,如果当前的状态是一个组合状态)和目标,对动作赋予特别的奖赏值。KLRF 是基于以往的经验,并使用离散时间马尔可夫链[13]进行动作执行后的概率评估(见 2.5.4.3 节)。

注意,当生成动作时,GENERATE_NEXT_ACTIONS 操作符执行一个顺序决策算法,对动作进行选择以最大化整体奖赏。这意味着所生成的动作列表中的第一个动作的执行的直接奖赏,可能不是最高的,但是执行所有生成的动作的整体奖赏将是最高可能值。而且注意,生成的动作是从预先定义的动作集合中选择(例如可能的 MMO 动作,见图 3.13)。用于选择动作的决策算法的原则如下:

(1) 计算强制学习系统的平均累计奖赏。

(2) 对每个策略-动作映射,KnowLang 推理器对值函数进行学习,值函数与平均奖赏的综合相关。

(3) 根据值函数和贝尔曼最优化原理[①],生成优化的动作序列。

3.5.3.3 监视

"监视"这个自主性需求是通过显式的度量(Metric)概念处理的。一般地,一个自适应系统带有敏感器,将其与世界相连接,并最终帮助它了解内部的部件。这些敏感器生成原始数据,代表世界的物理特性。在我们的方法中,我们假设 MMO 的敏感器是由软件驱动器(例如,用 C ++ 实现)控制的,其中使用适当的方法来控制敏感器,并从它读取数据。通过规约一个度量的概念,我们引入一类敏感器到 KB,通过规约对象,即该类的实例,来表示实际敏感器。KnowLang 可以规约四种类型的度量:

(1) RESOURCE——测量资源,如能力;

(2) QUALITY——测量质量,如性能、响应时间等;

(3) ENVIRONMENT——测量环境质量和资源;

(4) ENSEMBLE——测量复杂的质量和资源,其中一个度量可以是多个度量的一个函数,这些度量可以是 RESOURCE 和 QUALITY 类型。

以下是对度量的一个规约,主要用于辅助规约状态和策略条件:

```
//Metrics
CONCEPT_METRIC OutsideRadiation {
 SPEC {
  METRIC_TYPE { ENVIRONMENT }
  METRIC_SOURCE { RadiationMeasure.OutsideRadiation }
  DATA { DATA_TYPE { MMO..Sievert } VALUE { 1 } }
 }
}
CONCEPT_METRIC OutsideTemp {
 SPEC {
  METRIC_TYPE { ENVIRONMENT }
  METRIC_SOURCE { TempMeasure.OutsideTemp }
  DATA { DATA_TYPE { MMO..Celsius } VALUE { 1 } }
```

---

① 贝尔曼最优化原理:如果一个给定的状态-动作序列是优化的,并且我们能够去除第一个状态和动作,则剩余的序列也是优化的(原先序列中的第二个状态便作为初始状态)。

```
  }
}
CONCEPT_METRIC MercuryAltitude {
 SPEC {
  METRIC_TYPE { ENVIRONMENT }
  METRIC_SOURCE { AltitudeMeasure.Mercury }
  DATA { DATA_TYPE { MMO..AU } VALUE { 1 } }
 }
}
CONCEPT_METRIC EarthSignal {
 SPEC {
  METRIC_TYPE { QUALITY }
  METRIC_SOURCE { EarthCommLink.SignalStrength }
  DATA { VALUE { 1 } }
 }
}
CONCEPT_METRIC SolarRadiation {
 SPEC {
  METRIC_TYPE { ENVIRONMENT }
  METRIC_SOURCE { IrradiationMeasure.GetLevel }
  DATA { DATA_TYPE { MMO..Lumen } VALUE { 1 } }
 }
}
```

3.5.3.4 感知

“感知”这个自主性需求由 KnowLang 推理器处理(见 2.5.2 节)。然而,我们仍然需要规约支持推理器的感知能力的概念和对象。例如,我们需要规约支持 self－和环境监视的度量(见 3.5.3.3 节)。继而,通过指定度量使用的状态,我们引入自感知和上下文感知的感知能力。最后,通过对情景的规约(见 3.5.3.2 节),我们引入情境感知的基础。

其他类的感知可以注意特别的状态和情境,例如运行状态和性能(运行感知)、控制过程(控制感知)、交互过程(交互感知),以及导航过程(导航感知)。

3.5.3.5 弹性、健壮性、移动性、动态性和适应性

弹性、健壮性、移动性、动态性和适应性这些自主性需求可以通过规约特别的软目标进行处理。例如,需求“健壮性——对通信的中断健壮”和“弹性——对太阳辐射具有弹性”。这些需求可以被规约为导致系统趋向“降低和处理通信中断”以及“如果辐射相对较低时防止 MMO 采取自保护动作”的软目标。注意,软目标的规约不是一件容易的工作。问题在于软目标不存在边界清晰的满足条件。软目标与满意的概念相关。与通常的目标不同,软目标很少可以被完成或满足。对于软目标,我们最终需要找到“足够好”的解决方案,使得软目标可以被满意到一个足够的程度。这样,当规约健壮性和弹性自主性需求时,我们

需要设定想要的满意程度，例如，通过使用概率或策略条件（见 3.5.3.2 节中 MMOProtect_Spacecraft 策略的规约）。

移动性、动态性和适应性也可以被规约为软目标，但是有相对较高程度的满足性。这三类自主性需求代表重要的质量需求，目标系统需要满足它们，从而提供使得自主性成为可能的条件。这样，它们的满意程度应当是相对较高的。最后，适应性需求可以被定义为硬目标，因为它们确定了目标系统的什么部分可以被适应（而不是如何适应）。

3.6 小　　结

本章展示了我们的 ARE（自主性需求工程）方法，并给出一个概念证明实例研究。该实例是在 ESA 的 BepiColombo 任务上使用 ARE，将提出的 ARE 模型应用到一个实际的 ESA 任务。并且，我们演示了 ARE 如何可以被用于导出和表达航天任务的自主性需求。在我们的方法中，ARE 依赖于面向目标的需求工程（GORE）来导出和定义系统目标，并使用一般自主性需求（GAR）模型，将其置于航天任务，导出和定义辅助性和最终备选的目标。系统可以在威胁初始目标的因素出现时，追求这些 self - * 目标。一旦得到识别，包含 self - * 目标的自主性需求就进而被使用 KnowLang 进行规约。本章给出了 BepiColombo 的自主性需求的规约以及相应的理由说明。

参考文献

1. Amoroso, E.: Fundamentals of Computer Security. Prentice-Hall, Upper Saddle River (1994)
2. Anton, A., Potts, C.: The use of goals to surface requirements for evolving systems. In: Proceedings of the 20th International Conference on Software Engineering (ICSE-98), Kyoto. IEEE Computer Society (1998)
3. Arianespace: Arianespace to launch BepiColombo spacecraft on first European mission to Mercury. arianespace.com (2011). http://www.arianespace.com/news-press-release/2011/9-15-2011-BepiColombo.asp
4. Benkhoff, J.: BepiColombo: overview and latest updates. European Planetary Science Congress, EPSC Abstracts 7 (2012)
5. Boehm, H., Rodgers, B., Deutsch, T.M.: Applying WinWin to quality requirements: a case study. In: Proceedings of the 23rd International Conference on Software Engineering, pp. 555–564 (2001)
6. Bubenko, J., Rolland, C., Loucopoulos, P., de Antonellis, V.: Facilitating "fuzzy to formal" requirements modeling. In: Proceedings of the IEEE 1st Conference on Requirements Engineering (ICRE94), pp. 154–158. IEEE (1994)
7. Chung, L., Nixon, B., Yu, E., Mylopoulos, J. (eds.): Non-Functional Requirements in Software

Engineering. Kluwer Academic, Boston (2000)

8. Dardenne, A., van Lamsweerde, A., Fickas, S.: Goal-directed requirements acquisition. Sci. Comput. Prog. Elsevier **20**, 3–50 (1993)
9. ESA: BepiCcolombo Mercury explorer to be launched on Ariane. esa.int. http://www.esa.int/Our_Activities/Space_Science/BepiColombo_Mercury_explorer_to_be_launched_on_Ariane
10. ESA: BepiColombo Mercury mission to be launched in 2015. sci.esa.int (2012). http://sci.esa.int/science-e/www/object/index.cfm?fobjectid=50105
11. ESA: BepiColombo overview. esa.int (2012). http://www.esa.int/Our_Activities/Space_Science/BepiColombo_overview2
12. ESA: BepiColombo—the interdisciplinary cornerstone mission to the planet Mercury—an overview of the system and technology study. ESA, BR-165 (2000)
13. Ewens, W.J., Grant, G.R.: Statistical Methods in Bioinformatics, 2nd edn, Chap. Stochastic processes (i): poison processes and Markov Chains. Springer, New York (2005)
14. Feather, M.S., Cornford, S.L., Dunphy, J., Hicks, K.: A quantitative risk model for early lifecycle decision making. In: Proceedings of the Conference on Integrated Design and Process Technology, Pasadena, California, USA (2002)
15. Fortescue, P., Swinerd, G., Stark, J. (eds.): Spacecraft Systems Engineering. Wiley, Chichester (2011)
16. Grard, R., Novara, M., Scoon, G.: BepiColombo—a multidisciplinary mission to a hot planet. ESA Bull. **103**, 11–19 (2000)
17. Haumer, P., Pohl, K., Weidenhaupt, K.: Requirements elicitation and validation with real world scenes. In: IEEE Transactions on Software Engineering, Special Issue on Scenario Management, pp. 1036–1054 (1998)
18. Jessa, T.: Solar irradiation. Universe Today, universetoday.com (2011). http://www.universetoday.com/85045/solar-irradiation/
19. Kazman, R., Barbacci, M., Klein, M., Carriere, S.J.: Experience with performing architecture tradeoff analysis. In: Proceedings of ICSE99, Los Angeles, CA, USA, pp. 54–63 (1999)
20. Kirwan, B., Ainsworth, L.K.: A Guide to Task Analysis. CRC Press, Boca Raton (1992)
21. Lamsweerde, A., van Letier, E.: Handling obstacles in goal-oriented requirements engineering. In: IEEE Transactions on Software Engineering, Special Issue on Exception Handling (2000)
22. Leveson, N.G.: Safeware: System Safety and Computers. ACM Press, New York (1995)
23. Montagnon, E.: International collaboration on BepiColombo. Ask Magazine, NASA (46)(2012). http://www.nasa.gov/offices/oce/appel/ask/issues/46/46s_international_collaboration.html
24. Mylopoulos, J., Chung, K.L., Yu, E.: From object-oriented to goal-oriented requirements analysis. Comm. ACM **42**(1), 31–37 (1999)
25. Nixon, B.A.: Dealing with performance requirements during the development of information systems. In: Proceedings of the 1st International IEEE Symposium on Requirements Engineering (RE93), pp. 42–49. IEEE (1993)
26. Novara, M.: The BepiColombo ESA cornerstone mission to Mercury. Acta Astronaut. **51**(1–9), 387–395 (2002)
27. Nuseibeh, B., Kramer, J., Finkelstein, A.: A framework for expressing the relationships between multiple views in requirements specification. IEEE Trans. Softw. Eng. **20**, 760–773 (1994)
28. Pumfrey, D.J.: The principled design of computer system safety analyses. Ph.D. thesis, University of York (1999)
29. Robinson, W.N.: Integrating multiple specifications using domain goals. In: Proceedings of the 5th International Workshop on Software Specification and Design (IWSSD-5), pp. 219–225. IEEE (1989)
30. Rolland, C., Souveyet, C., Achour, C.B.: Guiding goal-modeling using scenarios. In: IEEE Transactions on Software Engineering, Special Issue on Scenario Management, pp. 1055–1071 (1998)

31. Ross, D., Schoman, K.: Structured analysis for requirements definition. IEEE Trans. Softw. Eng. **3**(1), 6–15 (1977)
32. The EIT Consortium: The SOHO extreme ultraviolet imaging telescope, NASA Goddard Space Flight Center, Solar Physics Branch/Code 682 Greenbelt. umbra.nascom.nasa.gov. http://umbra.nascom.nasa.gov/eit/
33. van Lamsweerde, A., Darimont, R., Letier, E.: Managing conflicts in goal-driven requirements engineering. In: IEEE Transactions on Software Engineering, Special Issue on Inconsistency Management in Software Development (1998)
34. van Lamsweerde, A., Darimont, R., Massonet, P.: Goal-directed elaboration of requirements for a meeting scheduler: problems and lessons learnt. In: Proceedings of the 2nd International IEEE Symposium on Requirements Engineering, pp. 194–203. IEEE Computer Society (1995)
35. van Lamsweerde, A.: Requirements engineering in the Year 00: a research perspective. In: Proceedings of the 22nd IEEE International Conference on Software Engineering (ICSE-2000), pp. 5–19. ACM (2000)
36. Vassev, E., Hinchey, M.: Knowledge representation for cognitive robotic systems. In: Proceedings of the 15th IEEE International Symposium on Object/Component/Service-Oriented Real-Time Distributed Computing Workshops (ISCORCW 2012), pp. 156–163. IEEE Computer Society (2012)
37. Vassev, E., Hinchey, M.: ASSL: a software engineering approach to autonomic computing. IEEE Comput. **42**(6), 106–109 (2009)
38. Wertz, J., Larson, W. (eds.): Space Mission Analysis and Design. Microcosm Press, Hawthorne (1999)
39. Yamakawa, H., et al.: Current status of the BepiColombo/MMO spacecraft design. Adv. Space Res. **33**(12), 2133–2141 (2004)

第4章 自主性需求的验证与确认

摘要：自主性需求的验证就是要给出一个系统能够满足需求的证明，即通过执行一个测试、分析、审查或演示，使得每个 self - * 目标得到证实。自主性需求的确认就是要表明：执行一个航天任务的系统在预期的环境（如外空间或水星轨道）和特定约束下，能够满足想要的 self - * 目标，就是说，系统的行为满足自主性需求定义的期望。然而，由于其状态空间巨大、不确定性以及变化的特性，传统的无人航天系统的验证和确认方法在此无法适用。本章对该问题进行分析，并给出一个用于验证和确认自主性需求的可能方法。该方法叫做 AdaptiV，它使用稳定性科学、高性能计算（HPC）仿真、组合验证以及传统的验证技术，将一个自适应系统线性化为稳定的和不稳定（或适应性）的部件，首先进行单独验证，然后使用组合验证技术，将它们作为一个整体进行验证。

4.1 引　　言

如同第1章讨论过的，验证和确认在本质上具有相似性，但是为了根本不同的目的。自主性需求的验证是要给出一个系统能够满足需求的证实，即通过执行一个测试、分析、审查或演示，使得每个 self - * 目标得到证实。自主性需求的确认是要表明：执行一个航天任务的系统在预期的环境（如外空间或水星轨道）和特定约束下，能够满足想要的 self - * 目标，就是说，通过执行一个测试、分析、审查或演示，表明系统的行为满足自主性需求定义的期望。注意，验证是与所规约的自主性需求相关，验证可以在需求规约模型上或系统实现上进行。需要重点指出的是，ARE 规约模型建立了一个自主性行为基线。该基线是一个全局的自主性验证/确认的指示要求，它也可以在后来被修改。如果没有该基线和适当的配置控制，自主性需求的验证和确认将是不可能的。

在本章中，我们分析该主题，并给出一个对自主性需求进行验证与确认的可能方法。

4.2 背　　景

通常,验证是使用基于场景的测试进行的。在该测试中,将要验证的软件部件嵌入到一个与该部件的输入输出相联结的测试床,并通过一组测试来驱动它。每个测试的运行是一个给定输入的可选顺序和预期的输出,与被测部件的一个场景的执行相对应。当收到的输出与预期的输出不相符时,给出一个出错信号。

即使对于简单的系统,测试集的设计和维护也是一个困难和高成本的过程。它要求对于将要被测的系统的良好理解,从而保证用最少的测试用例覆盖最多的不同情况。测试的运行也是一个耗时的工作,因为必须运行整个模型(或实现),而每次运行前必须进行各种初始化。在复杂系统的开发中,常见到软件的测试实际比开发还要消耗更多的资源。

自主性和自适应系统的完整测试几乎(即使不是完全)是不可能的,因为触发 self - * 目标的情况会难以(或者不可能)预测,还因为在运行(尤其是深空探测任务)中,有效监视和调整这样的系统的机会可能有限或者不存在。因此,系统和软件验证将对于系统在部署之后的正确运行至关重要[5]。问题是,使用传统的验证技术不足以对这些系统进行验证。由于这些系统需要在飞行中调整/适应其行为的特性,系统的状态空间可能是天文数字。

一个叫做远程代理实验(RAX)的例子,可以说明传统测试方法用在自主性系统上时的低效性,其结果是惊人的[8]。这个远程代理是经过一年的深入测试,于1999年5月17日用于NASA的深空1号任务。几小时后,在检测到一个死锁之后,RAX不得不被停止。经过分析,发现死锁是由于远程代理执行程序中的两个并发线程之间,一个可能性很小的竞争条件引起的。引起问题的调度条件在测试中从来没有发生过,而在飞行中就确实发生了。两天后,RAX被重新激活,并成功完成了其所有的目标。注意,那些被经常用来提高可靠性的解决方案,并不适用于软件。硬件部件会由于老化或外部损伤而按统计规律失效,而程序与之不同,它们几乎无一例外是由于隐藏的设计错误而失效。单个活动系统如果失效,重复的备份系统也会失效(除非备份系统使用不同的软件设计,如同航天飞机的机载计算机上使用的那样)。

现代自动化验证技术要能够工作,要求大幅的状态空间缩减。不幸的是,这使得需要降低系统模型(如ARE模型)的粒度,导致一个不足以代表原始系统的低精确度模型。为了解决自主和自适应系统的这些以及其他验证问题,需要开发一个特别的适应性验证(AdaptiV)平台。AdaptiV应当提供一个工具链和方法学(图4.1),用于验证自主性和自适应系统,减轻上述困难。AdaptiV由以下部分组成：

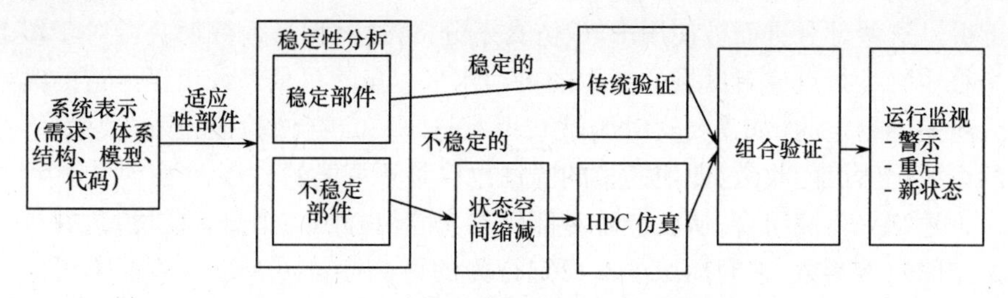

图 4.1 对适应性系统进行验证的过程[10]

（1）一个稳定性分析能力，识别一个给定系统模型的不稳定性，并将系统模型分为稳定的和不稳定的部件模型；

（2）一个状态空间缩减功能，对一个不稳定部件模型的状态空间进行修剪，并且不失去关键保真度；

（3）高性能计算（HPC）仿真，用来在一个不稳定的部件的经过缩减的状态空间上进行广泛的行为探索，对部件生成一个统计验证；

（4）一个组合验证功能，对单个部件的验证进行聚合；

（5）运行监视，对系统运行中的非预期的不稳定行为进行检测和采取动作。

4.3 AdaptiV

像 BepiColombo 这样的系统具有超大的状态空间。用于自主性目标的自主性部件（或模块）尤其如此。在这样的模块中，子系统经常并发运行，与环境交互并且相互交互，并对环境的改变做出反应。部件运行中与环境的交互（交织）带来的组合式爆炸是状态空间巨大的原因。典型的现代自动验证/确认技术（如自动定理证明和模型检测），无法扩展到支持这样大的状态空间。为了使这些技术有效，目标系统的状态空间必须大量缩减。状态空间的缩减是通过将系统的状态转移聚合到抽象（粗粒度）的有限状态模型。该技术有效地减少了要考虑的整个状态数目，但是也降低了系统模型的保真度，这是一个关键问题抽象模型必须保持足够精确，才能够在关注的维度上足以代表原始的系统。因此，在模型的规模和精确性之间存在一个折中。目前，只有非常抽象、保真度很低的模型可以被自动验证。自主性系统所需要的是能够支持对大得多的状态空间进行自动验证的技术。

稳定性科学已经被用于验证一个受训练的神经网络的稳定性，该网络是一个自适应系统的一种形式[9,11-14]。AdaptiV 是建立在该项工作之上，用于验证广泛的自主性和自适应系统。它使用稳定性分析来识别一个适应性系统的不稳定部分。这些部分进而被使用 HPC 仿真来分析,通过大量运行来获得对于覆盖一个稳定的运行点或者区域的能力的可信水平。虽然可信系统由于运行的需要而天生是不稳定的(如需要实时调整),但是这不一定会使验证失败。一个不稳定的系统仍然可能收敛,即使完整的验证也许是不可能的。

上述结果将被组合,从而产生对部件行为的信心的一个概率化度量,并提供状态空间收敛参数,它们标识了不稳定行为的可能症状。在综合验证不可能的时候,运行监视器可以被部署到适应性系统上。监视器将能够自动生成和部署,用来检测运行中的不收敛症状,并指导进行朝向稳定行为的适应性调节。

4.3.1 模型检测

模型检测是一种流行而且很有前景的软件验证技术[1]。该方法主张使用形式化验证工具,通过研究使用时态逻辑(TL)表达的正确性属性,使得软件程序的特定设计缺陷得到检测。时态逻辑对命题逻辑增加了模态算子和定点算子。一般而言,模型检测通过使用高效的图搜索算法,提供了一个验证有限状态自动机的自动化方法。图搜索帮助确定时态正确性属性描述的系统行为在系统的状态图中是否成立。

一个通常的模型检测问题是:给定一个软件系统 A 及其形式化规约 a,确定在系统的状态图 g 中,用正确性属性 p 表达的 A 的行为,满足规约 a。形式上,这可以被表达为一个三元组($a;p;g$)。注意,g 是从用一个标号变迁系统(LTS)[1]表示的形式化规约构造而得的状态图。形式上,一个 LTS 可以用一个克里普克(Kripke)结构[1]表示,克里普克结构是一个多元组($S;S_0;Act;R;AP;L$),其中:

(1) S 为系统所有可能状态的集合;

(2) S_0 为一组初态;

(3) Act 为动作集合;

(4) R 为可能的状态转移;

(5) AP 为一组特定的原子命题;

(6) L 为一个标号功能,将一个原子命题的集合 $L(s)$ 关联到任何状态 s,就是说,在那个状态下,一组原子命题为真。

注意,为了使得一个 LTS 适用于模型检测,每个状态 s 必须与一组在该状态下为真的原子命题 AP 相关联。因此,如果我们将一个软件系统转化为一个状态机,就可以使用时态逻辑来表达程序的时态正确性属性。最常见的这种属性是全局不变量,即在一个状态机的所有可达状态中都成立的属性,或者等同于说,在一个程序执行中总是成立的属性。

模型检测目前遇到的最大问题是所谓的状态爆炸问题[1]。一般地,一个状态图的大小至少是并发运行的进程数的指数级,因为整个系统的状态空间是并发进程局部状态的笛卡儿乘积。为了解决这个问题,当前的模型检测工具力图缩减目标软件系统的状态空间。

注意,一个现代并发软件系统有着巨大而复杂的状态空间,缩减是一项通过将状态转移聚合到粗粒度的状态转移,从而降低状态空间大小的重要技术。状态空间缩减的实现是通过构造系统的一个抽象(粗粒度)的有限状态模型,而这个模型最终仍然足够用来验证所关心的属性。该技术可以有效降低所要关注的状态的总量,但是容易把系统的粒度降低到不足以代表该系统的程度。问题是尽管抽象模型相对较小,它仍然应该精确到足以代表原来的系统。后一个需求倾向于使得抽象模型变大,因为一个转换系统的大小是按变量、并发部件和通信通道的数量呈指数增长的。然而,大的模型使得自动化的验证极其低效,因此要进行模型大小与精度之间的折中,大大降低它们的有效性。

图 4.2 显示了模型检测验证方法的一个一般化视图。注意,在一个正确性属性不能满足的情况下,该方法返回一个反例[1]。这个反例是 LTS 的一个执行路径,所需要的正确性属性在该路径上不为真。如果模型检测已经在整个 LTS 上执行,则该属性对于原始的系统规约是不成立的。否则,如果使用的是一个缩减的 LTS(使用了状态缩减技术),反例提供的信息则被用于对缩减的模型进行精化。大量可以使用模型检测进行验证的形式化工具已经得到开发,如 Spin、Emc、Tav、Mec、XTL 等。尽管已有出色的应用,并且事实表明模型检测对于解决关键系统的正确性问题是一个革命性的进步,但是对于大型和高度复杂的软件保障仍然是一个艰巨的任务。原因就是:高复杂度是软件失效的来源,由于状态爆炸问题,标准的模型检测方法无法扩展到能够很好地应对大型系统。

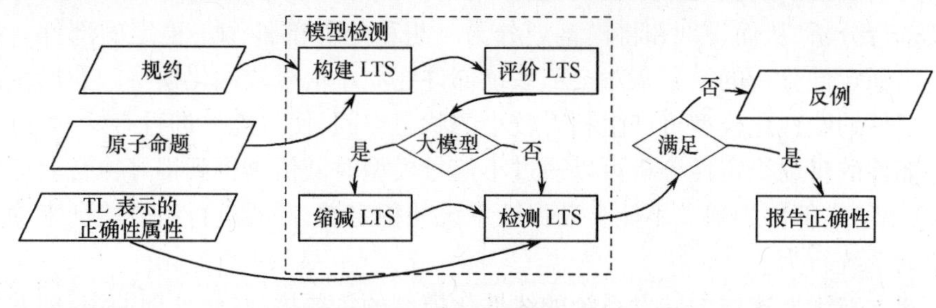

图 4.2　模型检测方法

模型检测是当前最有希望的自动验证机制。然而它需要有限状态模型来对一个系统的所有可能执行路径进行自动验证。可是,自适应系统(或者单个的适应性部件)从本质上是不确定性的,这意味着它们可能有一个巨大的状态空间。其结果是,模型检测所需要的抽象模型难以建立和使用。因而,用模型检测进行确认的方法对整个系统或者对单个的适应性部件都是不可能的。在这种情况下,为了在一些部件上执行有限的模型检测,我们需要确定一个适应性系统的非适应性和适应性(不稳定)部分。

4.3.2 稳定性科学

稳定性科学[3]提供了一个研究系统稳定性的通用方法,其中系统被围绕其运行点进行线性化,以确定该运行点的一个小信号线性化模型。继而可以使用线性系统稳定性分析方法,如 Routh-Hurwitz 方法、Root Locus 方法、Bode Plot 方法以及 Nyquist Criterion 方法,来确定系统的稳定性。AdaptiV 在一个自适应系统上使用稳定性科学,将该系统划分为一组稳定性(确定的)部件和不稳定(非确定的)部件(通常这些部件用于满足 self - * 目标)。应用传统的技术来验证稳定性部件,应用高性能计算仿真来探索不稳定部件的状态空间,对每个部件计算一个验证可信度,然后使用组合验证技术对整个系统生成一个整体验证以及验证的可信度。

识别一个适应性系统的不稳定部分,是我们的验证方法的一个关键。不稳定部分在系统的行为中引入不确定性。相反,一个稳定系统从一个安全状态转换到另一个安全状态。通过分析 self - * 目标的参与者(见 3.5.2 节),ARE 可以帮助我们消除不稳定部分。

当前,没有高效的方法来确定一个复杂并发系统(如航天器)的整体稳定性。由于状态空间爆炸问题,一个系统级的稳定性检测可能报告出差异的行为,因为在无限的状态空间上,可能有一个无限的连续弱断言的序列,任何一个都不是稳定的。为了解决这个问题,我们使用稳定性科学来建模一个适应性系统,并对其进行分析,从而识别和将模型划分为一组稳定的部件和不稳定的部件。我们使用稳定性分析的结果来对全部系统部件建立小信号线性化模型。我们预测系统部件的线性化模型将产生相对较小的状态空间,使得能够进行有效的分析。这些部件的自动稳定性分析可以通过小信号模型时域仿真得到很好执行。应当注意,不稳定部件的缺少不能自动保证系统的稳定性,需要进行组合验证来确保需要的系统行为。

建立航天器这样的并发系统的线性化模型的主要挑战,是处理冲突,即并发进程对诸如内存这样的共享资源进行并发改变的可能性。这个问题的一个可能的解决方法是定义一个同步机制来避免冲突。大多数这种机制依赖于一些形式的访问拒绝,例如锁。尽管锁机制使得正确性的推理变得容易,它们也可能引起效率的损失,因为进程要等待访问所需的资源。因此,一个锁机制的粒度可以做得很细,拒绝对最小资源的访问,从而最小化等待和最大化并发性。一个线性化的模型必须隐性地或者显性地将其他进程的动作纳入考虑。宽泛地讲,一个操作点的一个线性化模型应当将环境和并发进程纳入到证明中:必须表明,在环境或者其他并发进程的动作下,所有的前置和后置条件是不受影响(或者稳定)的。一旦实现了无冲突,该证明就可以被当作一个顺序程序一样执行。注意,在许多情况下,自动保证这种无冲突性是有问题的。

将系统分解到部件,验证每个部件,然后使用组合技术来提供系统的一个整体验证,这在目前是个新方法。其独特性在于,使用稳定性科学来将系统分解为稳定的和不稳定的部件。稳定性部件代表确定性或非适应性的行为,可以使用传统的技术进行验证。不稳定部件提供非确定性或适应性的行为(参与self - * 目标的 ARE 参与者),需要进行超出传统技术能力的状态空间探索。

4.3.3 状态空间缩减

在稳定性分析中识别出的稳定性部件代表了确定性或非适应性的行为。这些部件将被使用传统的技术进行验证。非稳定性的部件可能需要进行超出传统技术能力的状态空间探索。对于这些部件,我们:

(1) 通过识别状态空间中的同形元素来修剪状态空间。

(2) 检查状态空间中的模式(使用聚类、分类或其他模式识别方法)来进一步缩减状态空间。

如果需要,我们将采用其他方法来缩减状态空间,并对于模型的行为是否正确地代表实际系统的行为,提供充分的确信。

4.3.4 高性能计算

稳定性分析方法对所有可能的行为执行穷尽探索。将系统划分为稳定和不稳定的部件,可以缩减需要探索的状态空间大小,提高对剩余的状态空间的探索速度。尽管如此,我们预测仍然不可能使用有限的内存资源和时间对大型适应性系统的整个状态空间进行探索。为了减少内存使用,我们将使用一个非稳定部件状态的轻量快照——包含一个状态的签名(一个实际状态的哈希压缩)和足迹(其路径决策函数返回值的序列)。为了恢复部件的状态,AdaptiV 将从初始状态重放选择的序列。然而,状态的重构是一个耗时和耗 CPU 的过程,尤其当足迹很长的时候。

为了降低运行时间,我们将使用高性能计算(HPC)来确定在稳定性分析中找到的非稳定部件可否在适应性过程中收敛以及如何收敛。并行化仿真使得可以同时进行多个状态空间探索。我们计划研究使用 HPC 来获得对不稳定部件的穷尽探索。所有的 HPC 节点(或者处理元素)将并发地从足迹中重构和克隆状态,并在不同的节点上探索它们。通过使用瘦虚拟化技术的活的操作系统进程,在一个节点上的实际部件状态的检查点可以被高效地分布到其他节点上。此外,该技术为使用分布式哈希表提供了便利,将轻量的状态快照作为网络对象处理,从而获得公平的负载均衡,并降低用于分割的部件之间交换状态的网络通信。

如前面指出的,即使借助 HPC 的帮助,我们仍不能在有限的内存和时间资源下,预测任何组合模型将被完全验证。为了克服这个限制,AdaptiV 将提供一个可信程度百分比或可信度度量。基本的可信度度量用下列公式进行计算:

$$Cm = x(2 \times 0.5^{y})$$

式中:Cm 为可信程度度量;x 为输入总数;y 为优化样本数。如何优化样本结果来达到状态空间的最大化覆盖,是一个开放的研究问题,将在本项目中研究。如何集成非稳定部件的可信度度量,用于生成整个复杂系统的可信度度量,需要进一步的研究。即使这样,AdaptiV 可以增加统计可信度级别,优于传统的模型检测工具。

4.3.5 组合验证

适应性巨大地增加了系统设计的复杂性,因为一个部件的适应可能影响其提供的服务的质量,而这反过来又会引起其他部件的适应。系统部件之间的相互交互影响到整体系统行为。因此,通过单独验证各个部件是不足以保证系统的正确性的。需要的是将适应性过程作为一个整体进行检测的能力。这是一个复杂而容易出错的任务。在我们的方法中,将应用组合验证[2,4]技术来产生一个系统整体的验证。我们将考虑刻画重要不变量的组合,分为任务目标不变量、行为不变量、交互不变量和资源不变量。这里,行为不变量是部件安全状态可达性的近似,交互不变量是对于部件在交互中涉及的状态的全局约束。选择最恰当的不变量集合,并决定用于计算不变量的启发式方法(如交互不变量),是为一个适应性系统设计组合验证技术时的最大困难。我们将这个选择过程作为后续研究的一个内容。

文献[6,7]提供了一组用于生成组合模型的可能的抽象原则。这 7 个防止冲突的抽象原则将分析用于适应性系统的组合验证。设 a 和 w 是如下命题:a 指定一组状态,由其开始的最终状态要求是可达的,w 代表一组最终状态。将要研究的初始抽象规则包括[7]:

(1) 观察等价性;

（2）去除 a 标记；

（3）去除 w 标记；

（4）去除非共同可达标记；

（5）确定非 a 状态；

（6）去除导致非 a 状态的 t 转移；

（7）去除源自非 a 状态的 t 转移。

虽然仅有组合验证还不能保证一个适应性系统的完全正确，它还是能够证明诸如无死锁、全部任务目标可达等特性。

4.3.6 运行监视器

由于即使使用上面提出的方法，一个适应性系统还是不能被完全验证，因而应该在端系统上使用运行监视器来对适应性进行监视。这些监视器应当基于稳定性分析和 HPC 仿真的结果。它们应当监视全部或者仅仅那些在仿真中不能收敛的适应性部件。监视器可以给出系统在适应时，在一个给定时间内没有收敛的告警、重启不能收敛的系统部件，或者当系统在一个指定的时间内不能收敛时，强制系统进入一个已知的状态。可以在地面根据严重程度、已知问题等情况调整告警。可以根据收敛问题，在一个任务中打上软件补丁（可以与在仿真中发现的不同）、减少适应量，或者如果运行良好的话增加适应量。

我们预测从系统效率的角度，在端系统上部署多个监视器——每个适应性部件一个或多个，比单个大的监视器更有利。为了降低处理开销，监视器只在有适应性部件运行时才使用，否则就保持休眠。

监视器应当使用来自 HPC 仿真的信息进行配置，考虑一个适应性部件在进行适应时的收敛时间。这些时间提供了一个适应性部件多久收敛的边界。当收敛超出这些边界时，将采取如上所述的适当动作。此外，指出适应性已经完成的端状态（变化值等）也将被监视器使用。当这些端状态到达时，监视器应当知道适应性已经成功收敛，监视器于是可以进行必要的报告和回到休眠状态。

4.3.7 系统输入

AdaptiV 的输入包含适应性系统的一个模型。该模型从系统需求或系统设计导出。在一开始，我们预测该收敛将是手工的，但是可以从使用一些工具开始自动生成所需的模型。这包括修改的 UML 工具或其他系统规约和验证工具。用于稳定性分析的模型的类型和结构将依赖于使用的稳定性分析的类型（这是本项目的一个研究内容）。适应性系统中确定为稳定性的部分可以使用与系统的非适应性部件相同的技术，这些是更传统的技术。我们当前正在集中研究系统的非稳定部分，所以对于确定为稳定的部件的验证不在本研究范围之内。

4.4 小　结

由于其巨大的状态空间、不确定性，以及变化的本质，对自主性和自适应系统使用传统的验证是不够的。稳定性科学、HPC 仿真、组合验证和传统验证技术的组合，再加上运行监视器，提供了一个验证和部署自适应系统的，以前没有被使用过的新方法。本章讨论该验证方法 AdaptiV 的细节。稳定性科学用来检查一个自主性或自适应系统的不稳定的适应性部件。稳定性的部件则使用传统方法进行验证。不稳定部件的状态空间被缩减，然后使用高性能计算进行仿真以确定它们是否收敛。在一个给定时间内不收敛的部件将需要被重新设计。收敛的不稳定部件将要进行验证，然后使用组合验证技术与稳定性部件一起得到验证。运行监视器也将部署到系统中，对适应性进行监视，以确保其收敛。如果它们在事先确定的时间段内没有收敛，监视器将停止适应性，将系统置回一个已知的状态。注意，在“收敛”的背后，我们假设执行一个备选的执行路径，它是由使用我们的 ARE 方法确定的 self - * 目标提供的。

参考文献

1. Baier, C., Katoen, J.P.: Principles of Model Checking. MIT Press, Cambridge (2008)
2. de Roever, W.P., de Boer, F., Hanneman, U., Hooman, J., Lakhnech, Y., Poel, M., Zwiers, J.: Concurrency Verification: Introduction to Compositional and Non-compositional Methods. Cambridge University Press, Cambridge (2001)
3. Emadi, A., Ehsani, M.: Aircraft power systems: technology, state of the art, and future trends. Aerosp. Electron. Syst. Mag. **15**(1), 28–32 (2000)
4. Francis, R.: An implementation of a compositional approach for verifying generalized nonblocking. The University of Waikato, Department of Computer Science, Hamilton, NZ, Technical report (2011)
5. Hinchey, M., Rash, J., Truszkowski, W., Rouff, C., Sterritt, R.: You can't get there from here! Problems and potential solutions in developing new classes of complex computer systems. In: Conquering Complexity. Springer, Heidelberg (2012)
6. Leduc, R., Malik, R.: A compositional approach for verifying generalized nonblocking. In: Proceedings of 7th International Conference on Control and Automation (ICCA '09), Christchurch, NZ, pp. 448–453 (2009)
7. Leduc, R., Malik, R.: Seven abstraction rules preserving generalized nonblocking. The University of Waikato, Department of Computer Science, Hamilton, NZ, Technical report (2009)
8. Nayak, P.P. et al.: Validating the DS1 remote agent experiment. In: Proceedings of the 5th International Symposium on Artificial Intelligence, Robotics and Automation in Space (iSAIRAS-99). ESTEC, Noordwijk (1999)
9. Phattanasri, P., Loparo, K., Soares, F. (eds.): Verification and Validation of Complex Adaptive

Systems. EECS Department, Case Western Reserve University, Contek Research, Inc. (2005)
10. Pullum, L., Cui, X., Vassev, E., Hinchey, M., Rouff, C., Buskens, R.: Verification of adaptive systems. In: Proceedings of (Infotech@Aerospace) Conference 2012, Garden Grove, California, USA, pp. 2012–2478. AIAA, Reston (2012)
11. Pullum, L., Darrah, M., Taylor, B.: Independent verification and validation of neural networks—developing practitioner assistance. Software Tech News (2004)
12. Pullum, L., Taylor, B., Darrah, M.: Guidance for the Verification and Validation of Neural Networks. Wiley-IEEE Computer Society Press, chichester (2007)
13. Taylor, B. (ed.): Methods and Procedures for the Verification and Validation of Neural Networks. Springer, Heidelberg (2005)
14. Yerramalla, S., Fuller, E., Mladenovski, M., Cukic, B.: Lyapunov analysis of neural network stability in an adaptive flight control system. Self Stab. Syst. 77–91 (2003)

第5章 总结和未来工作

从 NASA 的发展蓝图和航天技术的大挑战可以清楚看到,自主性和自适应系统的使用将对未来的航天系统和任务,以及其他生命攸关系统都至关重要。当前的软件密集系统,如现代航天器和无人探测平台(如 ExoMars),通常都带有一些自主性特征,这带来了复杂的行为和与运行环境的复杂交互,经常导致对自适应性的需要。为了正确开发这样的系统,首要的是正确处理自主性需求。然而,在无人航天任务中集成和提高自主性,是一项具有很大挑战性的任务。与自主性需求的导出和表达相关的难题就是工程师必须克服的挑战之一。

本书给出了自主性需求工程(ARE)的一个新方法,并通过一个逐步展开的方式进行了说明。

作为必要的背景,本书首先描述了面向航空航天的软件工程的最新现状。航空航天系统需要满足许多标准,也有很高的安全性需求,因此航空航天系统的开发强调验证、确认、认证和测试。本书讨论了软件开发的复杂性,以及领先的航空航天组织,如 NASA、ESA、波音和洛克希德·马丁当前所采用的软件工程过程。他们的软件开发项目应用了基于螺旋的方法,其中强调的是验证。书中还讨论了用于航空航天的方法、技术和体系结构方法。同样的方法用于自主性航空航天系统的开发(如 UAV 和机器人航天探测系统)。这样的系统包含了集成健康管理、自监视和器上决策等的特征。然而,由于缺少适当的、专门的软件工程方法用于自主性航空航天系统,导致了与需求、建模和实现相关的许多内在问题。针对自主性系统的需求工程是一个开放的研究领域,目前能见到的只有有限的方法。

进而,本书讨论了在 ESA 任务上下文中的自主性的概念,并列出了需求工程的各个方面,包括用于航空航天的规约模型和形式化方法。对航空航天任务的特别常见自主性需求进行了深入讨论,包括控制这些任务的机器人系统的控制器体系结构。书中给出了处理一般自主性需求和控制器体系结构的方法的讨论。书中还分析了形式化方法,如 ASSL 和 KnowLang,它们为专门用于航空航天任务的自主性特征的新的 ARE 方法建立了基础。

接下来,本书在前两章讨论和结果的基础上,定义和描述了自主性需求工程

(ARE)方法。ARE 的目标是通过提供一个用于导出和表达自主性需求的机制和方法,在无人的航天任务中集成和提升自主性。ARE 依赖于面向目标的需求工程来导出和定义系统目标,并使用一般自主性需求模型来导出和定义辅助性的以及最终可选性的目标。系统可以在出现威胁初始目标的因素时,追求这些“self - * ”目标。一旦得到识别,则可以使用 KnowLang 语言对自主性需求进行规约。给出和详细讨论了一个概念证明的实例研究,表明了 ARE 处理自主性需求的能力。给出的实例研究是对 ESA 的 BepiColomo 任务的自主性需求的发现和表达。

最后,本书讨论了自主性需求的验证与确认。由于这些需求的状态空间大、不确定以及易变的特点,传统的验证与确认方法对于无人航天系统是不够的。本书对问题进行了分析,给出了一个对自主性需求进行验证与确认的新方法。这种方法叫 AdaptiV,它使用稳定性科学、HPC 仿真、组合验证以及传统的验证技术,首先将一个自适应系统线性化为稳定的和不稳定的(或适应性的)部件,先分别进行验证,然后使用组合验证技术进行整体验证。

未来工作主要聚焦用于我们的 ARE 模型和 AdaptiV 方法的工具的开发。一个融合进 AdaptiV 确认方法的高效的 ARE 工具集是使得 ARE 框架趋于完整的下一步。此外,一个高效的 AdaptiV 框架将采用 KnowLang 作为一个形式化符号,提供用于规约和确认自主性需求的工具。该确认工具将采用我们的 AdaptiV 方法。与监视机制一起提供的还应该有运行时的知识表示和推理,从而支持一个系统在运行时的自主性行为。我们需要建立一个 ARE 测试床工具,集成 KnowLang 推理机,能够基于仿真和测试来确认 self - * 目标。这将帮助工程师确认 self - * 目标,通过评价系统的能力,来感知内部和外部环境,对变化做出响应。因此,通过 ARE 测试床工具,我们将能够评价系统对条件和情况的感知能力。理想中,以知识表示形式规约的自主性需求模型以及推理机,进而能够在一个自主航天器上实现为一个负责自主性行为的引擎。最终,一个代码生成器将能够生成支持 KnowLang 推理机操作的桩代码。这些桩进而可以被用作控制系统自主性行为的机制的真实实现。

另外,将在 ARE 框架中集成一个智能的 GAR(一般自主性需求)框架,从而提供特殊的 GAR 模式,在自主性系统的开发中为工程师提供辅助。在 ARE 框架中对 GORE 的集成,将实现处理航天任务分析(SMA)活动,以及捕捉来自于 SMA 和从约束与安全性需求导出的 self - * 目标的工具。此外,我们需要开发 ARE 工具用于处理自主性需求中的变化点,以及用于对由变化点引起的备选场景,针对目标满足程度进行评价的定性和定量推理技术。

所有上述工作将使得 ARE 不是一个简单用于捕捉自主性需求的框架,而是一个工具,其中对自主性特征实现从需求到设计以及到实现的平滑转换。

附录A　UAS认知能力需求

1. 感知认知能力

1）功能

（1）识别对平台的威胁级别。

（2）生成平台的操作能力，如持续时间、负荷等。

（3）生成当前交战规则（ROE）的信息交换需求（IER）。

（4）监视指令链以及当前授权的在此之上和之下的实体的状态。

（5）来自外部源的信息和平台上生成的数据的配置管理。

（6）使用更新的任务前数据生成预测的空中或地面情景。

（7）按照预测情景的格式，生成可与之比较的实际情景。

（8）检测实际情景和预测情景的差异。

（9）导出差异的参数和可信级别。

2）输入

（1）当前的ROE状态。

（2）任务前数据和飞行时的更新。

（3）从敏感器得到的当前情况。

（4）网络状态。

（5）识别的空中图片。

（6）识别的地面图片。

（7）当前的平台飞行路径和意图。

（8）当前的工具状态。

3）输出给理解认知能力

（1）对平台的威胁级别。

（2）友军的位置。

（3）敌军的位置。

（4）区域中的其他平台的位置和飞行路径。

（5）作为IER的ROE状态。

（6）预测情景和实际情景的差异。

(7) 预测情景和实际情景差异的定量参数。
(8) 当前武器状态。

2. 理解认知能力

1) 功能
(1) 将情景差异分类为对象类型。
(2) 禁止目标区域的识别。
(3) 定位潜在目标以及正确分类的概率。
(4) 定位非目标。
(5) 比较定量的情景差异参数以及潜在目标,包括 ROE 和 IER。
(6) 识别在情景和 ROE IER 之间丢失的信息(如果有的话)。
(7) 指出情景和 ROE IER 之间丢失的信息的来源。
(8) 对于平台状态变化或中断通信链路的应急策划。
2) 输入
(1) 来自感知能力的输出。
(2) 来自器上数据库的数据,如器上武器射程以及爆炸破坏范围。
(3) 网络状态。
3) 输出给谋划能力
(1) 威胁级别。
(2) 军事重要目标,包括:
① 正确分类的概率;
② 军事重要性;
③ 丢失的给出更高正确分类概率的信息;
④ 友军的接近;
⑤ 限制的目标区域。
(3) 民用目标,在攻击计划中给定限制。
(4) 友军的位置。
(5) 指令链状态。

3. 谋划认知能力

1) 功能
(1) 如果威胁级别高,生成保存自我的指令。
(2) 预测使用器上武器和能力的效果。
(3) 决定 ROE IER 是否满足,并生成平台可用的选项。

(4) 识别可以被自主选择的选项。

(5) 分级评价可用选项的定量方法。

(6) 决定一个或多个选项是否满足任务目标。

(7) 决定丢失的 ROE IER 的潜在来源,包括向另一个飞行器分派任务。

(8) 当授予 AUAS 动作权限时,测试当前的指令链。

(9) 识别决策是否必须指向另一个授权的实体。

(10) 生成为何不能在 AUAS 中做出一个指令决策的原因列表。

2) 输入

(1) 来自感知能力的输出。

(2) 来自器上数据库的数据,如器上武器射程和爆炸破坏区域。

3) 输出

(1) 在允许时交予执行机构的指令。

(2) 决策转移到另一个授权的实体的信息。

附录 B　Voyager 图像处理行为的 ASSL 规约

```
//==================== autonomic system VOYAGER MISSION ====================
//================ IMAGE-PROCESSING self-management policy =================
//
// This is the full specification of the Voyager2 mission.
// All the four antennas are operational.
//
// Note:
// - the voyager's cameras are set to apply three filters blue, red, and green;
// - the wide-angle camera takes pictures 100 x 50 pixels;
// - the narrow-angle camera takes pictures 50 x 50 pixels.
// - to trigger the self-management mechanism we specified a PERIOD { 60 sec )
//   activation in the Voyager's timeToTakePicture event.
//
//==========================================================================
AS VOYAGER_MISSION {

 TYPES { Pixel }
 VARS { integer numPixelsPerImage   } // determines the image size in pixels

 ASSELF_MANAGEMENT {
  OTHER_POLICIES {
   POLICY IMAGE_PROCESSING {
    FLUENT inProcessingImage_AntAustralia {
     INITIATED_BY { EVENTS.imageAntAustraliaReceived } TERMINATED_BY { EVENTS.imageAntAustraliaProcessed }
    }
    FLUENT inProcessingImage_AntJapan {
     INITIATED_BY { EVENTS.imageAntJapanReceived } TERMINATED_BY { EVENTS.imageAntJapanProcessed }
    }
    FLUENT inProcessingImage_AntCalifornia {
```

```
    INITIATED_BY { EVENTS.imageAntCaliforniaReceived } TERMINATED_BY { EVENTS.imageAntCaliforniaProcessed }
   }
   FLUENT inProcessingImage_AntSpain {
    INITIATED_BY { EVENTS.imageAntSpainReceived } TERMINATED_BY { EVENTS.imageAntSpainProcessed }
   }
   MAPPING {
    CONDITIONS { inProcessingImage_AntAustralia}
    DO_ACTIONS { ACTIONS.processImage("Antenna_Australia") }
   }
   MAPPING {
    CONDITIONS { inProcessingImage_AntJapan }
    DO_ACTIONS { ACTIONS.processImage("Antenna_Japan") }
   }
   MAPPING {
    CONDITIONS { inProcessingImage_AntCalifornia }
    DO_ACTIONS { ACTIONS.processImage("Antenna_California") }
   }
   MAPPING {
    CONDITIONS { inProcessingImage_AntSpain}
    DO_ACTIONS { ACTIONS.processImage("Antenna_Spain") }
   }
  }
 }
} // ASSELF_MANAGEMENT

ASARCHITECTURE {
 AELIST {AES.Voyager, AES.Antenna_Australia, AES.Antenna_Japan, AES.Antenna_California, AES.Antenna_Spain}
 DIRECT_DEPENDENCIES {
  DEPENDENCY AES.Antenna_Australia { AES.Voyager }
  DEPENDENCY AES.Antenna_Japan { AES.Voyager }
  DEPENDENCY AES.Antenna_California { AES.Voyager }
  DEPENDENCY AES.Antenna_Spain { AES.Voyager }
 }
 GROUPS {
  GROUP VoyagerGroup {
   MEMBERS {AES.Voyager, AES.Antenna_Australia, AES.Antenna_Japan, AES.Antenna_California, AES.Antenna_Spain}
  }
 }
```

```
} // ASARCHITECTURE

ACTIONS {
 ACTION IMPL processImage { // process an image sent by a specific antenna
  PARAMETERS { string antennaName  }
GUARDS { ASSELF_MANAGEMENT.OTHER_POLICIES.IMAGE_PROCESSING.inProcessingImage_AntAustralia OR
         ASSELF_MANAGEMENT.OTHER_POLICIES.IMAGE_PROCESSING.inProcessingImage_AntJapan OR
         ASSELF_MANAGEMENT.OTHER_POLICIES.IMAGE_PROCESSING.inProcessingImage_AntCalifornia OR
         ASSELF_MANAGEMENT.OTHER_POLICIES.IMAGE_PROCESSING.inProcessingImage_AntSpain }
TRIGGERS {
 IF antennaName = "Antenna_Australia" THEN EVENTS.imageAntAustraliaProcessed     END
 ELSE
  IF antennaName = "Antenna_Japan" THEN EVENTS.imageAntJapanProcessed END
  ELSE
   IF antennaName = "Antenna_California" THEN EVENTS.imageAntCaliforniaProcessed END
   ELSE IF antennaName = "Antenna_Spain" THEN EVENTS.imageAntSpainProcessed END END
  END
 END
 }
}
} // ACTIONS

EVENTS { // these events are used in the fluents specification
 EVENT imageAntAustraliaReceived { ACTIVATION { RECEIVED { ASIP.MESSAGES.msgImageAntAustralia } } }
 EVENT imageAntJapanReceived { ACTIVATION { RECEIVED { ASIP.MESSAGES.msgImageAntJapan } } }
 EVENT imageAntCaliforniaReceived { ACTIVATION { RECEIVED { ASIP.MESSAGES.msgImageAntCalifornia } } }
 EVENT imageAntSpainReceived { ACTIVATION { RECEIVED { ASIP.MESSAGES.msgImageAntSpain } } }

 EVENT imageAntAustraliaProcessed { }
 EVENT imageAntJapanProcessed { }
 EVENT imageAntCaliforniaProcessed { }
 EVENT imageAntSpainProcessed { }
} // EVENTS

} // AS VOYAGER_MISSION

//==================== AS interaction protocol ============
ASIP {
 MESSAGES {
```

```
 MESSAGE msgImageAntAustralia { SENDER {AES.Antenna_Australia} RECEIVER {ANY} PRIORITY {1} MSG_TYPE {BIN} }
 MESSAGE msgImageAntJapan { SENDER {AES.Antenna_Japan} RECEIVER {ANY} PRIORITY {1} MSG_TYPE {BIN} }
 MESSAGE msgImageAntCalifornia { SENDER {AES.Antenna_California} RECEIVER {ANY} PRIORITY {1} MSG_TYPE {BIN} }
 MESSAGE msgImageAntSpain { SENDER {AES.Antenna_Spain} RECEIVER {ANY} PRIORITY {1} MSG_TYPE {BIN} }
} // MESSAGES

CHANNELS {
 CHANNEL IMG_Link {
  ACCEPTS { ASIP.MESSAGES.msgImageAntAustralia, ASIP.MESSAGES.msgImageAntJapan,
            ASIP.MESSAGES.msgImageAntCalifornia, ASIP.MESSAGES.msgImageAntSpain }
  ACCESS { SEQUENTIAL }
  DIRECTION { INOUT } }
} // CHANNELS

FUNCTIONS {
 FUNCTION sendImageMsg {
  PARAMETERS { string antennaName }
  DOES {
   IF antennaName = "Antenna_Australia" THEN ASIP.MESSAGES.msgImageAntAustralia >> ASIP.CHANNELS.IMG_Link END
   ELSE
    IF antennaName = "Antenna_Japan" THEN ASIP.MESSAGES.msgImageAntJapan >> ASIP.CHANNELS.IMG_Link END
    ELSE
     IF antennaName = "Antenna_California" THEN ASIP.MESSAGES.msgImageAntCalifornia >> ASIP.CHANNELS.IMG_Link END
     ELSE
      IF antennaName = "Antenna_Spain" THEN ASIP.MESSAGES.msgImageAntSpain >> ASIP.CHANNELS.IMG_Link END
     END
    END
   END
  }
 }
 FUNCTION receiveImageMsg {
  PARAMETERS { string antennaName }
  DOES {
   IF antennaName = "Antenna_Australia" THEN ASIP.MESSAGES.msgImageAntAustralia << ASIP.CHANNELS.IMG_Link END
   ELSE
    IF antennaName = "Antenna_Japan" THEN ASIP.MESSAGES.msgImageAntJapan << ASIP.CHANNELS.IMG_Link END
    ELSE
     IF antennaName = "Antenna_California" THEN ASIP.MESSAGES.msgImageAntCalifornia << ASIP.CHANNELS.IMG_Link END
```

```
      ELSE
       IF antennaName = "Antenna_Spain" THEN ASIP.MESSAGES.msgImageAntSpain << ASIP.CHANNELS.IMG_Link END
      END
     END
    END
   }
  }
 } // FUNCTIONS
}

//==================== autonomic elements ====================
AES {

 //==================== AE Voyager ====================
 AE Voyager {

  VARS { boolean isWideAngleImage } //determines the type of picture (wide-angle or narrow-angle)

  AESELF_MANAGEMENT {
   OTHER_POLICIES {
    POLICY IMAGE_PROCESSING {
     FLUENT inTakingPicture {
      INITIATED_BY { EVENTS.timeToTakePicture }
      TERMINATED_BY { EVENTS.pictureTaken }
     }
     FLUENT inProcessingPicturePixels {
      INITIATED_BY { EVENTS.pictureTaken }
      TERMINATED_BY { EVENTS.pictureProcessed }
     }
     MAPPING {
      CONDITIONS { inTakingPicture }
      DO_ACTIONS { ACTIONS.takePicture }
     }
     MAPPING {
      CONDITIONS { inProcessingPicturePixels }
      DO_ACTIONS { ACTIONS.processPicture }
```

```
    }
   }
  }
 } // AESELF_MANAGEMENT

 //====== AEs that can use the messages and channels specified by this AE ======
 FRIENDS {
  AELIST { AES.Antenna_Australia, AES.Antenna_Japan, AES.Antenna_California, AES.Antenna_Spain }
 }

 //==================== AE interaction protocol ====================
 AEIP {
  MESSAGES {
   MESSAGE msgImagePixel {
    SENDER { AES.Voyager }
    RECEIVER { AES.Antenna_Australia, AES.Antenna_Japan, AES.Antenna_California, AES.Antenna_Spain }
    MSG_TYPE { BIN }
   }

  // session messages to be received by Antenna_Australia
  MESSAGE msgBlueSessionBeginAus {
   SENDER { AES.Voyager }
   RECEIVER { AES.Antenna_Australia }
   MSG_TYPE { NEGOTIATION }
   BODY { BEGIN }
  }
  MESSAGE msgBlueSessionEndAus {
   SENDER { AES.Voyager }
   RECEIVER { AES.Antenna_Australia }
   MSG_TYPE { NEGOTIATION }
   BODY { END }
  }
  MESSAGE msgRedSessionBeginAus {
   SENDER { AES.Voyager }
   RECEIVER { AES.Antenna_Australia }
   MSG_TYPE { NEGOTIATION }
```

```
 BODY { BEGIN }
}
MESSAGE msgRedSessionEndAus {
 SENDER { AES.Voyager }
 RECEIVER { AES.Antenna_Australia }
 MSG_TYPE { NEGOTIATION }
 BODY { END }
}
MESSAGE msgGreenSessionBeginAus {
 SENDER { AES.Voyager }
 RECEIVER { AES.Antenna_Australia }
 MSG_TYPE { NEGOTIATION }
 BODY { BEGIN }
}
MESSAGE msgGreenSessionEndAus {
 SENDER { AES.Voyager }
 RECEIVER { AES.Antenna_Australia }
 MSG_TYPE { NEGOTIATION }
 BODY { END }
}

// session messages to be received by Antenna_Japan
MESSAGE msgBlueSessionBeginJpn {
 SENDER { AES.Voyager }
 RECEIVER { AES.Antenna_Japan }
 MSG_TYPE { NEGOTIATION }
 BODY { BEGIN }
}
MESSAGE msgBlueSessionEndJpn {
 SENDER { AES.Voyager }
 RECEIVER { AES.Antenna_Japan }
 MSG_TYPE { NEGOTIATION }
 BODY { END }
}
MESSAGE msgRedSessionBeginJpn {
 SENDER { AES.Voyager }
```

```
 RECEIVER { AES.Antenna_Japan }
 MSG_TYPE { NEGOTIATION }
 BODY { BEGIN }
}
MESSAGE msgRedSessionEndJpn {
 SENDER { AES.Voyager }
 RECEIVER { AES.Antenna_Japan }
 MSG_TYPE { NEGOTIATION }
 BODY { END }
}
MESSAGE msgGreenSessionBeginJpn {
 SENDER { AES.Voyager }
 RECEIVER { AES.Antenna_Japan }
 MSG_TYPE { NEGOTIATION }
 BODY { BEGIN }
}
MESSAGE msgGreenSessionEndJpn {
 SENDER { AES.Voyager }
 RECEIVER { AES.Antenna_Japan }
 MSG_TYPE { NEGOTIATION }
 BODY { END }
}

// session messages to be received by Antenna_California
MESSAGE msgBlueSessionBeginCfn {
 SENDER { AES.Voyager }
 RECEIVER { AES.Antenna_California }
 MSG_TYPE { NEGOTIATION }
 BODY { BEGIN }
}
MESSAGE msgBlueSessionEndCfn {
 SENDER { AES.Voyager }
 RECEIVER { AES.Antenna_California }
 MSG_TYPE { NEGOTIATION }
 BODY { END }
}
```

```
MESSAGE msgRedSessionBeginCfn {
 SENDER { AES.Voyager }
 RECEIVER { AES.Antenna_California }
 MSG_TYPE { NEGOTIATION }
 BODY { BEGIN }
}
MESSAGE msgRedSessionEndCfn {
 SENDER { AES.Voyager }
 RECEIVER { AES.Antenna_California }
 MSG_TYPE { NEGOTIATION }
 BODY { END }
}
MESSAGE msgGreenSessionBeginCfn {
 SENDER { AES.Voyager }
 RECEIVER { AES.Antenna_California }
 MSG_TYPE { NEGOTIATION }
 BODY { BEGIN }
}
MESSAGE msgGreenSessionEndCfn {
 SENDER { AES.Voyager }
 RECEIVER { AES.Antenna_California }
 MSG_TYPE { NEGOTIATION }
 BODY { END }
}

// session messages to be received by Antenna_Spain
MESSAGE msgBlueSessionBeginSpn {
 SENDER { AES.Voyager }
 RECEIVER { AES.Antenna_Spain }
 MSG_TYPE { NEGOTIATION }
 BODY { BEGIN }
}
MESSAGE msgBlueSessionEndSpn {
 SENDER { AES.Voyager }
 RECEIVER { AES.Antenna_Spain }
 MSG_TYPE { NEGOTIATION }
```

```
  BODY { END }
 }
 MESSAGE msgRedSessionBeginSpn {
  SENDER { AES.Voyager }
  RECEIVER { AES.Antenna_Spain }
  MSG_TYPE { NEGOTIATION }
  BODY { BEGIN }
 }
 MESSAGE msgRedSessionEndSpn {
  SENDER { AES.Voyager }
  RECEIVER { AES.Antenna_Spain }
  MSG_TYPE { NEGOTIATION }
  BODY { END }
 }
 MESSAGE msgGreenSessionBeginSpn {
  SENDER { AES.Voyager }
  RECEIVER { AES.Antenna_Spain }
  MSG_TYPE { NEGOTIATION }
  BODY { BEGIN }
 }
 MESSAGE msgGreenSessionEndSpn {
  SENDER { AES.Voyager }
  RECEIVER { AES.Antenna_Spain }
  MSG_TYPE { NEGOTIATION }
  BODY { END }
 }
} // MESSAGES

CHANNELS {
 CHANNEL VOYAGER_Link {
  ACCEPTS { AEIP.MESSAGES.msgImagePixel,
            AEIP.MESSAGES.msgBlueSessionBeginAus, AEIP.MESSAGES.msgBlueSessionEndAus,
            AEIP.MESSAGES.msgRedSessionBeginAus, AEIP.MESSAGES.msgRedSessionEndAus,
            AEIP.MESSAGES.msgGreenSessionBeginAus, AEIP.MESSAGES.msgGreenSessionEndAus,

            AEIP.MESSAGES.msgBlueSessionBeginJpn, AEIP.MESSAGES.msgBlueSessionEndJpn,
```

```
            AEIP.MESSAGES.msgRedSessionBeginJpn, AEIP.MESSAGES.msgRedSessionEndJpn,
            AEIP.MESSAGES.msgGreenSessionBeginJpn, AEIP.MESSAGES.msgGreenSessionEndJpn,

            AEIP.MESSAGES.msgBlueSessionBeginCfn, AEIP.MESSAGES.msgBlueSessionEndCfn,
            AEIP.MESSAGES.msgRedSessionBeginCfn, AEIP.MESSAGES.msgRedSessionEndCfn,
            AEIP.MESSAGES.msgGreenSessionBeginCfn, AEIP.MESSAGES.msgGreenSessionEndCfn,

            AEIP.MESSAGES.msgBlueSessionBeginSpn, AEIP.MESSAGES.msgBlueSessionEndSpn,
            AEIP.MESSAGES.msgRedSessionBeginSpn, AEIP.MESSAGES.msgRedSessionEndSpn,
            AEIP.MESSAGES.msgGreenSessionBeginSpn, AEIP.MESSAGES.msgGreenSessionEndSpn
           }
  ACCESS { DIRECT }
  DIRECTION { INOUT }
 }
}

FUNCTIONS {
 FUNCTION sendImagePixelMsg {
  DOES { AEIP.MESSAGES.msgImagePixel >> AEIP.CHANNELS.VOYAGER_Link }
 }
 FUNCTION sendBeginSessionMsgs {
  PARAMETERS { string filterName }
  DOES {
   IF filterName = "blue" THEN
    AEIP.MESSAGES.msgBlueSessionBeginAus >> AEIP.CHANNELS.VOYAGER_Link;
    AEIP.MESSAGES.msgBlueSessionBeginJpn >> AEIP.CHANNELS.VOYAGER_Link;
    AEIP.MESSAGES.msgBlueSessionBeginCfn >> AEIP.CHANNELS.VOYAGER_Link;
    AEIP.MESSAGES.msgBlueSessionBeginSpn >> AEIP.CHANNELS.VOYAGER_Link
   END
   ELSE
    IF filterName = "red" THEN
     AEIP.MESSAGES.msgRedSessionBeginAus >> AEIP.CHANNELS.VOYAGER_Link;
     AEIP.MESSAGES.msgRedSessionBeginJpn >> AEIP.CHANNELS.VOYAGER_Link;
     AEIP.MESSAGES.msgRedSessionBeginCfn >> AEIP.CHANNELS.VOYAGER_Link;
     AEIP.MESSAGES.msgRedSessionBeginSpn >> AEIP.CHANNELS.VOYAGER_Link
    END
```

```
      ELSE
       IF filterName = "green" THEN
        AEIP.MESSAGES.msgGreenSessionBeginAus >> AEIP.CHANNELS.VOYAGER_Link;
        AEIP.MESSAGES.msgGreenSessionBeginJpn >> AEIP.CHANNELS.VOYAGER_Link;
        AEIP.MESSAGES.msgGreenSessionBeginCfn >> AEIP.CHANNELS.VOYAGER_Link;
        AEIP.MESSAGES.msgGreenSessionBeginSpn >> AEIP.CHANNELS.VOYAGER_Link
       END
      END
     END
    }
   }
   FUNCTION sendEndSessionMsgs {
    PARAMETERS { string filterName }
    DOES {
     IF filterName = "blue" THEN
      AEIP.MESSAGES.msgBlueSessionEndAus >> AEIP.CHANNELS.VOYAGER_Link;
      AEIP.MESSAGES.msgBlueSessionEndJpn >> AEIP.CHANNELS.VOYAGER_Link;
      AEIP.MESSAGES.msgBlueSessionEndCfn >> AEIP.CHANNELS.VOYAGER_Link;
      AEIP.MESSAGES.msgBlueSessionEndSpn >> AEIP.CHANNELS.VOYAGER_Link
     END
     ELSE
      IF filterName = "red" THEN
       AEIP.MESSAGES.msgRedSessionEndAus >> AEIP.CHANNELS.VOYAGER_Link;
       AEIP.MESSAGES.msgRedSessionEndJpn >> AEIP.CHANNELS.VOYAGER_Link;
       AEIP.MESSAGES.msgRedSessionEndCfn >> AEIP.CHANNELS.VOYAGER_Link;
       AEIP.MESSAGES.msgRedSessionEndSpn >> AEIP.CHANNELS.VOYAGER_Link
      END
      ELSE
       IF filterName = "green" THEN
        AEIP.MESSAGES.msgGreenSessionEndAus >> AEIP.CHANNELS.VOYAGER_Link;
        AEIP.MESSAGES.msgGreenSessionEndJpn >> AEIP.CHANNELS.VOYAGER_Link;
        AEIP.MESSAGES.msgGreenSessionEndCfn >> AEIP.CHANNELS.VOYAGER_Link;
        AEIP.MESSAGES.msgGreenSessionEndSpn >> AEIP.CHANNELS.VOYAGER_Link
       END
      END
     END
```

```
   }
  }
 } // FUNCTIONS

 MANAGED_ELEMENTS {
  MANAGED_ELEMENT wideAngleCamera {
   INTERFACE_FUNCTION takePicture { }
   INTERFACE_FUNCTION applyFilterBlue { }
   INTERFACE_FUNCTION applyFilterRed { }
   INTERFACE_FUNCTION applyFilterGreen { }
   INTERFACE_FUNCTION getPixel { }
   INTERFACE_FUNCTION countInterestingObjects { RETURNS { integer } }
  }
  MANAGED_ELEMENT narrowAngleCamera {
   INTERFACE_FUNCTION takePicture { }
   INTERFACE_FUNCTION applyFilterBlue { }
   INTERFACE_FUNCTION applyFilterRed { }
   INTERFACE_FUNCTION applyFilterGreen { }
   INTERFACE_FUNCTION getPixel { }
  }
 }
 } // AEIP

 ACTIONS {
  ACTION takePicture { // take a picture of an interesting spot/object
   GUARDS { AESELF_MANAGEMENT.OTHER_POLICIES.IMAGE_PROCESSING.inTakingPicture }
   DOES {
    IF AES.Voyager.isWideAngleImage THEN
     call AEIP.MANAGED_ELEMENTS.wideAngleCamera.takePicture;
     AES.Voyager.isWideAngleImage = false;
     AS.numPixelsPerImage = 100*50  // an image has 100 x 50 pixels
    END
    ELSE
     call AEIP.MANAGED_ELEMENTS.narrowAngleCamera.takePicture;
     AES.Voyager.isWideAngleImage = true;
     AS.numPixelsPerImage = 50*50  // an image has 50 x 50 pixels
```

```
  END
 }
 TRIGGERS { EVENTS.pictureTaken }
}

ACTION processFilteredPicture {
 PARAMETERS { string filterName }
 VARS { integer numPixels }
 DOES {
  IF AES.Voyager.isWideAngleImage THEN
   IF filterName = "blue" THEN
    call AEIP.MANAGED_ELEMENTS.wideAngleCamera.applyFilterBlue
   END;
   IF filterName = "red" THEN
    call AEIP.MANAGED_ELEMENTS.wideAngleCamera.applyFilterRed
   END;
   IF filterName = "green" THEN
    call AEIP.MANAGED_ELEMENTS.wideAngleCamera.applyFilterGreen
   END
  END
  ELSE
   IF filterName = "blue" THEN
    call AEIP.MANAGED_ELEMENTS.narrowAngleCamera.applyFilterBlue
   END;
   IF filterName = "red" THEN
    call AEIP.MANAGED_ELEMENTS.narrowAngleCamera.applyFilterRed
   END;
   IF filterName = "green" THEN
    call AEIP.MANAGED_ELEMENTS.narrowAngleCamera.applyFilterGreen
   END
  END;

  call AEIP.FUNCTIONS.sendBeginSessionMsgs (filterName);

  numPixels = 0;
  DO {
```

```
    //call ACTIONS.prepareImagePixelMsg;
    call AEIP.MANAGED_ELEMENTS.narrowAngleCamera.getPixel;
    call AEIP.FUNCTIONS.sendImagePixelMsg;
    numPixels = numPixels + 1
   } WHILE numPixels < AS.numPixelsPerImage;

   call AEIP.FUNCTIONS.sendEndSessionMsgs (filterName)
  }
 }

 ACTION processPicture { // process all picture pixels - apply filters and send pixels to Earth
  GUARDS { AESELF_MANAGEMENT.OTHER_POLICIES.IMAGE_PROCESSING.inProcessingPicturePixels }
  DOES {
   call ACTIONS.processFilteredPicture("blue");
   call ACTIONS.processFilteredPicture("red");
   call ACTIONS.processFilteredPicture("green")
  }
  TRIGGERS { EVENTS.pictureProcessed }
 }
} // ACTIONS

EVENTS {
 EVENT timeToTakePicture {
  ACTIVATION { CHANGED { METRICS.interestingObjects} OR  PERIOD { 60 SEC } }
 }
 EVENT pictureTaken { }
 EVENT pictureProcessed { }
} // EVENTS

METRICS {
 METRIC interestingObjects { // increments when a new interesting spot or object has been found
  METRIC_TYPE { RESOURCE }
  METRIC_SOURCE { AEIP.MANAGED_ELEMENTS.wideAngleCamera.countInterestingObjects }
  DESCRIPTION {"counts the interesting spots and objects to be taken pictures of"}
  VALUE { 0 }
  THRESHOLD_CLASS { integer [0~) }
```

```
  }
 }

} // AE Voyager

//==================== AE Antenna_Australia ====================
AE Antenna_Australia {

 AESELF_MANAGEMENT {
  OTHER_POLICIES {
   POLICY IMAGE_PROCESSING {
    FLUENT inStartingBlueImageSession {
     INITIATED_BY { EVENTS.blueImageSessionIsAboutToStart }
     TERMINATED_BY { EVENTS.imageSessionStartedBlue }
    }
    FLUENT inStartingRedImageSession {
     INITIATED_BY { EVENTS.redImageSessionIsAboutToStart }
     TERMINATED_BY { EVENTS.imageSessionStartedRed }
    }
    FLUENT inStartingGreenImageSession {
     INITIATED_BY { EVENTS.greenImageSessionIsAboutToStart }
     TERMINATED_BY { EVENTS.imageSessionStartedGreen }
    }
    FLUENT inCollectingImagePixelsBlue {
     INITIATED_BY { EVENTS.imageSessionStartedBlue }
     TERMINATED_BY { EVENTS.imageSessionEndedBlue }
    }
    FLUENT inCollectingImagePixelsRed {
     INITIATED_BY { EVENTS.imageSessionStartedRed }
     TERMINATED_BY { EVENTS.imageSessionEndedRed }
    }
    FLUENT inCollectingImagePixelsGreen {
     INITIATED_BY { EVENTS.imageSessionStartedGreen }
     TERMINATED_BY { EVENTS.imageSessionEndedGreen }
    }
    FLUENT inSendingImage {
```

```
      INITIATED_BY { EVENTS.imageSessionEndedGreen }
      TERMINATED_BY { EVENTS.imageAntAustraliaSent }
     }
     MAPPING {
      CONDITIONS { inStartingBlueImageSession }
      DO_ACTIONS { ACTIONS.startImageCollectSession ("blue") }
     }
     MAPPING {
      CONDITIONS { inStartingRedImageSession }
      DO_ACTIONS { ACTIONS.startImageCollectSession ("red") }
     }
     MAPPING {
      CONDITIONS { inStartingGreenImageSession }
      DO_ACTIONS { ACTIONS.startImageCollectSession ("green") }
     }
     MAPPING {
      CONDITIONS { inCollectingImagePixelsBlue }
      DO_ACTIONS { ACTIONS.collectImagePixels ("blue") }
     }
     MAPPING {
      CONDITIONS { inCollectingImagePixelsRed }
      DO_ACTIONS { ACTIONS.collectImagePixels ("red") }
     }
     MAPPING {
      CONDITIONS { inCollectingImagePixelsGreen }
      DO_ACTIONS { ACTIONS.collectImagePixels ("green") }
     }
     MAPPING {
      CONDITIONS { inSendingImage }
      DO_ACTIONS { ACTIONS.sendImage }
     }
    }
  }
} // AESELF_MANAGEMENT

//====== AEIP for this AE ======
```

```
AEIP {
 FUNCTIONS {
  FUNCTION receiveImagePixelMsg {
   DOES { AES.Voyager.AEIP.MESSAGES.msgImagePixel << AES.Voyager.AEIP.CHANNELS.VOYAGER_Link }
 }
 FUNCTION receiveSessionBeginMsg {
  PARAMETERS { string filterName }
  DOES {
   IF filterName = "blue" THEN
    AES.Voyager.AEIP.MESSAGES.msgBlueSessionBeginAus << AES.Voyager.AEIP.CHANNELS.VOYAGER_Link
   END
   ELSE
    IF filterName = "red" THEN
     AES.Voyager.AEIP.MESSAGES.msgRedSessionBeginAus << AES.Voyager.AEIP.CHANNELS.VOYAGER_Link
    END
    ELSE
     IF filterName = "green" THEN
      AES.Voyager.AEIP.MESSAGES.msgGreenSessionBeginAus << AES.Voyager.AEIP.CHANNELS.VOYAGER_Link
     END
    END
   END
  }
 }
 FUNCTION receiveSessionEndMsg {
  PARAMETERS {    string filterName }
  DOES {
   IF filterName = "blue" THEN
    AES.Voyager.AEIP.MESSAGES.msgBlueSessionEndAus << AES.Voyager.AEIP.CHANNELS.VOYAGER_Link
   END
   ELSE
    IF filterName = "red" THEN
     AES.Voyager.AEIP.MESSAGES.msgRedSessionEndAus << AES.Voyager.AEIP.CHANNELS.VOYAGER_Link
    END
    ELSE
     IF filterName = "green" THEN
      AES.Voyager.AEIP.MESSAGES.msgGreenSessionEndAus << AES.Voyager.AEIP.CHANNELS.VOYAGER_Link
```

```
      END
     END
    END
   }
  }
 }

MANAGED_ELEMENTS { }
}

ACTIONS {
 ACTION startImageCollectSession {
  PARAMETERS { string filterName }
  GUARDS { AESELF_MANAGEMENT.OTHER_POLICIES.IMAGE_PROCESSING.inStartingBlueImageSession OR
           AESELF_MANAGEMENT.OTHER_POLICIES.IMAGE_PROCESSING.inStartingRedImageSession OR
           AESELF_MANAGEMENT.OTHER_POLICIES.IMAGE_PROCESSING.inStartingGreenImageSession }
  DOES {
   CALL AEIP.FUNCTIONS.receiveSessionBeginMsg (filterName)
  }
 }
 ACTION collectImagePixels {
  PARAMETERS { string filterName }
  GUARDS { AESELF_MANAGEMENT.OTHER_POLICIES.IMAGE_PROCESSING.inCollectingImagePixelsBlue OR
           AESELF_MANAGEMENT.OTHER_POLICIES.IMAGE_PROCESSING.inCollectingImagePixelsRed OR
           AESELF_MANAGEMENT.OTHER_POLICIES.IMAGE_PROCESSING.inCollectingImagePixelsGreen }
  VARS { integer numPixels }
  DOES {
   numPixels = 0;
   DO {
    CALL AEIP.FUNCTIONS.receiveImagePixelMsg;
    numPixels = numPixels + 1
   } WHILE numPixels < AS.numPixelsPerImage ;

   CALL AEIP.FUNCTIONS.receiveSessionEndMsg (filterName)
  }
 }
```

```
  ACTION IMPL prepareImage { }
   ACTION sendImage {
    GUARDS { AESELF_MANAGEMENT.OTHER_POLICIES.IMAGE_PROCESSING.inSendingImage }
    DOES {
     CALL IMPL ACTIONS.prepareImage;
     CALL ASIP.FUNCTIONS.sendImageMsg("Antenna_Australia");
     CALL ASIP.FUNCTIONS.receiveImageMsg("Antenna_Australia")
    }
   }
  } // ACTIONS

  EVENTS {
   EVENT blueImageSessionIsAboutToStart { ACTIVATION { SENT { AES.Voyager.AEIP.MESSAGES.msgBlueSessionBeginAus } } }
   EVENT redImageSessionIsAboutToStart { ACTIVATION { SENT { AES.Voyager.AEIP.MESSAGES.msgRedSessionBeginAus } } }
   EVENT greenImageSessionIsAboutToStart { ACTIVATION { SENT { AES.Voyager.AEIP.MESSAGES.msgGreenSessionBeginAus } } }
   EVENT imageSessionStartedBlue { ACTIVATION { RECEIVED { AES.Voyager.AEIP.MESSAGES.msgBlueSessionBeginAus } } }
   EVENT imageSessionEndedBlue { ACTIVATION { RECEIVED { AES.Voyager.AEIP.MESSAGES.msgBlueSessionEndAus } } }
   EVENT imageSessionStartedRed { ACTIVATION { RECEIVED { AES.Voyager.AEIP.MESSAGES.msgRedSessionBeginAus } } }
   EVENT imageSessionEndedRed { ACTIVATION { RECEIVED { AES.Voyager.AEIP.MESSAGES.msgRedSessionEndAus } } }
   EVENT imageSessionStartedGreen { ACTIVATION { RECEIVED { AES.Voyager.AEIP.MESSAGES.msgGreenSessionBeginAus } } }
   EVENT imageSessionEndedGreen { ACTIVATION { RECEIVED { AES.Voyager.AEIP.MESSAGES.msgGreenSessionEndAus } } }
   EVENT imageAntAustraliaSent { ACTIVATION { SENT { ASIP.MESSAGES.msgImageAntAustralia } } }
  } // EVENTS

}

//==================== AE Antenna_Japan ====================
AE Antenna_Japan {

 AESELF_MANAGEMENT {
  OTHER_POLICIES {
   POLICY IMAGE_PROCESSING {
    FLUENT inStartingBlueImageSession {
     INITIATED_BY { EVENTS.blueImageSessionIsAboutToStart }
     TERMINATED_BY { EVENTS.imageSessionStartedBlue }
    }
```

```
FLUENT inStartingRedImageSession {
 INITIATED_BY { EVENTS.redImageSessionIsAboutToStart }
 TERMINATED_BY { EVENTS.imageSessionStartedRed }
}
FLUENT inStartingGreenImageSession {
 INITIATED_BY { EVENTS.greenImageSessionIsAboutToStart }
 TERMINATED_BY { EVENTS.imageSessionStartedGreen }
}
FLUENT inCollectingImagePixelsBlue {
 INITIATED_BY { EVENTS.imageSessionStartedBlue }
 TERMINATED_BY { EVENTS.imageSessionEndedBlue }
}
FLUENT inCollectingImagePixelsRed {
 INITIATED_BY { EVENTS.imageSessionStartedRed }
 TERMINATED_BY { EVENTS.imageSessionEndedRed }
}
FLUENT inCollectingImagePixelsGreen {
 INITIATED_BY { EVENTS.imageSessionStartedGreen }
 TERMINATED_BY { EVENTS.imageSessionEndedGreen }
}
FLUENT inSendingImage {
 INITIATED_BY { EVENTS.imageSessionEndedGreen }
 TERMINATED_BY { EVENTS.imageAntJapanSent }
}
MAPPING {
 CONDITIONS { inStartingBlueImageSession }
 DO_ACTIONS { ACTIONS.startImageCollectSession ("blue") }
}
MAPPING {
 CONDITIONS { inStartingRedImageSession }
 DO_ACTIONS { ACTIONS.startImageCollectSession ("red") }
}
MAPPING {
 CONDITIONS { inStartingGreenImageSession }
 DO_ACTIONS { ACTIONS.startImageCollectSession ("green") }
}
```

```
    MAPPING {
     CONDITIONS { inCollectingImagePixelsBlue }
     DO_ACTIONS { ACTIONS.collectImagePixels ("blue") }
    }
    MAPPING {
     CONDITIONS { inCollectingImagePixelsRed }
     DO_ACTIONS { ACTIONS.collectImagePixels ("red") }
    }
    MAPPING {
     CONDITIONS { inCollectingImagePixelsGreen }
     DO_ACTIONS { ACTIONS.collectImagePixels ("green") }
    }
    MAPPING {
     CONDITIONS { inSendingImage }
     DO_ACTIONS { ACTIONS.sendImage }
    }
   }
  }
} // AESELF_MANAGEMENT

//====== AEIP for this AE ======
AEIP {
 FUNCTIONS {
  FUNCTION receiveImagePixelMsg {
   DOES { AES.Voyager.AEIP.MESSAGES.msgImagePixel << AES.Voyager.AEIP.CHANNELS.VOYAGER_Link }
  }
  FUNCTION receiveSessionBeginMsg {
   PARAMETERS { string filterName }
   DOES {
    IF filterName = "blue" THEN
     AES.Voyager.AEIP.MESSAGES.msgBlueSessionBeginJpn << AES.Voyager.AEIP.CHANNELS.VOYAGER_Link
    END
    ELSE
     IF filterName = "red" THEN
      AES.Voyager.AEIP.MESSAGES.msgRedSessionBeginJpn << AES.Voyager.AEIP.CHANNELS.VOYAGER_Link
     END
```

```
    ELSE
     IF filterName = "green" THEN
      AES.Voyager.AEIP.MESSAGES.msgGreenSessionBeginJpn << AES.Voyager.AEIP.CHANNELS.VOYAGER_Link
     END
    END
   END
  }
 }
 FUNCTION receiveSessionEndMsg {
  PARAMETERS {   string filterName }
  DOES {
   IF filterName = "blue" THEN
    AES.Voyager.AEIP.MESSAGES.msgBlueSessionEndJpn << AES.Voyager.AEIP.CHANNELS.VOYAGER_Link
   END
    ELSE
     IF filterName = "red" THEN
      AES.Voyager.AEIP.MESSAGES.msgRedSessionEndJpn << AES.Voyager.AEIP.CHANNELS.VOYAGER_Link
     END
     ELSE
     IF filterName = "green" THEN
      AES.Voyager.AEIP.MESSAGES.msgGreenSessionEndJpn << AES.Voyager.AEIP.CHANNELS.VOYAGER_Link
     END
    END
   END
  }
 }
}
MANAGED_ELEMENTS { }
}

ACTIONS {
 ACTION startImageCollectSession {
  PARAMETERS {    string filterName }
  GUARDS { AESELF_MANAGEMENT.OTHER_POLICIES.IMAGE_PROCESSING.inStartingBlueImageSession OR
           AESELF_MANAGEMENT.OTHER_POLICIES.IMAGE_PROCESSING.inStartingRedImageSession OR
           AESELF_MANAGEMENT.OTHER_POLICIES.IMAGE_PROCESSING.inStartingGreenImageSession }
```

```
  DOES {
   CALL AEIP.FUNCTIONS.receiveSessionBeginMsg (filterName)
  }
 }
 ACTION collectImagePixels {
  PARAMETERS { string filterName }
  GUARDS { AESELF_MANAGEMENT.OTHER_POLICIES.IMAGE_PROCESSING.inCollectingImagePixelsBlue OR
           AESELF_MANAGEMENT.OTHER_POLICIES.IMAGE_PROCESSING.inCollectingImagePixelsRed OR
           AESELF_MANAGEMENT.OTHER_POLICIES.IMAGE_PROCESSING.inCollectingImagePixelsGreen }
  VARS { integer numPixels }
  DOES {
   numPixels = 0;
   DO {
    CALL AEIP.FUNCTIONS.receiveImagePixelMsg;
    numPixels = numPixels + 1
   } WHILE numPixels < AS.numPixelsPerImage ;

   CALL AEIP.FUNCTIONS.receiveSessionEndMsg (filterName)
  }
 }
 ACTION IMPL prepareImage { }
 ACTION sendImage {
  GUARDS { AESELF_MANAGEMENT.OTHER_POLICIES.IMAGE_PROCESSING.inSendingImage }
  DOES {
   CALL IMPL ACTIONS.prepareImage;
   CALL ASIP.FUNCTIONS.sendImageMsg("Antenna_Japan");
   CALL ASIP.FUNCTIONS.receiveImageMsg("Antenna_Japan")
  }
 }
} // ACTIONS

EVENTS {
 EVENT blueImageSessionIsAboutToStart { ACTIVATION { SENT { AES.Voyager.AEIP.MESSAGES.msgBlueSessionBeginJpn } } }
 EVENT redImageSessionIsAboutToStart { ACTIVATION { SENT { AES.Voyager.AEIP.MESSAGES.msgRedSessionBeginJpn } } }
 EVENT greenImageSessionIsAboutToStart { ACTIVATION { SENT { AES.Voyager.AEIP.MESSAGES.msgGreenSessionBeginJpn } } }
 EVENT imageSessionStartedBlue { ACTIVATION { RECEIVED { AES.Voyager.AEIP.MESSAGES.msgBlueSessionBeginJpn } } }
```

```
  EVENT imageSessionEndedBlue { ACTIVATION { RECEIVED { AES.Voyager.AEIP.MESSAGES.msgBlueSessionEndJpn } } }
  EVENT imageSessionStartedRed { ACTIVATION { RECEIVED { AES.Voyager.AEIP.MESSAGES.msgRedSessionBeginJpn } } }
  EVENT imageSessionEndedRed { ACTIVATION { RECEIVED { AES.Voyager.AEIP.MESSAGES.msgRedSessionEndJpn } } }
  EVENT imageSessionStartedGreen { ACTIVATION { RECEIVED { AES.Voyager.AEIP.MESSAGES.msgGreenSessionBeginJpn } } }
  EVENT imageSessionEndedGreen { ACTIVATION { RECEIVED { AES.Voyager.AEIP.MESSAGES.msgGreenSessionEndJpn } } }
  EVENT imageAntJapanSent { ACTIVATION { SENT {    ASIP.MESSAGES.msgImageAntJapan } } }
 } // EVENTS
}

//==================== AE Antenna_California ====================
AE Antenna_California {

 AESELF_MANAGEMENT {
  OTHER_POLICIES {
   POLICY IMAGE_PROCESSING {
    FLUENT inStartingBlueImageSession {
     INITIATED_BY { EVENTS.blueImageSessionIsAboutToStart }
     TERMINATED_BY { EVENTS.imageSessionStartedBlue }
    }
    FLUENT inStartingRedImageSession {
     INITIATED_BY { EVENTS.redImageSessionIsAboutToStart }
     TERMINATED_BY { EVENTS.imageSessionStartedRed }
    }
    FLUENT inStartingGreenImageSession {
     INITIATED_BY { EVENTS.greenImageSessionIsAboutToStart }
     TERMINATED_BY { EVENTS.imageSessionStartedGreen }
    }
    FLUENT inCollectingImagePixelsBlue {
     INITIATED_BY { EVENTS.imageSessionStartedBlue }
     TERMINATED_BY { EVENTS.imageSessionEndedBlue }
    }
    FLUENT inCollectingImagePixelsRed {
     INITIATED_BY { EVENTS.imageSessionStartedRed }
     TERMINATED_BY { EVENTS.imageSessionEndedRed }
    }
    FLUENT inCollectingImagePixelsGreen {
```

```
 INITIATED_BY { EVENTS.imageSessionStartedGreen }
 TERMINATED_BY { EVENTS.imageSessionEndedGreen }
}
FLUENT inSendingImage {
 INITIATED_BY { EVENTS.imageSessionEndedGreen }
 TERMINATED_BY { EVENTS.imageAntCaliforniaSent }
}
MAPPING {
 CONDITIONS { inStartingBlueImageSession }
 DO_ACTIONS { ACTIONS.startImageCollectSession ("blue") }
}
MAPPING {
 CONDITIONS { inStartingRedImageSession }
 DO_ACTIONS { ACTIONS.startImageCollectSession ("red") }
}
MAPPING {
 CONDITIONS { inStartingGreenImageSession }
 DO_ACTIONS { ACTIONS.startImageCollectSession ("green") }
}
MAPPING {
 CONDITIONS { inCollectingImagePixelsBlue }
 DO_ACTIONS { ACTIONS.collectImagePixels ("blue") }
}
MAPPING {
 CONDITIONS { inCollectingImagePixelsRed }
 DO_ACTIONS { ACTIONS.collectImagePixels ("red") }
}
MAPPING {
 CONDITIONS { inCollectingImagePixelsGreen }
 DO_ACTIONS { ACTIONS.collectImagePixels ("green") }
}
MAPPING {
 CONDITIONS { inSendingImage }
 DO_ACTIONS { ACTIONS.sendImage }
}
}
```

```
 }
} // AESELF_MANAGEMENT

//====== AEIP for this AE ======
AEIP {
  FUNCTIONS {
   FUNCTION receiveImagePixelMsg {
    DOES { AES.Voyager.AEIP.MESSAGES.msgImagePixel << AES.Voyager.AEIP.CHANNELS.VOYAGER_Link  }
   }
   FUNCTION receiveSessionBeginMsg {
    PARAMETERS {  string filterName }
    DOES {
     IF filterName = "blue" THEN
      AES.Voyager.AEIP.MESSAGES.msgBlueSessionBeginCfn << AES.Voyager.AEIP.CHANNELS.VOYAGER_Link
     END
     ELSE
      IF filterName = "red" THEN
       AES.Voyager.AEIP.MESSAGES.msgRedSessionBeginCfn << AES.Voyager.AEIP.CHANNELS.VOYAGER_Link
      END
      ELSE
       IF filterName = "green" THEN
        AES.Voyager.AEIP.MESSAGES.msgGreenSessionBeginCfn << AES.Voyager.AEIP.CHANNELS.VOYAGER_Link
       END
      END
     END
    }
   }
   FUNCTION receiveSessionEndMsg {
    PARAMETERS {  string filterName }
    DOES {
     IF filterName = "blue" THEN
      AES.Voyager.AEIP.MESSAGES.msgBlueSessionEndCfn << AES.Voyager.AEIP.CHANNELS.VOYAGER_Link
     END
     ELSE
      IF filterName = "red" THEN
       AES.Voyager.AEIP.MESSAGES.msgRedSessionEndCfn << AES.Voyager.AEIP.CHANNELS.VOYAGER_Link
```

```
        END
        ELSE
         IF filterName = "green" THEN
          AES.Voyager.AEIP.MESSAGES.msgGreenSessionEndCfn << AES.Voyager.AEIP.CHANNELS.VOYAGER_Link
         END
        END
       END
      }
     }
    }
   MANAGED_ELEMENTS { }
  }

ACTIONS {
 ACTION startImageCollectSession {
  PARAMETERS { string filterName }
  GUARDS { AESELF_MANAGEMENT.OTHER_POLICIES.IMAGE_PROCESSING.inStartingBlueImageSession OR
           AESELF_MANAGEMENT.OTHER_POLICIES.IMAGE_PROCESSING.inStartingRedImageSession OR
           AESELF_MANAGEMENT.OTHER_POLICIES.IMAGE_PROCESSING.inStartingGreenImageSession }
  DOES {
   CALL AEIP.FUNCTIONS.receiveSessionBeginMsg (filterName)
  }
 }
 ACTION collectImagePixels {
  PARAMETERS {    string filterName }
  GUARDS { AESELF_MANAGEMENT.OTHER_POLICIES.IMAGE_PROCESSING.inCollectingImagePixelsBlue OR
           AESELF_MANAGEMENT.OTHER_POLICIES.IMAGE_PROCESSING.inCollectingImagePixelsRed OR
           AESELF_MANAGEMENT.OTHER_POLICIES.IMAGE_PROCESSING.inCollectingImagePixelsGreen }
  VARS { integer numPixels }
  DOES {
   numPixels = 0;
   DO {
    CALL AEIP.FUNCTIONS.receiveImagePixelMsg;
    numPixels = numPixels + 1
   } WHILE numPixels < AS.numPixelsPerImage;
```

```
    CALL AEIP.FUNCTIONS.receiveSessionEndMsg (filterName)
   }
  }
  ACTION IMPL prepareImage { }
  ACTION sendImage {
   GUARDS { AESELF_MANAGEMENT.OTHER_POLICIES.IMAGE_PROCESSING.inSendingImage }
   DOES {
    CALL IMPL ACTIONS.prepareImage;
    CALL ASIP.FUNCTIONS.sendImageMsg("Antenna_California");
    CALL ASIP.FUNCTIONS.receiveImageMsg("Antenna_California")
   }
  }
 } // ACTIONS

 EVENTS {
  EVENT blueImageSessionIsAboutToStart { ACTIVATION { SENT { AES.Voyager.AEIP.MESSAGES.msgBlueSessionBeginCfn } } }
  EVENT redImageSessionIsAboutToStart { ACTIVATION { SENT { AES.Voyager.AEIP.MESSAGES.msgRedSessionBeginCfn } } }
  EVENT greenImageSessionIsAboutToStart { ACTIVATION { SENT { AES.Voyager.AEIP.MESSAGES.msgGreenSessionBeginCfn } } }
  EVENT imageSessionStartedBlue { ACTIVATION { RECEIVED { AES.Voyager.AEIP.MESSAGES.msgBlueSessionBeginCfn } } }
  EVENT imageSessionEndedBlue { ACTIVATION { RECEIVED { AES.Voyager.AEIP.MESSAGES.msgBlueSessionEndCfn } } }
  EVENT imageSessionStartedRed { ACTIVATION { RECEIVED { AES.Voyager.AEIP.MESSAGES.msgRedSessionBeginCfn } } }
  EVENT imageSessionEndedRed { ACTIVATION { RECEIVED { AES.Voyager.AEIP.MESSAGES.msgRedSessionEndCfn } } }
  EVENT imageSessionStartedGreen { ACTIVATION { RECEIVED { AES.Voyager.AEIP.MESSAGES.msgGreenSessionBeginCfn } } }
  EVENT imageSessionEndedGreen { ACTIVATION { RECEIVED { AES.Voyager.AEIP.MESSAGES.msgGreenSessionEndCfn } } }
  EVENT imageAntCaliforniaSent { ACTIVATION { SENT {   ASIP.MESSAGES.msgImageAntCalifornia } } }
 } // EVENTS
}

//==================== AE Antenna_Spain ====================
AE Antenna_Spain {

  AESELF_MANAGEMENT {
   OTHER_POLICIES {
   POLICY IMAGE_PROCESSING {
    FLUENT inStartingBlueImageSession {
     INITIATED_BY { EVENTS.blueImageSessionIsAboutToStart }
```

```
 TERMINATED_BY { EVENTS.imageSessionStartedBlue }
}
FLUENT inStartingRedImageSession {
 INITIATED_BY { EVENTS.redImageSessionIsAboutToStart }
 TERMINATED_BY { EVENTS.imageSessionStartedRed }
}
FLUENT inStartingGreenImageSession {
 INITIATED_BY { EVENTS.greenImageSessionIsAboutToStart }
 TERMINATED_BY { EVENTS.imageSessionStartedGreen }
}
FLUENT inCollectingImagePixelsBlue {
 INITIATED_BY { EVENTS.imageSessionStartedBlue }
 TERMINATED_BY { EVENTS.imageSessionEndedBlue }
}
FLUENT inCollectingImagePixelsRed {
 INITIATED_BY { EVENTS.imageSessionStartedRed }
 TERMINATED_BY { EVENTS.imageSessionEndedRed }
}
FLUENT inCollectingImagePixelsGreen {
 INITIATED_BY { EVENTS.imageSessionStartedGreen }
 TERMINATED_BY { EVENTS.imageSessionEndedGreen }
}
FLUENT inSendingImage {
 INITIATED_BY { EVENTS.imageSessionEndedGreen }
 TERMINATED_BY { EVENTS.imageAntSpainSent }
}
MAPPING {
 CONDITIONS { inStartingBlueImageSession }
 DO_ACTIONS { ACTIONS.startImageCollectSession ("blue") }
}
MAPPING {
 CONDITIONS { inStartingRedImageSession }
 DO_ACTIONS { ACTIONS.startImageCollectSession ("red") }
}
MAPPING {
 CONDITIONS { inStartingGreenImageSession }
```

```
    DO_ACTIONS { ACTIONS.startImageCollectSession ("green") }
   }
   MAPPING {
    CONDITIONS { inCollectingImagePixelsBlue }
    DO_ACTIONS { ACTIONS.collectImagePixels ("blue") }
   }
   MAPPING {
    CONDITIONS { inCollectingImagePixelsRed }
    DO_ACTIONS { ACTIONS.collectImagePixels ("red") }
   }
   MAPPING {
    CONDITIONS { inCollectingImagePixelsGreen }
    DO_ACTIONS { ACTIONS.collectImagePixels ("green") }
   }
   MAPPING {
    CONDITIONS { inSendingImage }
    DO_ACTIONS { ACTIONS.sendImage }
   }
  }
 }
} // AESELF_MANAGEMENT

//====== AEIP for this AE ======
AEIP {
 FUNCTIONS {
  FUNCTION receiveImagePixelMsg {
   DOES { AES.Voyager.AEIP.MESSAGES.msgImagePixel << AES.Voyager.AEIP.CHANNELS.VOYAGER_Link }
  }
  FUNCTION receiveSessionBeginMsg {
   PARAMETERS { string filterName }
   DOES {
    IF filterName = "blue" THEN
     AES.Voyager.AEIP.MESSAGES.msgBlueSessionBeginSpn << AES.Voyager.AEIP.CHANNELS.VOYAGER_Link
    END
    ELSE
     IF filterName = "red" THEN
```

```
      AES.Voyager.AEIP.MESSAGES.msgRedSessionBeginSpn << AES.Voyager.AEIP.CHANNELS.VOYAGER_Link
     END
     ELSE
      IF filterName = "green" THEN
       AES.Voyager.AEIP.MESSAGES.msgGreenSessionBeginSpn << AES.Voyager.AEIP.CHANNELS.VOYAGER_Link
      END
     END
    END
   }
  }
  FUNCTION receiveSessionEndMsg {
   PARAMETERS { string filterName }
   DOES {
    IF filterName = "blue" THEN
     AES.Voyager.AEIP.MESSAGES.msgBlueSessionEndSpn << AES.Voyager.AEIP.CHANNELS.VOYAGER_Link
    END
    ELSE
     IF filterName = "red" THEN
      AES.Voyager.AEIP.MESSAGES.msgRedSessionEndSpn << AES.Voyager.AEIP.CHANNELS.VOYAGER_Link
     END
     ELSE
      IF filterName = "green" THEN
       AES.Voyager.AEIP.MESSAGES.msgGreenSessionEndSpn << AES.Voyager.AEIP.CHANNELS.VOYAGER_Link
      END
     END
    END
   }
  }
 }
 MANAGED_ELEMENTS { }
} // AEIP

ACTIONS {
 ACTION startImageCollectSession {
  PARAMETERS { string filterName }
  GUARDS { AESELF_MANAGEMENT.OTHER_POLICIES.IMAGE_PROCESSING.inStartingBlueImageSession OR
```

```
          AESELF_MANAGEMENT.OTHER_POLICIES.IMAGE_PROCESSING.inStartingRedImageSession OR
          AESELF_MANAGEMENT.OTHER_POLICIES.IMAGE_PROCESSING.inStartingGreenImageSession }
  DOES {
   CALL AEIP.FUNCTIONS.receiveSessionBeginMsg (filterName)
  }
 }
 ACTION collectImagePixels {
  PARAMETERS { string filterName }
  GUARDS { AESELF_MANAGEMENT.OTHER_POLICIES.IMAGE_PROCESSING.inCollectingImagePixelsBlue OR
          AESELF_MANAGEMENT.OTHER_POLICIES.IMAGE_PROCESSING.inCollectingImagePixelsRed OR
          AESELF_MANAGEMENT.OTHER_POLICIES.IMAGE_PROCESSING.inCollectingImagePixelsGreen }
  VARS { integer numPixels }
  DOES {
   numPixels = 0;
   DO {
    CALL AEIP.FUNCTIONS.receiveImagePixelMsg;
    numPixels = numPixels + 1
   } WHILE numPixels < AS.numPixelsPerImage ;

   CALL AEIP.FUNCTIONS.receiveSessionEndMsg (filterName)
  }
 }
 ACTION IMPL prepareImage { }
 ACTION sendImage {
  GUARDS { AESELF_MANAGEMENT.OTHER_POLICIES.IMAGE_PROCESSING.inSendingImage }
  DOES {
   CALL IMPL ACTIONS.prepareImage;
   CALL ASIP.FUNCTIONS.sendImageMsg("Antenna_Spain");
   CALL ASIP.FUNCTIONS.receiveImageMsg("Antenna_Spain")
  }
 }
} // ACTIONS

EVENTS {
 EVENT blueImageSessionIsAboutToStart { ACTIVATION { SENT { AES.Voyager.AEIP.MESSAGES.msgBlueSessionBeginSpn } } }
 EVENT redImageSessionIsAboutToStart { ACTIVATION { SENT { AES.Voyager.AEIP.MESSAGES.msgRedSessionBeginSpn } } }
```

```
    EVENT greenImageSessionIsAboutToStart { ACTIVATION { SENT { AES.Voyager.AEIP.MESSAGES.msgGreenSessionBeginSpn } } }
    EVENT imageSessionStartedBlue { ACTIVATION { RECEIVED { AES.Voyager.AEIP.MESSAGES.msgBlueSessionBeginSpn } } }
    EVENT imageSessionEndedBlue { ACTIVATION { RECEIVED { AES.Voyager.AEIP.MESSAGES.msgBlueSessionEndSpn } } }
    EVENT imageSessionStartedRed { ACTIVATION { RECEIVED { AES.Voyager.AEIP.MESSAGES.msgRedSessionBeginSpn } } }
    EVENT imageSessionEndedRed { ACTIVATION { RECEIVED { AES.Voyager.AEIP.MESSAGES.msgRedSessionEndSpn } } }
    EVENT imageSessionStartedGreen { ACTIVATION { RECEIVED { AES.Voyager.AEIP.MESSAGES.msgGreenSessionBeginSpn } } }
    EVENT imageSessionEndedGreen { ACTIVATION { RECEIVED { AES.Voyager.AEIP.MESSAGES.msgGreenSessionEndSpn } } }
    EVENT imageAntSpainSent { ACTIVATION { SENT {    ASIP.MESSAGES.msgImageAntSpain } } }
   } // EVENTS
  }
} // AES
```

附录C　使用 KnowLang 的 BepiColombo 自主性需求规约

```
// KnowLang Speccification
// MMO
//==============================================================================================
CORPUS BepiColombo {

ONTOLOGY MMO { //MMO's ontology

 METACONCEPTS {
  METACONCEPT MMO_Thing {
   CONCEPT_NAME { MMO.CONCEPT_TREES.Thing }
   INTERPRETATION { }
  }
 }

//concept trees
 CONCEPT_TREES {
  CONCEPT Thing {
   META { MMO.MMO_Thing }
   PARENTS {}
   CHILDREN {Entity, Virtual_Entity}
   PROPS {
    PROP Physical {
     TYPE { BOOLEAN }
    }
   }
  }
//Entity concept tree
  CONCEPT Entity {
   PARENTS {MMO.Thing}
```

```
 CHILDREN {MMO..Part, MMO..Fluid, MMO..Composite}
 PROPS {
  PROP Physical {
   TYPE { True }
  }
 }
}

//Part
  CONCEPT Part {
   PARENTS {MMO..Entity}
   CHILDREN {MMO..Tank, MMO..Radiator, MMO..Thrust_Tube, MMO..Insulator, MMO..Bulkhead}
   PROPS {
    PROP Part_Shape { MMO..Shape }
   }
   FUNCS {
    FUNC Get_Integrity { }
   }
   STATES {
    STATE Functional { this.FUNCS.Get_Integrity = 100% }
   }
  }
  CONCEPT Tank {
   PARENTS {MMO..Part}
   CHILDREN {}
   PROPS {
    PROP Part_Shape { MMO..Shape }
    PROP Cont_gas { MMO..Gas }
   }
   FUNCS {
    FUNC Get_Integrity { TYPE { MMO..ACTION.GetTankIntegrity } }
    FUNC Get_GasLevel { TYPE { MMO..ACTION.ComputeGasLevel } }
    FUNC Get_GasTemperature { TYPE { MMO..ACTION.ComputeGasTemperature } }
   }
   STATES {
    STATE HasGas{ this.FUNCS.Get_GasLevel > 1%} }
   }
  }
  CONCEPT Fluid {
   PARENTS {MMO..Entity}
```

```
  CHILDREN { MMO..Gas }
  PROPS {}
 }
 CONCEPT Gas {
 PARENTS {MMO..Fluid}
 CHILDREN {}
 PROPS {}
}
CONCEPT Composite {
 PARENTS {MMO..Entity}
 CHILDREN {MMO..Electronics, MMO..Mechanics, MMO..Shield, MMO..Electrical}
 PROPS {}
}
CONCEPT Electronics {
 PARENTS {MMO..Composite}
 CHILDREN {MMO..CPU, MMO..Sensor, MMO..Memory, MMO..System}
 STATES {STATE operational {} STATE on {} STATE off {}}
}
CONCEPT Mechanics {
 PARENTS {MMO..Composite}
 CHILDREN {MMO..Deck, MMO..APM, MMO..Antenna, MMO..ECM, MMO..System}
 STATES {STATE operational {}}
}
CONCEPT Electrical {
 PARENTS {MMO..Composite}
 CHILDREN {MMO..System, MMO..Solar_Cell, MMO..Battery}
 STATES {STATE operational {} STATE on {} STATE off {}}
}
CONCEPT System {
 PARENTS {MMO..Electronics, MMO..Mechanics, MMO..Electrical, MMO..Software}
 CHILDREN {
  MMO..Instrument,  MMO..Nutation_Damper, MMO..Engine, MMO..HGA, MMO..MGA,
  MMO..UHF, MMO..Extendible_Mechanism, MMO..Computer, MMO..Propulsion_module,
  MMO..Communication_System, MMO..Thermal_Ctrl_System
 }
 STATES {STATE operational {} STATE on {} STATE off {} STATE active{} STATE idle{}}
}

// antenna related concepts
```

```
  CONCEPT ADP {
   PARENTS {MMO..Electrical}
   CHILDREN {}
   STATES { STATE operational {} }
  }
  CONCEPT ECM {
   PARENTS {MMO..Mechanics}
   CHILDREN {}
   STATES { STATE operational {} }
  }
  CONCEPT APM {
   PARENTS {MMO..Mechanics}
   CHILDREN {}
   STATES {
    STATE operational { this.ecm.operational AND this.adp.operational }
   }
   PROPS {
    PROP ecm { TYPE {MMO..ECM} CARDINALITY {1} }
    PROP adp { TYPE {MMO..ADP} CARDINALITY {1} }
   }
   FUNCS {
    FUNC turnUp { TYPE {MMO..Action.TurnAPMUp} }
    FUNC turnDown { TYPE {MMO..Action.TurnAPMDown} }
    FUNC turnLeft { TYPE {MMO..Action.TurnAPMLeft} }
    FUNC turnRight { TYPE {MMO..Action.TurnAPMRight} }
   }
   IMPL { MMO.APMMechanism }
  }

//antennas
  CONCEPT HGA {
   CHILDREN {}
   PARENTS { MMO..System }
   STATES {
    STATE operational {
     this.hga_antenna.operational AND this.apm.operational
     AND this.control_soft.functional
```

```
  }
  STATE pointed {}
  STATE receiving {}
  STATE sending {}
  STATE off {} }
  STATE on {}
 }
 PROPS {
  PROP hga_antenna { TYPE {MMO..Antenna} CARDINALITY {1} }
  PROP apm { TYPE {MMO..APM} CARDINALITY {1} }
  PROP control_soft { TYPE {MMO..Control_Software} CARDINALITY {1} }
 }
 FUNCS {
  FUNC point { TYPE {MMO..Action.PointHGA } }
  FUNC send { TYPE {MMO..Action.SendHGA } }
  FUNC receive { TYPE {MMO..Action.ReceiveHGA } }
  FUNC start { TYPE {MMO..Action.StartHGA } }
  FUNC stop { TYPE {MMO..Action.StopHGA } }
 }
 IMPL { MMO.HGASystem }
}
CONCEPT MGA {
 CHILDREN {}
 PARENTS { MMO..System }
 STATES {
  STATE operational {
   this.mga_antenna.operational AND this.ext_mechanism.operational
   AND this.control_soft.functional
  }
  STATE extended {}
  STATE receiving {}
  STATE sending {}
  STATE off {}
  STATE on {}
 }
 PROPS {
```

```
    PROP mga_antenna { TYPE {MMO..Antenna} CARDINALITY {1} }
    PROP ext_mechanism { TYPE {MMO..Extendible_mechanism } CARDINALITY {1} }
    PROP control_soft { TYPE {MMO..Control_Software} CARDINALITY {1} }
   }
   FUNCS {
    FUNC extend { TYPE {MMO..Action.ExtendMGA } }
    FUNC fold_up { TYPE {MMO..Action.FoldUpMGA } }
    FUNC send { TYPE {MMO..Action.SendMGA } }
    FUNC receive { TYPE {MMO..Action.ReceiveMGA } }
    FUNC start { TYPE {MMO..Action.StartMGA } }
    FUNC stop { TYPE {MMO..Action.StopMGA } }
   }
   IMPL { MMO.MGASystem }
  }
  CONCEPT UHF {
   CHILDREN {}
   PARENTS { MMO..System }
   STATES {
    STATE operational {
     this.uhf_antenna.operational AND this.control_soft.functional
    }
    STATE receiving {}
    STATE sending {}
    STATE off {}
    STATE on {}
   }
   PROPS {
    PROP uhf_antenna { TYPE {MMO..Antenna} CARDINALITY {1} }
    PROP control_soft { TYPE {MMO..Control_Software} CARDINALITY {1} }
   }
   FUNCS {
    FUNC send { TYPE {MMO..Action.SendUHF } }
    FUNC receive { TYPE {MMO..Action.ReceiveUHF } }
    FUNC start { TYPE {MMO..Action.StartUHF } }
    FUNC stop { TYPE {MMO..Action.StopUHF } }
   }
```

```
  IMPL { MMO.UHFSystem }
 }

// propulsion modules
 CONCEPT SEPM {
  CHILDREN {}
  PARENTS { MMO..System }
  STATES {
   STATE Operational {
    this.solar_cells.Functional AND this.gas_tank.Functional AND
    this.el_engine.Operational AND this.control_soft.Functional }
   STATE Forwarding { IS_PERFORMING(this.forward) }
   STATE Reversing { IS_PERFORMING(this.forward) }
   STATE Started { LAST_PERFORMED(this, this.start) }
   STATE Stopped { LAST_PERFORMED(this, this.stop) }
  }
  PROPS {
   PROP solar_cells { TYPE {MMO..Solar_cell} CARDINALITY {200} }
   PROP gas_tank { TYPE {MMO..Tank} CARDINALITY {1} }
   PROP el_engine { TYPE {MMO..Electrical_Engine} CARDINALITY {1} }
   PROP control_soft { TYPE {MMO..Control_Software} CARDINALITY {1} }
  }
  FUNCS {
   FUNC reverse { TYPE {MMO..Action.ReverseSEPM } }
   FUNC forward { TYPE {MMO..Action.ForwardSEPM } }
   FUNC start { TYPE {MMO..Action.StartSEPM } }
   FUNC stop { TYPE {MMO..Action.StopSEPM } }
  }
  IMPL { MMO.SEPMSystem }
 }

 CONCEPT CPM {
  CHILDREN {}
  PARENTS { MMO..System }
  STATES {
   STATE Operational {
```

```
      this.gas_tank.Functional AND this.chem_engine.Operational
      AND this.control_soft.Functional }
     STATE Forwarding { IS_PERFORMING(this.forward) }
     STATE Reversing { IS_PERFORMING(this.forward) }
     STATE Started { LAST_PERFORMED(this, this.stop) }
     STATE Stopped { LAST_PERFORMED(this, this.start) }
    }
    PROPS {
     PROP gas_tank { TYPE {MMO..Tank} CARDINALITY {1} }
     PROP chem_engine { TYPE {MMO..Chemical_Engine} CARDINALITY {1} }
     PROP control_soft { TYPE {MMO..Control_Software} CARDINALITY {1} }
    }
    FUNCS {
     FUNC reverse { TYPE {MMO..Action.ReverseCPM } }
     FUNC forward { TYPE {MMO..Action.ForwardCPM } }
     FUNC start { TYPE {MMO..Action.StartCPM } }
     FUNC stop { TYPE {MMO..Action.StopCPM } }
    }
    IMPL { MMO.CPMSystem }
   }

// MMO
  CONCEPT MMO_Spacecraft {
    CHILDREN {}
    PARENTS { MMO..System }
    STATES {
     STATE Orbiting {}
     STATE InTransfer {}
     STATE InOrbitPlacement {}
     STATE InJettison {}
     STATE InHighIrradiation { MMO..Metric.OutsideRadiation.VALUE > 50 }
     STATE InHeatFlux { MMO..Metric.OutsideTemp.VALUE > 150 }
     STATE AtPolarOrbit { LAST_PERFORMED(this, this.moveToPolarOrbit) }
     STATE ArrivedAtMercury { MMO..Metric.MercuryAltitude.VALUE = 0.39 }
     STATE EarthCommunicationLost { MMO..Metric.EarthSignal.VALUE = 0 }
    }
```

```
PROPS {
 PROP sepm { TYPE {MMO..SEPM} CARDINALITY {1} }
 PROP cpm { TYPE {MMO..CPM} CARDINALITY {1} }

 PROP upper_deck { TYPE {MMO..Deck} CARDINALITY {1} }
 PROP lower_deck { TYPE {MMO..Deck} CARDINALITY {1} }
 PROP thrust_tube { TYPE {MMO..Thrust_Tube} CARDINALITY {1} }
 PROP bulkhead { TYPE {MMO..Bulkhead} CARDINALITY {4} }
 PROP side_panel { TYPE {MMO..Panel} CARDINALITY {1} }
 PROP solar_cell { TYPE {MMO..Solar_cell} CARDINALITY {200} }
 PROP battery {  TYPE {MMO..Battery} CARDINALITY {1} }
 PROP nutation_damper {  TYPE {MMO..Nutation_damper} CARDINALITY {1} }

 PROP mppe_instr { TYPE {MMO..MPPE} CARDINALITY {1} }
 PROP mdm_instr { TYPE {MMO..MDM} CARDINALITY {1} }
 PROP magnetometer { TYPE {MMO..Magnetometer} CARDINALITY {1} }
 PROP msasi_instr { TYPE {MMO..MSASI} CARDINALITY {1} }
 PROP pwi_instr { TYPE {MMO..PWI} CARDINALITY {1} }

 PROP radiator { TYPE {MMO..Radiator} CARDINALITY {1} }

 PROP uhf { TYPE {MMO..UHF} CARDINALITY {1} }
 PROP mga { TYPE {MMO..MGA} CARDINALITY {1} }
 PROP hga { TYPE {MMO..HGA} CARDINALITY {1} }

 PROP control_soft { TYPE {MMO..Control_Software} CARDINALITY {1} }
 PROP communication_sys { TYPE {MMO..Communication_system} CARDINALITY {1} }
 PROP thermal_ctrl_sys { TYPE {MMO..Thermal_Ctrl_System} CARDINALITY {1} }
}
FUNCS {
 FUNC moveToPolarOrbit { TYPE {MMO..Action.GoToPolarOrbit} }
 FUNC waitForInstrFromEarth { TYPE {MMO..Action.WaitForInstructions} }
}
IMPL { MMO.MMOSystem }
}
```

```
//metrics
  CONCEPT_METRIC OutsideRadiation {
   SPEC {
    METRIC_TYPE { ENVIRONMENT }
    METRIC_SOURCE { RadiationMeasure.OutsideRadiation }
    DATA { DATA_TYPE { MMO..Sievert } VALUE { 1 } }
   }
  }
  CONCEPT_METRIC OutsideTemp {
   SPEC {
    METRIC_TYPE { ENVIRONMENT }
    METRIC_SOURCE { TempMeasure.OutsideTemp }
    DATA { DATA_TYPE { MMO..Celsius } VALUE { 1 } }
   }
  }
  CONCEPT_METRIC MercuryAltitude {
   SPEC {
    METRIC_TYPE { ENVIRONMENT }
    METRIC_SOURCE { AltitudeMeasure.Mercury }
    DATA { DATA_TYPE { MMO..AU } VALUE { 1 } }
   }
  }
  CONCEPT_METRIC EarthSignal {
   SPEC {
    METRIC_TYPE { QUALITY }
    METRIC_SOURCE { EarthCommLink.SignalStrength }
    DATA { VALUE { 1 } }
   }
  }
  CONCEPT_METRIC OutsideRadiation {
   SPEC {
    METRIC_TYPE { ENVIRONMENT }
    METRIC_SOURCE { IrradiationMeasure.GetLevel }
    DATA { DATA_TYPE { MMO..Sievert } VALUE { 1 } }
   }
  }
```

```
// goals
  CONCEPT_GOAL MMOOrbit_Placement {
   SPEC {
   DEPART { MMO_Spacecraft.STATES.InOrbitPlacement }
   ARRIVE { MMO_Spacecraft.STATES.AtPolarOrbit }
  }
 }
        CONCEPT_GOAL MMOArrive_At_Mercury {
            SPEC { ARRIVE { MMO_Spacecraft.STATES.ArrivedAtMercury } }
        }
        CONCEPT_GOAL MMOStart_Orbit_Placement {
            SPEC {
                DEPART { MMO_Spacecraft.STATES.ArrivedAtMercury }
                ARRIVE { MMO_Spacecraft.STATES.InOrbitPlacement }
            }
        }
//protect from solar radiation
  CONCEPT_GOAL MMOSelf_Protection {
   SPEC {
    ARRIVE { NOT MMO_Spacecraft.STATES.InHighIrradiation
             AND MMO_Spacecraft.STATES.AtPolarOrbit }
   }
  }

//
//==== MMO Situations ==============================================================================
//
  CONCEPT_SITUATION ArrivedAtMercury {
   CHILDREN {}
   PARENTS {MMO..Situation}
   SPEC {
    SITUATION_STATES { MMO_Spacecraft.STATES.ArrivedAtMercury }
    SITUATION_ACTIONS {
     MMO..Action.GoToPolarOrbit, MMO..Action.WaitForInstructions,
     MMO..Action.ScheduleNewTask
```

```
    }
   }
  }
  CONCEPT_SITUATION BrokenEarthCommunication {
   CHILDREN {}
   PARENTS {MMO..Situation}
   SPEC {
    SITUATION_STATES { MMO_Spacecraft.STATES.EarthCommunicationLost }
    SITUATION_ACTIONS { MMO..Action.SendPingSignalToEarth, MMO..Action.ScheduleNewTask }
   }
  }
  CONCEPT_SITUATION SpacecraftInHeatFlux {
   CHILDREN {}
   PARENTS {MMO..Situation}
   SPEC {
    SITUATION_STATES { MMO_Spacecraft.STATES.InHeatFlux }
    SITUATION_ACTIONS { MMO..Action.CoverInstruments, MMO..Action.GotoSafeAltitude }
   }
  }
  CONCEPT_SITUATION SpacecraftInHighIrradiation {
   CHILDREN {}
   PARENTS {MMO..Situation}
   SPEC {
    SITUATION_STATES { MMO_Spacecraft.STATES.InHighIrradiation }
    SITUATION_ACTIONS {
     MMO..Action.CoverInstruments, MMO..Action.TurnOffElectronics,
     MMO..Action.MoveSpacecraftUp, MMO..Action.MoveSpacecraftDown
    }
   }
  }
//
//==== SC Policies ============================================================================
//
  CONCEPT_POLICY BringMMOToOrbit {
   SPEC {
    POLICY_GOAL { MMO..MMOOrbit_Placement_Done }
```

```
  POLICY_SITUATIONS { MMO..ArrivedAtMercury }
  POLICY_RELATIONS { MMO..Policy_Situation_2}
  POLICY_ACTIONS { MMO..Action.GoToPolarOrbit }
  POLICY_MAPPINGS {
   MAPPING {
    CONDITIONS { }
    DO_ACTIONS { MMO..Action.GoToPolarOrbit }
   }
  }
 }
}

CONCEPT_POLICY MMOProtect_spacecraft {
 SPEC {
  POLICY_GOAL { MMO..MMOSelf-Protection }
  POLICY_SITUATIONS { MMO..HighIrradiation }
  POLICY_RELATIONS { MMO..Policy_Situation_3 }
  POLICY_ACTIONS {
   MMO..Action.CoverInstruments, MMO..Action.TurnOffElectronics,
   MMO..Action.MoveSpacecraftUp, MMO..Action.MoveSpacecraftDown }
  POLICY_MAPPINGS {
   MAPPING {
    CONDITIONS { MMO..Metric.SolarRadiation.VALUE < 90 }
    DO_ACTIONS { MMO..Action.ShadeInstruments,
                 MMO..Action.TurnOffElectronics }
   }
   MAPPING {
    CONDITIONS { MMO..Metric.SolarRadiation.VALUE >= 90 }
    DO_ACTIONS { MMO..Action.MoveSpacecraftUp }
    PROBABILITY {0.5}
   }
   MAPPING {
    CONDITIONS { MMO..Metric.SolarRadiation.VALUE >= 90 }
    DO_ACTIONS { MMO..Action.MoveSpacecraftDown }
    PROBABILITY {0.4}
   }
```

```
      MAPPING {
       CONDITIONS { MMO..Metric.SolarRadiation.VALUE >= 90 }
       DO_ACTIONS { GENERATE_NEXT_ACTIONS(MMO..MMO_Spacecraft) }
       PROBABILITY {0.1}
      }
     }
    }
   }
  } // concept trees

//
//==== MMO Relations ===============================================================================
//
 RELATIONS {
  RELATION Policy_Situation_1 {
   RELATION_PAIR {MMO..ArrivedAtMercury, MMO..FollowOrbitPlacementInstrs} PROBABILITY {0.9}
  }

  RELATION Policy_Situation_2 {
   RELATION_PAIR {MMO..ArrivedAtMercury, MMO..BringMMOToOrbit} PROBABILITY {0.1}
  }

  RELATION Policy_Situation_3 {
   RELATION_PAIR {MMO..HighIrradiation, MMO..MMOSelf-protection}
  }

  RELATION Instance_Of {
   RELATION_PAIR {object.mmo_1, MMO..MMO_Spacecraft}
  }
 }

//
//==== MMO Object Trees ============================================================================
//
 OBJECT_TREES {
// hga_antenna_1 object tree
```

```
  FINAL OBJECT antenna_1 {
   INSTANCE_OF { MMO..Antenna }
  }
  FINAL OBJECT adp_1 {
   INSTANCE_OF { MMO..ADP }
  }
  FINAL OBJECT ecm_1 {
   INSTANCE_OF { MMO..ECM }
  }
  FINAL OBJECT apm_1 {
   INSTANCE_OF { MMO..APM }
   PROPS {
    PROP adp { MMO.OBJECT_TREES.adp_1 }
    PROP ecm { MMO.OBJECT_TREES.ecm_1 }
   }
  }
  FINAL OBJECT ant_ctrl_soft_1 {
   INSTANCE_OF { MMO..Control_software }
  }
  FINAL OBJECT hga_antenna_1 {
   INSTANCE_OF { MMO..HGA }
   PROPS {
    PROP hga_antenna { MMO.OBJECT_TREES.antenna_1 }
    PROP apm { MMO.OBJECT_TREES.apm_1 }
    PROP control_soft { MMO.OBJECT_TREES.ant_ctrl_soft_1 }
   }
   IMPL { MMO.HGAAntennaModule }
  }

// mga_antenna_1 object tree
  FINAL OBJECT antenna_2 {
   INSTANCE_OF { MMO..Antenna }
  }
  FINAL OBJECT arm_1 {
   INSTANCE_OF { MMO..Mechanism }
  }
```

```
  FINAL OBJECT el_motor_1 {
   INSTANCE_OF { MMO..Electric_motor }
  }
  FINAL OBJECT ant_ctrl_soft_3 {
   INSTANCE_OF { MMO..Control_software }
  }
  FINAL OBJECT ext_mechanism_1 {
   INSTANCE_OF { MMO..Extendible_Mechanism }
   PROPS {
    PROP arm { MMO.OBJECT_TREES.arm_1 }
    PROP el_motor { MMO.OBJECT_TREES.el_motor_1 }
    PROP control_soft { MMO.OBJECT_TREES.ant_ctrl_soft_3 }
   }
   IMPL { MMO.MGAExtMechanism }
  }
  FINAL OBJECT ant_ctrl_soft_2 {
   INSTANCE_OF { MMO..Control_software }
  }
  FINAL OBJECT mga_antenna_1 {
   INSTANCE_OF { MMO..MGA }
   PROPS {
    PROP mga_antenna { MMO.OBJECT_TREES.antenna_2 }
    PROP ext_mechanism { MMO.OBJECT_TREES.ext_mechanism_1 }
    PROP control_soft { MMO.OBJECT_TREES.ant_ctrl_soft_2 }
   }
   IMPL { MMO.MGAAntennaModule }
  }

// sepm_1 object tree
  FINAL OBJECT_ARRAY sepm_sollar_cells [200] {
   INSTANCE_OF { MMO..Sollar_cell }
  }
  FINAL OBJECT gas_tank_1 {
   INSTANCE_OF { MMO..Tank }
  }
  FINAL OBJECT el_motor_2 {
```

```
   INSTANCE_OF { MMO..Electric_motor }
  }
  FINAL OBJECT el_prop_ctrl_soft_1 {
   INSTANCE_OF { MMO..Control_software }
  }
  FINAL OBJECT el_engine_1 {
   INSTANCE_OF { MMO..Electrical_engine }
   PROPS {
    PROP el_motor { MMO.OBJECT_TREES.el_motor_2 }
    PROP control_soft { MMO.OBJECT_TREES.el_prop_ctrl_soft_1 }
   }
   IMPL { MMO.SEPMElEngine }
  }
  FINAL OBJECT sepm_1 {
   INSTANCE_OF { MMO..SEPM }
   PROPS {
    PROP sollar_cells { MMO.OBJECT_TREES.sepm_sollar_cells }
    PROP gas_tank { MMO.OBJECT_TREES.gas_tank_1 }
    PROP el_engine { MMO.OBJECT_TREES.el_engine_1 }
    PROP control_soft { MMO.OBJECT_TREES.engine_ctrl_soft_1 }
   }
   IMPL { MMO.SEPMModule }
  }
 } // end of MMO Object Trees
} //end of MMO Ontology } //end of BepiColombo Corpus
```

缩 略 语

AC	Autonomic Computing	自主计算
ACMF	Aircraft Conditioning Monitoring Function	航空器状态监视功能
ACS	Avionics Control System	航空电子控制系统
ADMS	Aircraft Diagnostic and Maintenance System	航空器诊断与维护系统
ADP	Antenna Despun Motor	天线消旋马达
AE	Autonomic Element	自主元素
AEIP	Autonomic Element Interaction Protocol	自主元素交互协议
AI	Artificial Intelligence	人工智能
AIT	Assembly, Integration and Testing	组装、集成和测试
AMP	Adaptive Motion Planning	适应性运动规划
ANTS	Autonomous Nano-Technology Swarm	自主纳米技术群
AP	Atomic Propositions	原子命题
APM	Antenna Pointing Mechanism	天线指向机构
AR	Autonomy Requirements	自主性需求
ARE	Autonomy Requirements Engineering	自主性需求工程
AREM	Autonomy Requirements Engineering Model	自主性需求工程模型
AS	Autonomic System	自主系统
ASIP	Autonomic System Interaction Protocol	自主系统交互协议
ASM	Abstract State Machines	抽象状态机
ASSL	Autonomic System Specification Language	自主系统规约语言
AUAS	Autonomous Unmanned Aerial System	自主无人航空系统
BELA	BepiColombo Laser Altimeter	BepiColombo 激光高度计
BIT	Built-in-Test	内置测试

（续）

C2	Command and Control	指挥与控制
CCS	Calculus of Communicating Systems	通信系统演算
CI	Collaborative Infrastructure	协作基础设施
CMC	Central Maintenance Computer	中央维护计算机
CPM	Chemical Propulsion Module	化学推进模块
CPU	Central Processing Unit	中央处理单元
CSP	Communicating Sequential Processes	通信顺序进程
DDD	Detailed Design Document	详细设计文档
DMS	Data Management System	数据管理系统
DOBERTSEE	Dependent On-Board Embedded Real-Time Software Engineering Environment	可靠器上嵌入式实时软件工程环境
DS-1	Deep Space One Mission	“深空”1号任务
ECM	Elevation Control Mechanism	高程控制机构
ELEO	Equatorial Low Earth Orbit	赤道近地轨道
EO-1	Earth Observing Mission-1	“地球观测任务”1号
ESA	European Space Agency	欧洲航天局
ESTEC	European Space Research and Technology Center	欧洲空间研究与技术中心
ETBA	Energy Trace and Barrier Analysis	能量踪迹和势垒分析
FDIR	Failure Detection, Isolation and Recovery	失效检测、隔离和恢复
FFA	Functional Failure Analysis	功能失效分析
FSM	Finite State Machines	有限状态机
GAR	Generic Autonomy Requirements	一般自主性需求
GAR-SM	GAR for Space Missions	用于航天任务的 GAR
GEO	Geostationary Earth Orbit	静止地球轨道
GORE	Goal-Oriented Requirements Engineering	面向目标的需求工程
GMSEC	GSFC Mission Services Evolution Center	GSFC 任务服务发展中心
GSFC	NASA Goddard Space Flight Center	NASA 戈达德航天飞行中心

（续）

HOGC	Higher-Order Graph Calculus	高阶图演算
HOOD	Hierarchical Object-Oriented Design	分级面向对象设计
HPC	High Performance Computing	高性能计算
HRT - HOOD	Hard Real-Time HOOD	硬实时 HOOD
ICO	Intermediate Circular Orbit	中间圆轨道
IBM	The International Business Machines Corporation	国际商业机器公司
IEEE	Institute of Electrical and Electronics Engineers	电气与电子工程师协会
IER	Information Exchange Requirement	信息交换需求
INCOSE	International Council on Systems Engineering	国际系统工程学会
ISA	Italian Spring Accelerometer	意大利弹簧加速度计
ISS	International Space Station	国际空间站
ITU - T	International Telecommunications Union - Telecommunications	国际电信联盟 - 电信标准局
IVHM	Integrated Vehicle Health Management	集成飞行器健康管理
JSF	Joint Strike Fighter	联合攻击战斗机
KLRF	KnowLang Reward Function	KnowLang 奖赏函数
KR	Knowledge Representation	知识表示
KRC	Knowledge Representation Context	知识表示上下文
LCMWG	Life Cycle Management Working Group	生命周期管理工作组
LEO	Low Earth Orbit	近地轨道
LEXIOR	LEXical analysis for Improvement of Requirements	用于改进需求的词汇分析
LTS	Labeled Transition System	标号变迁系统
LOGOS	Lights out Ground Operations System	Lights out 地面操作系统
MAS	Multi-Agent System	多 Agent 系统
MBSE	Model Based Systems Engineering	基于模型的系统工程
MDM	Mercury Dust Monitor	水星灰尘监视器

（续）

MGA	Medum Gain Antenna	中增益天线
MGNS	Mercury Gamma ray and Neutron Spectrometer	水星伽马射线和中子频谱仪
MEO	Medium Earth Orbit	中地轨道
MERMAG	Mercury Magnetometer	水星磁力计
MERMAG-MGF	Instrument Science Objective Mercury Magnetometer	仪器科学目标水星磁力计
MERTIS	Mercury Thermal Infrared Spectrometer	水星热红外频谱仪
MIXS	Mercury Imaging X – ray Spectrometer	水星成像X射线频谱仪
MLI	Multi – Layer Insulation	多层绝缘毯
MMO	Mercury Magnetospheric Orbiter	水星磁场轨道飞行器
MORE	Mercury Orbiter Radio Science Experiment	水星轨道器无线电科学实验
MPO	Mercury Planetary Orbiter	水星轨道飞行器
MPPE	Mercury Plasma Particle Experiment	水星等离子粒子实验
MSASI	Mercury Sodium Atmospheric Spectral Imager	水星钠大气光谱成像
NASA	National Aeronautics and Space Administration	美国国家航空航天局
OCA	Orbital Communications Adaptor	光通信适配器
OCAMS	OCA Mirroring System	OCA镜像系统
OCL	Object Constraint Language	对象约束语言
OOP	Object – Oriented Programming	面向对象的编程
PBE	Platform Based Engineering	基于平台的工程
PHEBUS	Probing of Hermean Exosphere by Ultraviolet Spectroscopy	使用紫外线光谱学探测赫曼外大气层
PHM	Prognostics Health Management	预测健康管理
PMAC	Policy Management for Autonomic Computing	自主计算策略管理
PWI	Mercury Plasma Wave Instrument	水星等离子波仪器
QoS	Quality of Service	服务质量

（续）

RA	Remote Agent	远程 Agent
RAISE	Rigorous Approach to Industrial Software Engineering	工业软件工程严格方法
RAX	Remote Agent Experiment	远程 Agent 试验
RC	Requirements Chunk	需求簇
R&D	Research and Development	研究与开发
RE	Requirements Engineering	需求工程
ROE	Rules of Engagement	交战规则
SATCOM	Satellite Communication	卫星通信
SDL	Specification and Description Language	规约和描述语言
SEASDTC	UK Systems Engineering and Autonomous Systems Defence Techonlogy Center	英国系统工程与自主系统国防技术中心
SEPM	Solar Electric Propulsion Module	太阳电推进模块
SIXS	Solar Intensity X-ray Spectrometer	太阳强烈 X 射线频谱仪
SLO	Service - Level Objectives	服务层目标
SMA	Space Mission Analysis	航天任务分析
SMAD	Space Mission Analysis and Design	航天任务分析与设计
SOA	Service Oriented Architecture	面向服务的体系结构
SSM	Second Surface Mirror	次面镜
SYMBIOSYS	Spectrometers and Imagers for MPO BepiColombo Integrated Observatory System	用于 MPO BepiColombo 综合观测系统的频谱仪和成像仪
TL	Temporal Logic	时态逻辑
UAS	Unmanned Aerial System—a fleet of UAVs	无人航空器系统 - UAV 编队
UAV	Unmanned Aerial Vehicle	无人航空器
UAV - P	Unmanned Aerial Vehicle Pilot	无人航空器驾驶员
UHF	Ultra High Frequency	超高频
UML	Unified Modeling Language	统一建模语言
VDM	Vienna Development Method	维也纳开发方法
XML	Extensile Markup Language	可扩展标记语言